李玉栋 主编

宝宝爱穿的

手工毛衣

Baobao Aichuande
Shougong Maoyi

辽宁科学技术出版社

· 沈阳 ·

本书编委会

主　编　李玉栋

编　委　宋敏姣　李　想

图书在版编目（CIP）数据

　　宝宝爱穿的手工毛衣 / 李玉栋主编. -- 沈阳：辽
宁科学技术出版社，2015.9
　　ISBN 978-7-5381-9387-9

　　Ⅰ. ①宝… Ⅱ. ①李… Ⅲ. ①绒线—童服—编织—图
集Ⅳ. ① TS941.763.1-64

　　中国版本图书馆 CIP 数据核字（2015）第 188627 号

出版发行：辽宁科学技术出版社
　　　　　（地址：沈阳市和平区十一纬路 29 号　邮编：110003）
印 刷 者：长沙市雅高彩印有限公司
经 销 者：各地新华书店
幅面尺寸：210mm × 285mm
印　　张：13.5
字　　数：150 千字
出版时间：2015 年 9 月第 1 版
印刷时间：2015 年 9 月第 1 次印刷
责任编辑：卢山秀　湘　岳
封面设计：多米诺设计·咨询　吴颖辉　龙　欢
责任校对：合　力
摄　　影：孙　斌
版式设计：湘　岳

书　　号：ISBN 978-7-5381-9387-9
定　　价：39.80 元
联系电话：024-23284376
邮购热线：024-23284502

目录 CONTENTS

闪亮公主裙

图解详见
p105~106

背面

这是一款吊带两件套的毛线裙，
适合天气稍暖和的时候穿搭，
橘色显得很阳光，很温暖。
闪闪的玫瑰花扣子和水滴宝石可是很讨人喜欢的，
小模特穿上都不肯脱下来呢。

小熊毛衣

图解详见
p106~107

毛衣左右两边大大的小熊头像很讨人喜爱，
珍珠般的扣子点缀在毛衣上面，
就像跳动在红色海洋里的小波浪。

可爱小背心

图解详见
p108

背面

有着粉色蝴蝶结的小背心，
搭配蕾丝的内搭十分美丽，
下摆的镂空波浪形花纹很可爱。

图解详见
p109

背面

橘色斗篷

橘色和红色的搭配，明亮而又显眼，给小宝宝穿是再
适合不过了，下摆的红色小图案平添了些许喜气。

背面

图解详见
p110

紫色圆球
背带裤

背带裤是一款特别适合小宝宝的毛线织品，可以很好地保护宝宝的小肚子不着凉，穿脱也很方便。

荷叶边小背心

图解详见
p111

背面

粉色的小背心，
有着特别的斜边花纹，
金色的扣子点缀在毛衣上面熠熠生辉，
大大的领口方便搭配其他的内搭。

图解详见
p112~113

花朵毛线开衫

太阳般耀眼的颜色，衬得
小女孩的气色非常好。大大的
花朵图案，给毛线添了些甜美
的气息，这样一款毛衣，相信
会很讨人喜欢。

背面

粉色斗篷外套

这款外套可是小公主必备款，粉嫩的颜色可爱无敌，毛绒绒的小球添了几许活泼的气息。

图解详见
p114

背面

粉红背心裙

图解详见
p115~116

背面

无袖的设计，
能在微冷的天气搭配内搭穿着，
下半部分的小镂空设计，
除了美观性，
还能有效的透气。

背面

白色短袖小开衫

图解详见
p117~118

纯净的白色毛线，扣子也是干净的珍珠白，
让毛衣显得特别素净，
而且胸前两侧彩色的小蝴蝶在毛衣上翩翩欲飞，
赋予了毛衣更多的诗情画意。

黄色连帽外套

毛衣胸前精致的花纹让整体变得不普通，收口处的小花边也透露出精致的气息。

背面

图解详见
p119~120

图解详见
p121

背面

精致小白衫

这是一件很百搭的白色毛衫，虽然是纯白色调，但处处都流露着精致，无论是搭配裤子还是裙子都很有范儿。

民族风毛线开衫

鲜艳的红色如太阳般耀眼，胸前的花纹颇有民族气息，是这件毛衣最大的亮点，背后大大的向日葵显得格外有生机。

背面

图解详见
p122~123

小猫咪毛衣

图解详见
p123~124

背面

不规则的大片拼色是这件毛衣的亮点，
可爱的小猫咪图案惹人喜爱，
加上宝宝的笑脸，
一切都显得那样美好。

大红色连衣裙

也许，美丽是不需要过多装饰的，简简单单的红色足以吸引旁人的眼球，胸口红白相间的小花静静地开放，一切显得恬静、自然。

图解详见
p124~125

背面

连体开裆裤

这款毛衣特别适合小宝宝穿，连裤的设计更容易穿脱，开裆的设计能满足小宝宝的需求。

图解详见
p126~127

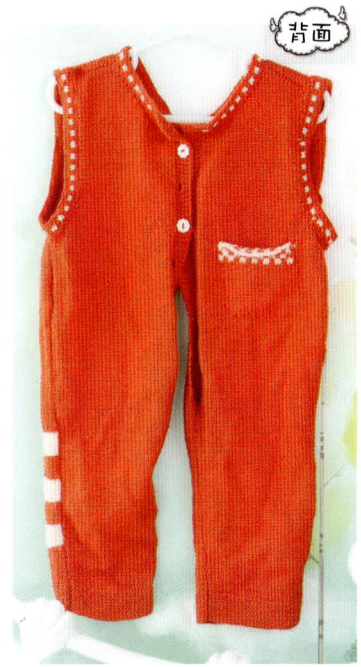

背面

纯色小开衫

图解详见
p127~128

如果要给孩子挑选一件基础款的开衫，
那这件不容错过，
四处分布的有趣花纹，
小动物造型的扣子，
既简单又可爱。

图解详见
p129~130

背面

公主袖淑女毛衣

肩上的设计很特别，花边的领口、玫瑰花扣子、公主袖，
这些让整件毛衣给人很文静的感觉。

图解详见
p131

背面

条纹斜肩带背心裙

简简单单的条纹，给人的感觉很素雅、恬静，斜肩带的设计有一点小小的特别，是一款美丽的裙子。

花边背心裙

图解详见 p132

背面

领口半圆的波浪形花边采用了白色毛线，
和毛衣整体的黄色形成了鲜明的对比，
腰间的收腰设计可以让毛衣更贴身。

图解详见
p133

背面

咖啡色套头衫

实用的圆领设计，两色拼接，胸口的扣子设计带着些
许中国风盘扣的感觉，简单、美好。

图解详见 p134～135

休闲小背心

线条感十足的大麻花纹是毛衣的亮点，右侧的小口袋富有童趣。

背面

图解详见 p135~136

小兔套头衫

彩色的条纹点亮了灰色的毛衣，彩色小兔图案富有童趣。

背面

红色小背心

大圆领的设计，休闲感十足，前片的红色显得富有活力。

图解详见 p137

背面

图解详见 p138~139

海军领蓝色毛衣

鲜艳的蓝色很能吸引人的目光，简单的款式，因为白色条纹的存在显得富有活力。

背面

图解详见
p139~140

背面

蓝白拼接毛衣

蓝白两色似乎是最常见的组合色，给人一种大海和天空般纯净的感觉，这款毛衣没有过多的修饰，简简单单的字母便是全部。

图解详见
p141~142

背面

蓝色翻领外套

整件毛衣都是蓝色，唯有衣领上镶了一圈白色花边和白色小扣子，为毛衣增添了些许不同的感觉。

粉色扭花毛衣

粉粉的颜色很适合小女孩穿着，扭花花纹遍布在衣身上面，金色的玫瑰花扣子点亮了整件毛衣。

图解详见 p142~143

背面

图解详见 p143~144

大力水手图案毛衣

天空般的蓝色是毛衣的主体色，胸前大大的水手图案富有趣味。

背面

扭花纹开衫

这件毛衣给人一种厚重的感觉，能很好地保暖，衣服上的扭花富有活力，同色系的纽扣让毛衣显得更富有整体性。

图解详见 p145~146

背面

紫色花朵系带背心

图解详见
p146~147

毛衣上的几朵小花静静地盛开,
给人一种邻家女孩般的清新感。

背面

宽松款拼接外套

图解详见
p148

白色与绿色的拼接组合让人瞬间感受到大自然的清新，
图案和毛球的设计让毛衣更加动感。

可爱娃娃毛衣

这款毛衣的设计重点在领子上，红白两色的叠加在视觉上很清爽，双排扣的设计显得很时尚。

图解详见
p149~150

背面

背面

镂空吊带裙

明亮的颜色很是显眼，
精致柔美的镂空花图案，
活泼灵动的花朵点缀，
突显公主气质。

图解详见
p150

图解详见
p151

背面

红色蝴蝶开衫

　　大红色的毛衣显得很喜庆，胸口的大蝴蝶也很醒目，开衫的设计方便穿脱。

图解详见
p152

蓝白条纹
翻领毛衣

条纹一直是不褪色的经典，这款蓝白条纹的毛衣，颇有些海军风的感觉。

背面

图解详见 p153

背面

宽松小开衫

盘扣设计的领口和胸口的图案颇具中国风，宝宝穿起来乖巧、典雅又不失俏皮。

图解详见
p154

背面

可爱蓝色开衫

蓝色的毛衣很漂亮，心形口袋的设计很特别，而背后大大的
兔子图案更加可爱。

图解详见 p155

两色拼接镂空小背心

蓝白相间清新脱俗，独特的镂空花纹设计甜美可爱，是一款很适合宝宝穿着的毛线小背心。

背面

灰色系带套裙

这套裙子，
由浅浅的灰色和深灰色组成，
优雅而可爱。

图解详见
p156~158

图解详见 p158

粉色圆点短开衫

粉嫩的颜色，加上毛线小圆点的点缀，让蝙蝠衫更加生动可爱。

背面

紫色流苏披肩

紫色的流苏披肩唯美梦幻,
让宝宝穿出公主般的感觉。

背面

图解详见
p159

粗麻花纹连帽衫

　　大大的麻花纹错综复杂地出现在毛衣上，帽子上的小耳朵设计富有趣味，穿上它行走在树林间，宝宝就像林间的小精灵一样可爱。

背面

图解详见 p159~160

碎花镂空背心

细致的小花纹遍布在毛衣上，
优雅而宁静，
毛衣上微微的镂空可以更好地透气。

图解详见 p161

条纹翻领背心

毛衣整体采用白色，连条纹都是同色系，只在衣领、袖口和下摆织了一圈玫红色收口边，衣领处点缀上两朵小花，简单而美丽。

图解详见 p162

背面

灰色扭花连帽外套

富有立体感的扭花花纹让整件毛衣更具动感，宝宝穿起来显得时尚又可爱。

背面

图解详见 p163

图解详见 p164

粉色镂空小披肩

整件披肩很精致，大朵的钩花显得甜美可人。

背面

优雅短袖开衫

典雅的颜色加上富有自然美的设计，再加上花朵纽扣，无疑为这件外套添加了许多甜美和气质感。

背面

图解详见 p165

圆领套头毛衣

极具特色的下摆以及拼接的设计，让宝宝穿上它显得时尚又可爱。

图解详见 p166

背面

图解详见
p167~168

娃娃领公主毛衣

娃娃领能更好地体现宝宝的甜美和可爱，下摆处的口袋设计，让整件毛衣与众不同。

可爱背心裙

大大的圆领设计，休闲感十足，白色小方块和金属扣子的运用显得很有个性。

背面

图解详见
p168~169

大红色连帽外套

鲜艳的红色毛线，连扣子都选用了红色，显得十分喜庆，对称的花纹设计，让简单的款式丰富起来。

图解详见 p169~170

背面

小熊连体裤

漂亮的蓝色是连体裤的整体色彩，
胸口憨态可掬的小熊图案十分惹人喜爱，
裤腿上的彩色小纽扣让连体裤的颜色变得更加丰富多彩。

图解详见
p171

图解详见 p172~173

休闲运动款连帽外套

背面

简单的款式、用心的设计，这款运动款的毛衣，让穿上它的宝宝更加阳光帅气。

短袖淑女毛线裙

精致的花纹设计让毛衣显得很有档次，圆圆的领子能很好地衬托小孩子的笑脸，腰间的系带设计可以让毛衣更有型。

背面

图解详见
p173~174

可爱两件套

图解详见 p175

请新甜美的颜色，带给宝宝不一样的调皮感觉，西瓜红和翠绿的搭配也显得极为特别。

背面

双兔背心

大 V 领口的领子设计很特别，小兔图案富有童趣。

背面

图解详见
p176

图解详见
p177~178

卡通连帽开衫

连帽拉链的设计方便宝宝穿脱，卡通图案为毛衣增添了几许童趣，飞机形状的拉链造型十分独特。

背面

淡紫色小花毛衣

图解详见
p178~179

背面

毛衣上错落有致的花朵带给人春天般的感觉，
彩色纽扣搭配得相得益彰。

图解详见
p180

背面

可爱翻领系扣毛衣

粉嫩的颜色特别适合小女孩,可爱的衣型为毛衣加分不少,穿上它,宝宝不但会觉得很温暖,小公主气质也会立显。

黑白条纹背心是一款非常中性风的单品，男孩女孩穿都是非常时尚的，而胸前的小熊图案，很好地展现出孩童的天真。

黑白条纹背心

图解详见 p181

绿色连帽无袖裙

图解详见
p182

背面

精美的花纹、连帽的设计、
百褶裙般的下摆，
都将宝宝的淑女气质表现得淋漓尽致。

图解详见
p183

背面

蓝白格纹套头衫

精致的图案让毛衣充满了时尚气息，厚厚的毛衣能更好地保暖。

卡通条纹背心

肩膀两侧的系带设计富有趣味，条纹的花纹是毛衣最大的亮点，衣服右侧的卡通人物贴布给背心增加了许多童趣。

图解详见 p184

图解详见
p185

背面

绿色蝙蝠开衫

大大的麻花纹蝙蝠衫，颇具时尚感，背后的蝴蝶结增添了几许甜美气息，这样的一件开衫，无论是妈妈还是宝宝都会被它所吸引的。

镂空背心裙

清新亮丽的色彩，
可爱大方的款式，
让宝宝一下就爱上了它。

图解详见
p186~187

图解详见
p187~188

背面

收腰系带毛线裙

天蓝色的毛衣搭配上海军领显得很时尚，腰间的系带设计除了能增添美感，还能让孩子穿得更加合身。

图解详见
p189~190

圆领小披肩

这件毛衣清新的颜色让人精神为之一振，小巧可爱的外形更惹人喜欢。

背面

图解详见 p190~191

短袖蝙蝠衫

这款毛衣的款式比较特别，毛衣上大大的花纹也是不对称设计的，腰间的设计让宝宝穿着更贴身。

背面

无袖连衣裙

整件连衣裙只有一些小毛线球点缀，白色的花边让它变得素雅大方，宝宝穿上一定会很甜美可爱。

图解详见 p191~192

背面

七彩花朵镂空开衫

镂空、花朵，处处都体现着精致的做工，这样一件
漂亮的毛衣，相信看见它的人都会喜欢。

背面

图解详见
p193

图解详见 p194

白色花朵套头衫

大大的衣袖、大大的花朵和衣摆的组合像一只振翅
欲飞的蝴蝶，宝宝穿上它会令人眼前一亮。

背面

无袖连衣裙

火红的颜色,
系带收腰的设计,
蝴蝶结口袋和镂空花纹的下摆,
都体现一种迷人的可爱女孩气质。

图解详见 p195

短袖镂空毛衣

紫色是一种非常优雅的颜色，上半部分镂空的设计给毛衣增添了一些别样的感觉，这是一款很有气质的毛衣。

图解详见
p196

蓝白两色毛线裙

钩花的毛线裙甜美无敌，
胸前的小花
更是让甜美气息发挥到极致，
下摆的百褶设计颇有新意。

图解详见 p197

背面

双排扣毛线背心

背面

没有任何图案的装饰，
只有毛线本身编织而成的纹路，
胸前的双排扣设计显得很大方，
让整件背心的温婉气质呈现得淋漓尽致。

图解详见
p198

图解详见
p199~200

背面

海军领开衫

　　纯净的蓝色是属于天空和大海的，这样一款海军领的毛衣，带给人不一样的感觉，下摆处的小鱼自由自在地游来游去，富有趣味。

酒红色双排扣外套

厚重的毛衣给人一种温暖的感觉，深色毛线
显得很稳重。

图解详见
p200~201

条纹蝙蝠衫

高领的设计能很好地保暖，颇有民族风情的颜色，搭配让人眼前一亮。

背面

图解详见 p202

图解详见
p203

背面

花朵背心裙

甜美的纯色背心裙配上活泼俏皮的小钩
花，这样一款裙子一定会让你爱不释手。

咖啡色
连体裤

大大的口袋是连体裤的
亮点，口袋上的小乌龟又给
裤子增加了一些趣味，裤子
上的小动物饰品也给整体带
来了更多童趣。

图解详见
p204~205

图解详见
p205~206

小圆球毛线衣

毛衣上四处点缀着小毛球富有活力，衣服的
下摆采用半镂空设计，就连衣袖的收口处也选用
了复杂的花纹，让毛衣看上去显得很精致。

图解详见
p207

背面

休闲套头衫

简单而低调的两色拼接毛衣，拼接处的小花为毛衣带
来了些许春天的气息。

图解详见 p208

玫红花朵翻领毛衣

玫瑰红的颜色很抢眼，胸口的花朵和毛衣浑然一体，突出了毛衣的甜美感觉，这样的毛衣会让宝宝更加漂亮。

背面

图解详见
p209~210

背面

麻花纹套头衫

这是一款很有复古范儿的毛衣，从花纹到下摆，到处都展示着它的精致。

图解详见
p210~211

背面

动物口袋厚外套

鲜艳的蓝色很吸引人的目光，最特别的是动物口袋的设计，既新颖又实用。

花纹连帽外套

紫色的毛衣充满梦幻的色彩，花纹的设计给人厚实保暖的感觉。

背面

图解详见
p212~213

图解详见
p214~215

大毛球小披肩

暖暖的米色给人一种视觉上的享受，衣领系
带的两个毛球球显得很有童趣。

背面

图解详见
p216

背面

钩花领蓝色套头衫

简单的款式，因为加了领口的花边设计和胸前的蝴蝶
结而变得甜美十足，能很好地体现小公主的甜美感觉。

◆ 编织图解 ◆

闪亮公主裙

【成品尺寸】衣长 20cm　胸围 48cm　裙腰围 48cm　裙长 25cm
【工　　具】3.5mm 棒针　缝衣针　钩针
【材　　料】橘色羊毛绒线若干　黑色线少许
【密　　度】10cm² = 30 针 ×40 行
【附　　件】上衣门襟纽扣 4 枚　肩带纽扣 8 枚　手编辫子肩带 4 根

【制作过程】
1. 毛衣用棒针编织，由一片上衣、一片圈织的裙子组成，从下往上编织。
2. 上衣：用全下针起针法起 144 针，片织花样 B，其中两边门襟的 6 针织花样 C，侧缝不用加减针，织 13cm 时分前后片，参照图解，袖窿平收 8 针，再减针，方法是：每 2 行减 1 针减 5 次，平织 20 行至肩部，前片余 27 针，后片余 54 针，收针断线。
3. 裙子：为一个圆台形的织片，用全下针起针法起 246 针，圈织花样 A，然后按花样 A 减针，织至 22cm 时，织片针数为 144 针，然后改织 6cm 全下针，并把 24 行下针对折缝合，形成双层裙腰，用于穿上宽松紧带。
4. 在上衣和裙子的所有边缘用钩针钩织花边，并配色。
5. 用缝衣针缝上门襟纽扣，在相应的位置缝上肩带和纽扣。衣服编织完成。

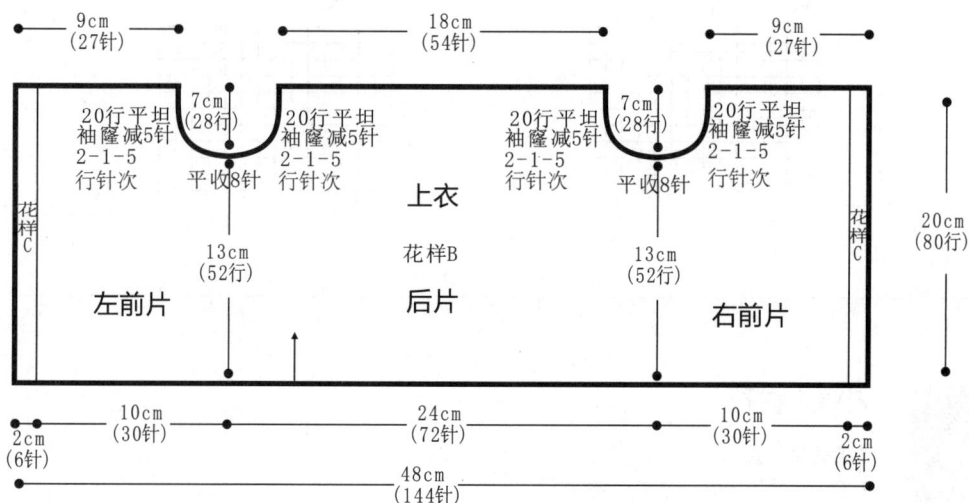

花样 A

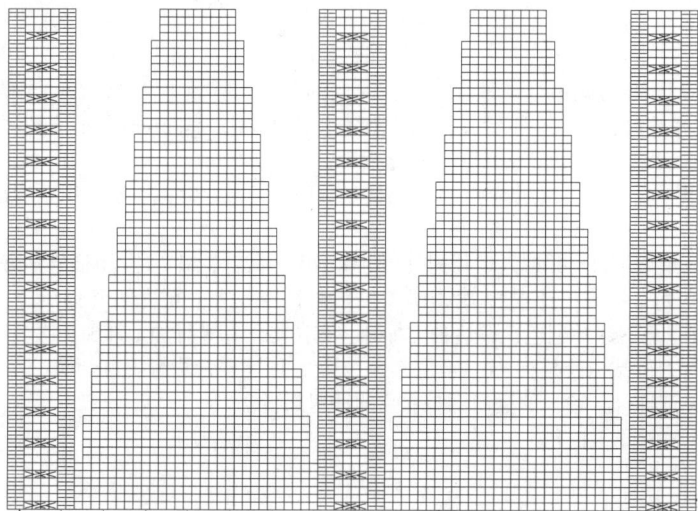

花样 B

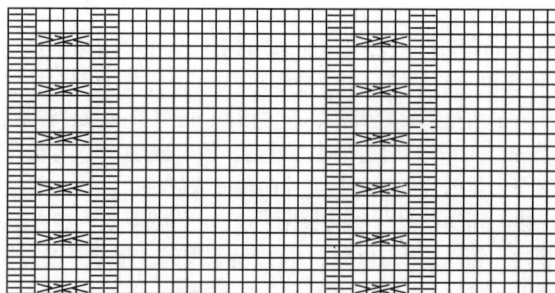

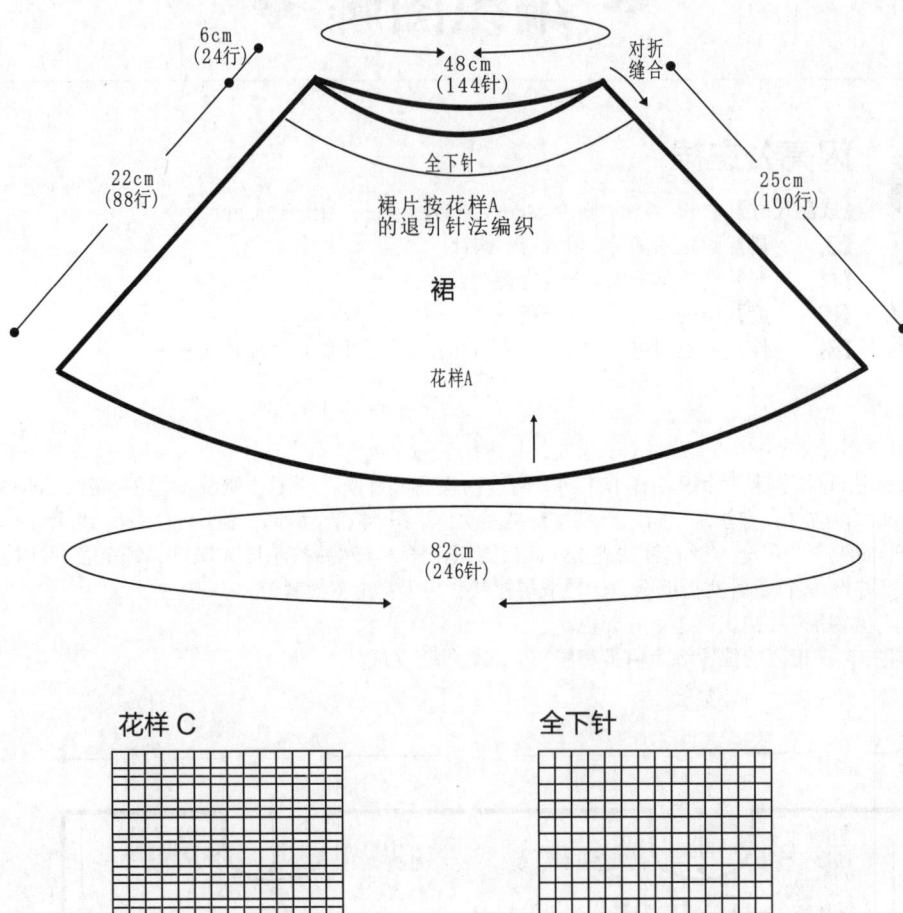

6cm
(24行)

48cm
(144针)

对折
缝合

22cm
(88行)

全下针

25cm
(100行)

裙片按花样A
的退引针法编织

裙

花样A

82cm
(246针)

花样 C

全下针

小熊毛衣

【成品尺寸】衣长 36cm　胸围 62cm　连肩袖长 37cm
【工　　具】3.5mm 棒针　缝衣针
【材　　料】红色羊毛绒线若干　白色、黑色、黄色线各少许
【密　　度】10cm² = 30 针 ×40 行
【附　　件】纽扣 6 枚　钩织饰物 2 个

【制作过程】

1. 毛衣用棒针编织，由 2 片前片、1 片后片、2 片袖片组成，从下往上编织。
2. 前片：(1) 左前片。用全下针起针法，起 46 针，先织 3cm 双罗纹后，改织全下针并配色，侧缝不用加减针，织 21cm 至插肩袖窿。
(2) 袖窿以上的编织：袖窿平收 5 针后减 22 针，方法是：每 2 行减 1 针减 22 次，织 12cm 至肩部。
(3) 同时从插肩袖窿算起，织至 8cm 时，开始领窝减针，门襟平收 5 针，然后减 14 针，方法是：每 2 行减 2 针减 7 次，织至肩部全部针数收完。同样方法编织右前片。
3. 后片：(1) 用全下针起针法，起 93 针，先织 3cm 双罗纹后，改织全下针，并编入后片图案，侧缝不用加减针，织 21cm 至插肩袖窿。
(2) 袖窿以上的编织：两边袖窿平收 45 针后减 22 针，方法是：每 2 行减 1 针减 22 次。领窝不用减针，织 12cm 至肩部余 39 针。
4. 袖片：用全下针起针法，起 60 针，先织 3cm 双罗纹后，改织全下针并配色，两边袖下加针，方法是：每 8 行加 1 针加 9 次，织至 22cm 时，开始两边平收 5 针后，插肩减 22 针，方法是：每 2 行减 1 针减 22 次，至肩部余 24 针，用同样方法编织另一袖。
5. 缝合：将前片的侧缝与后片的侧缝对应缝合。袖的袖下分别缝合，袖片的插肩部与衣片的插肩部缝合。
6. 门襟：两边门襟分别挑 96 针，织 10 行双罗纹，左边门襟均匀的开纽扣孔。
7. 领片：领圈边挑 118 针，织 10 行双罗纹，形成开襟圆领。
8. 装饰：缝上钩织饰物和纽扣。毛衣编织完成。

31cm
(93针)

3cm
(12行)

双罗纹

21cm
(84行)

后片

36cm
(144行)

全下针

平收5针   平收5针

袖窿减22针
2-1-22
行针次

12cm
(48行)

袖窿减22针
2-1-22
行针次

13cm
(39针)

全下针

37cm
(148针)   37cm
(148针)

22cm
(88针)   12cm
(48行)   12cm
(48行)   22cm
(88针)

3cm
(12行)   3cm
(12行)

袖下加9针
8-1-9
行针次   平收5针   减22针
2-1-22
行针次   领口   减22针
2-1-22
行针次   平收5针   袖下加9针
8-1-9
行针次

双罗纹   右袖片   左袖片   双罗纹

20cm
(60针)   全下针   8cm
(24针)   8cm
(24针)   26cm
(78行)   全下针   20cm
(60针)

袖下加9针
8-1-9
行针次   平收5针   减22针
2-1-22
行针次   减22针
2-1-22
行针次   平收5针   袖下加9针
8-1-9
行针次

6.5cm
(19针)   6.5cm
(19针)

袖窿减22针
2-1-22
行针次   领窝
减14针
2-2-7
行针次   4cm
(16行)   领窝
减14针
2-2-7
行针次   袖窿减22针
2-1-22
行针次

12cm
(48行)   平收5针   8cm
(32针)   平收5针   12cm
(48行)

平收5针   平收5针

右前片   36cm
(144行)   左前片

21cm
(84行)

全下针   全下针

3cm
(12行)

双罗纹   双罗纹

15.5cm
(46针)   15.5cm
(46针)

全下针
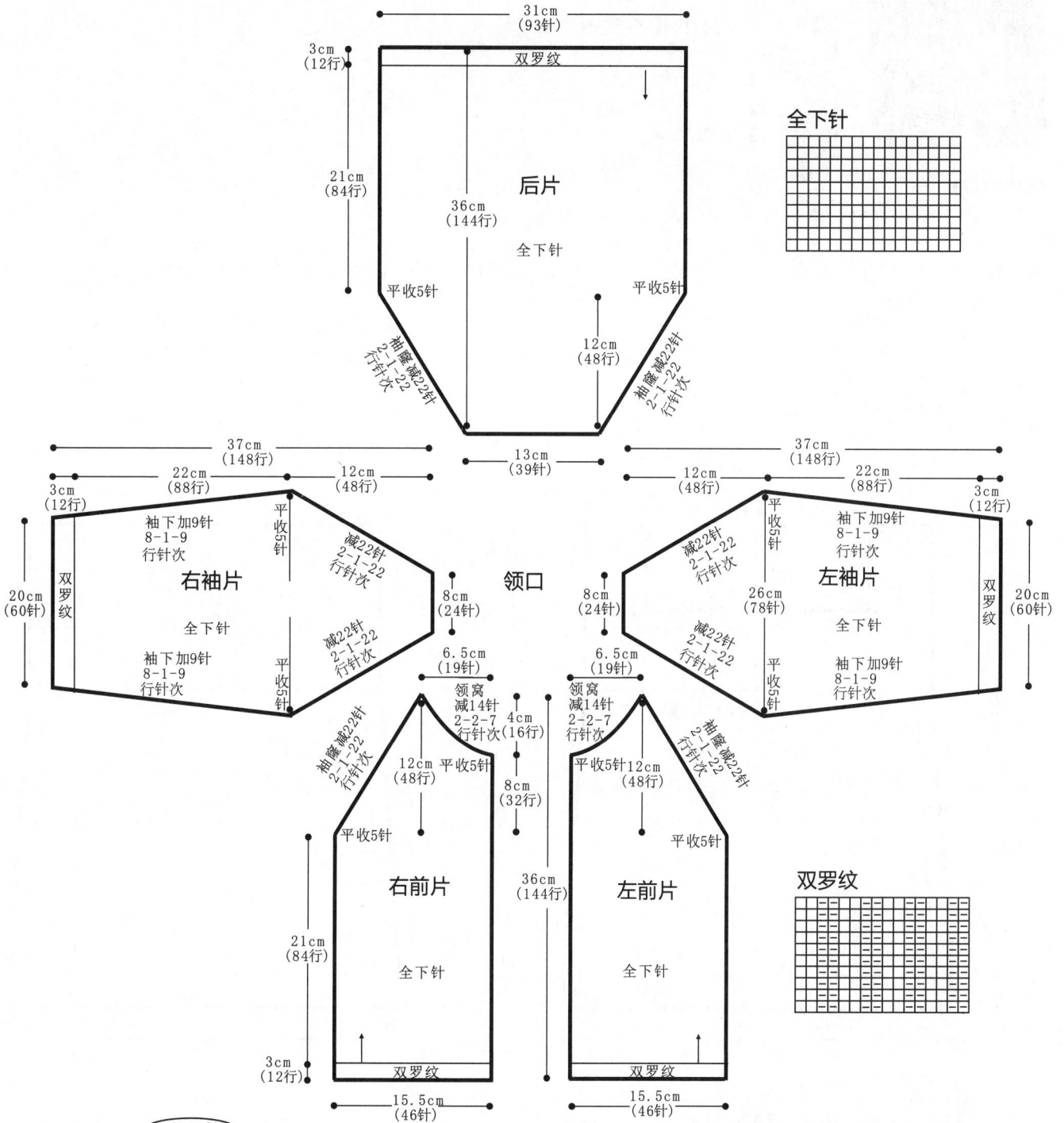

双罗纹
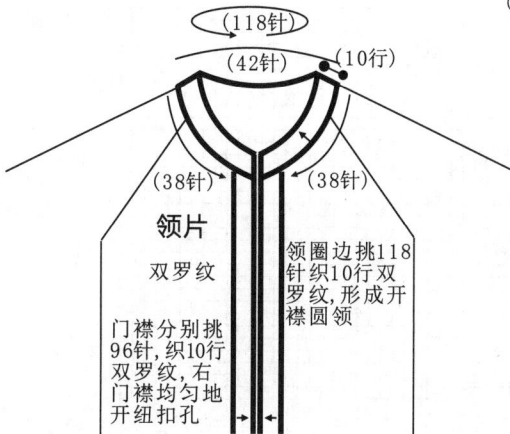

(118针)

(42针)   (10行)

(38针)   (38针)

领片

双罗纹

门襟分别挑
96针,织10行
双罗纹,右
门襟均匀地
开纽扣孔

领圈边挑118
针织10行双
罗纹,形成开
襟圆领

后片图案

可爱小背心

【成品尺寸】衣长 38cm　胸围 46cm
【工　　具】3.5mm 棒针　缝衣针
【材　　料】黄色羊毛绒线若干
【密　　度】10cm² = 30 针 ×40 行
【附　　件】蝴蝶结 2 朵

【制作过程】
1. 毛衣用棒针编织，由 1 片前片、1 片后片组成，从上往下编织。
2. 前片：用全下针起针法，从肩部起织，两个肩分别起 18 针，织花样 B，织 7cm 后平加 34 针，并且合并编织，继续织至第 10cm 时，改织全下针，同时两边 5 针边针织花样 B，再织 5cm 后改织花样 C，中间按花样 C 加 26 针，侧缝不用加减针，织 19cm 后改织 4cm 花样 A，前片完成。
3. 后片：用全下针起针法，从肩部起织，起 70 针，织花样 B，织至 10cm 时，改织全下针，同时两边 5 针边针织花样 B，再织 5cm 后改织花样 C，中间按花样 C 加 26 针，侧缝不用加减针，织 19cm 后改织 4cm 花样 A，后片完成。
4. 缝合：前后片的肩部和侧缝分别缝合。
5. 缝上装饰蝴蝶结。毛衣编织完成。

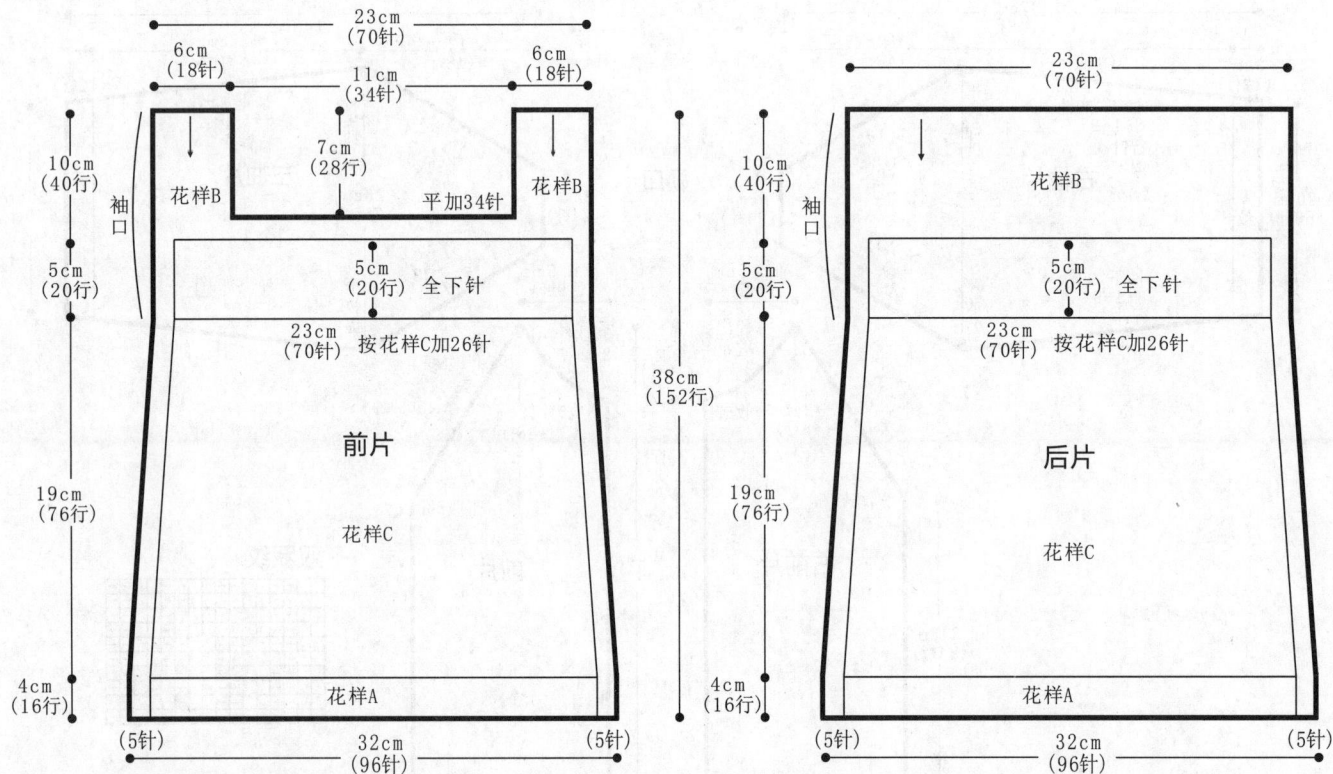

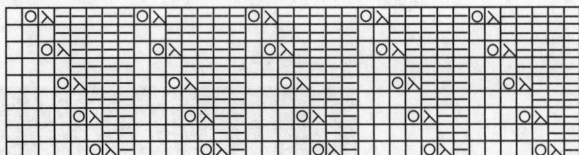

花样 A

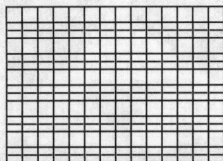

花样 B

花样 C

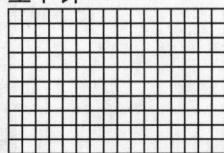

全下针

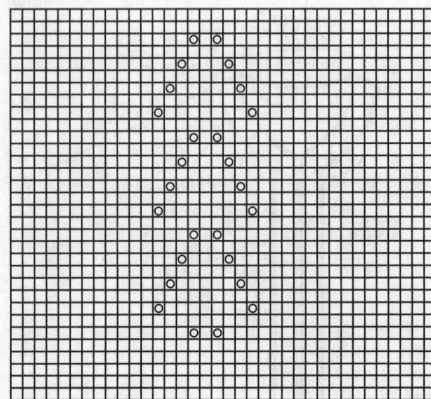

橘色斗篷

【成品尺寸】衣长 35cm　下摆 86cm
【工　　具】3.5mm 棒针　缝衣针
【材　　料】橘色羊毛绒线若干　红色线少许
【密　　度】10cm² = 30 针 × 40 行
【附　　件】纽扣 2 枚

【制作过程】

1. 毛衣用棒针编织，为一片式从下往上编织。

2. 用全下针起针法，红色线起 258 针，先织 2cm 花样后改用黄色线，改织全下针并配色，不加不减织至 25cm 时，把织片分成 15 等份，在每份之间每 2 行减 1 针，减 10 次，剩下 118 针，继续织 8cm，收针断线。

3. 领子：领圈边用红色线挑 118 针，织 40 行单罗纹，形成翻领。

4. 两边门襟分别挑 106 针，织 10 行花样，左边开纽扣孔。

5. 翻领边挑适合针数，织 8 行花样。

6. 缝上纽扣。毛衣编织完成。

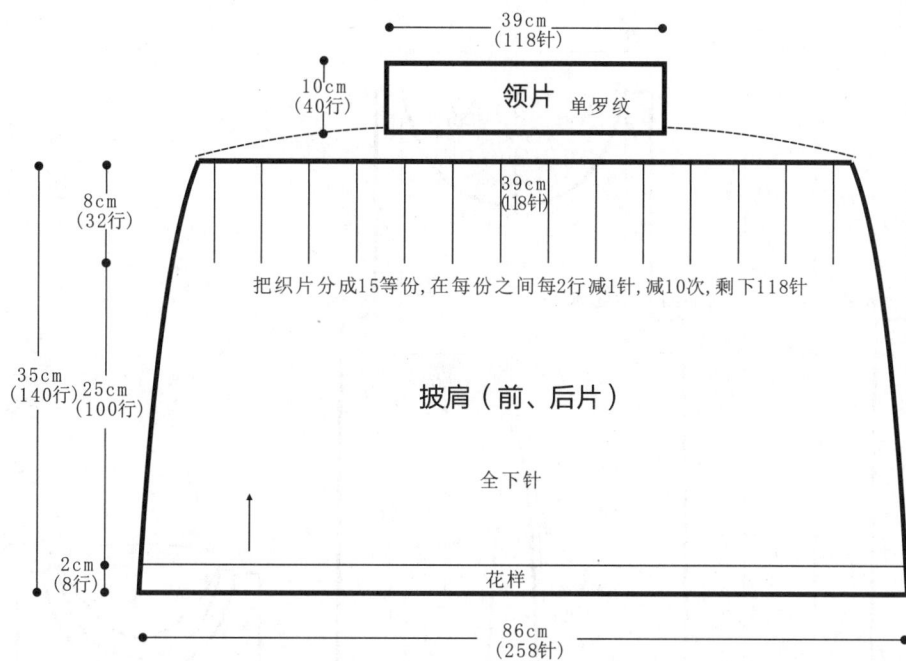

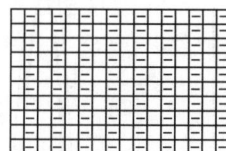

单罗纹

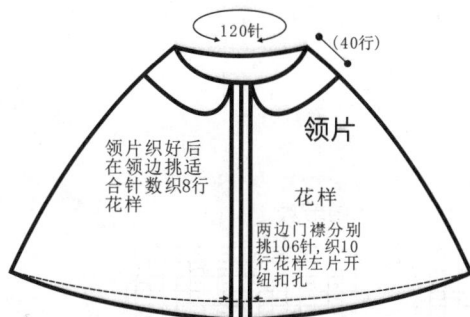

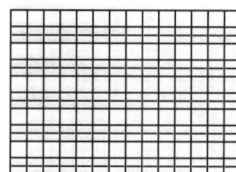

花样

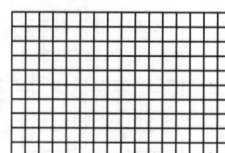

全下针

紫色圆球背带裤

【成品尺寸】 连体裤长 57cm 胸围 30cm

【工　　具】 3.5mm 棒针　缝衣针

【材　　料】 紫色羊毛绒线若干

【密　　度】 10cm² = 30 针 × 40 行

【附　　件】 纽扣 4 枚

【制作过程】

1. 连体裤用棒针编织，由 1 片前裤片、1 片后片组成，从下往上编织。

2. 前裤片：(1) 从裤腿织起，起 30 针，先织 5cm 单罗纹后改织花样 A，外侧缝不用加针，内侧缝加 9 针，方法是：每 4 行加 1 针加 9 次，织至 12cm 时，裤裆处的针改织花样 B，这样不加不减织至 13cm 时留针待用，同样方法另一裤腿，然后两裤腿把花样 B 的 8 针重叠后合并编织，再织 6cm（其中 8 行改织单罗纹）至袖窿。

(2) 袖窿平收 8 针后减针，不用加减针至肩部。

(3) 同时织至袖窿算起 8cm 时，中间平收 14 针，然后两边减针，方法是：每 4 行减 1 针减 8 次，至肩部余 8 针。

3. 后裤片：用同样方法编织后裤片。

4. 领圈挑 144 针，织 10 行单罗纹，形成圆领。

5. 缝上纽扣，连体裤编织完成。

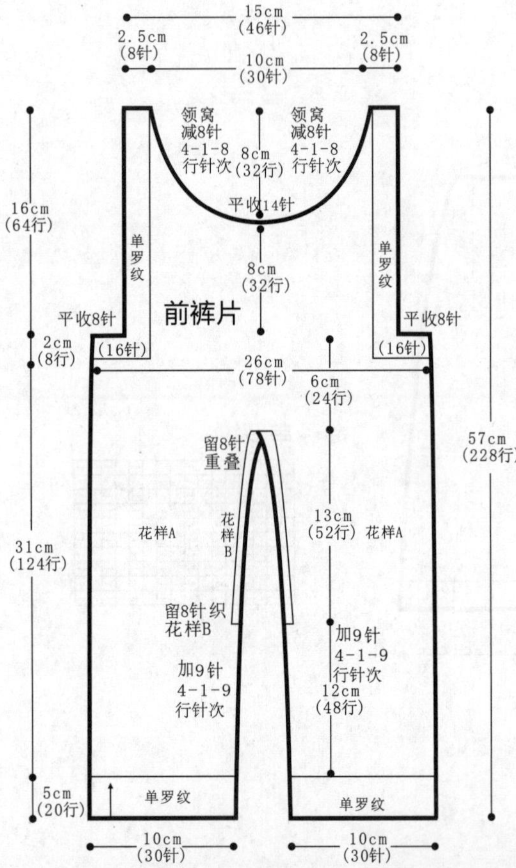

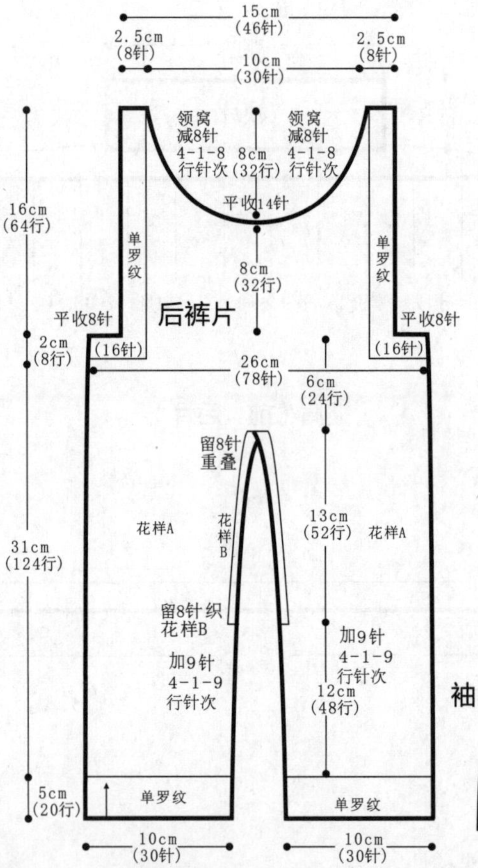

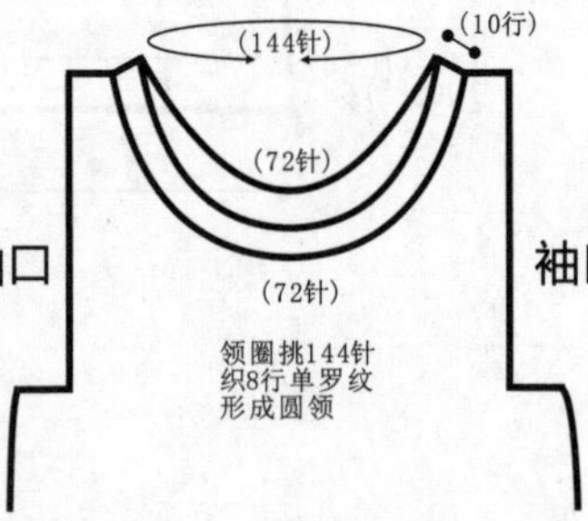

花样 A

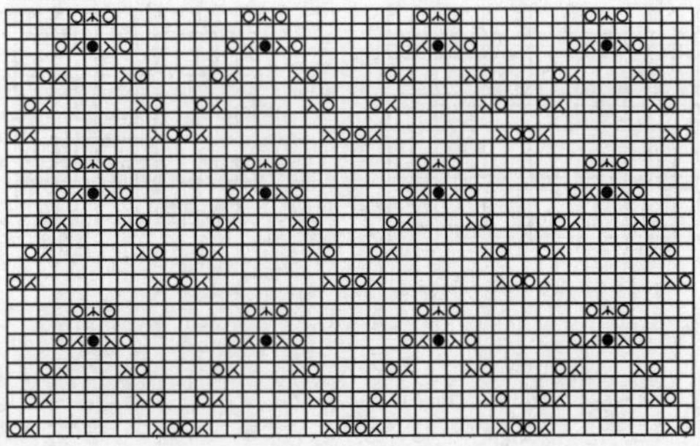

花样 B

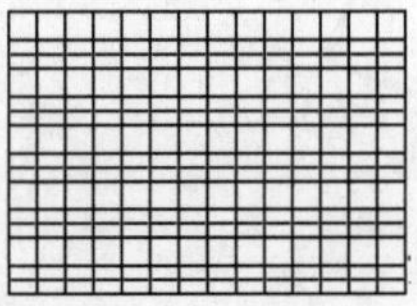

单罗纹

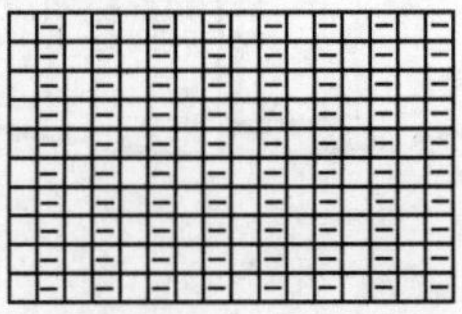

荷叶边小背心

【成品尺寸】 衣长 36cm　胸围 52cm
【工　　具】 3.5mm 棒针　缝衣针
【材　　料】 粉色羊毛绒线若干
【密　　度】 10cm² = 30 针 ×40 行
【附　　件】 纽扣 5 枚

【制作过程】

1. 毛衣用棒针编织，由 2 片前片、1 片后片组成，从上往下编织。

2. 前片：分左右片编织。(1) 右前片：用全下针起针法，从肩部起织，起 18 针，织全下针，同时两边 5 针边针织花样 C，织 10cm 时改织花样 B，中间按花样 B 加 56 针，侧缝不用加减针，织 18cm 后改织 4cm 花样 A，右前片完成。

(2) 用下针起针法起 18 针，织全下针，同时两边的 5 针边针织花样 C，织 10cm 时改织 B，中间按花样 B 加 16 针，改织 4cm 花样 A，左前片完成。

3. 后片：用下针起针法，从肩部起织，起 78 针，先织全下针，10cm 时改织花样 B，同时两边 5 针边针织花样 C，中间按花样 B 加 26 针，侧缝不用加减针，织 18cm 后改织 4cm 花样 A，后片完成。

4. 缝合。参照彩图前后片的肩部和侧缝分别缝合。

5. 缝上纽扣。毛衣编织完成。

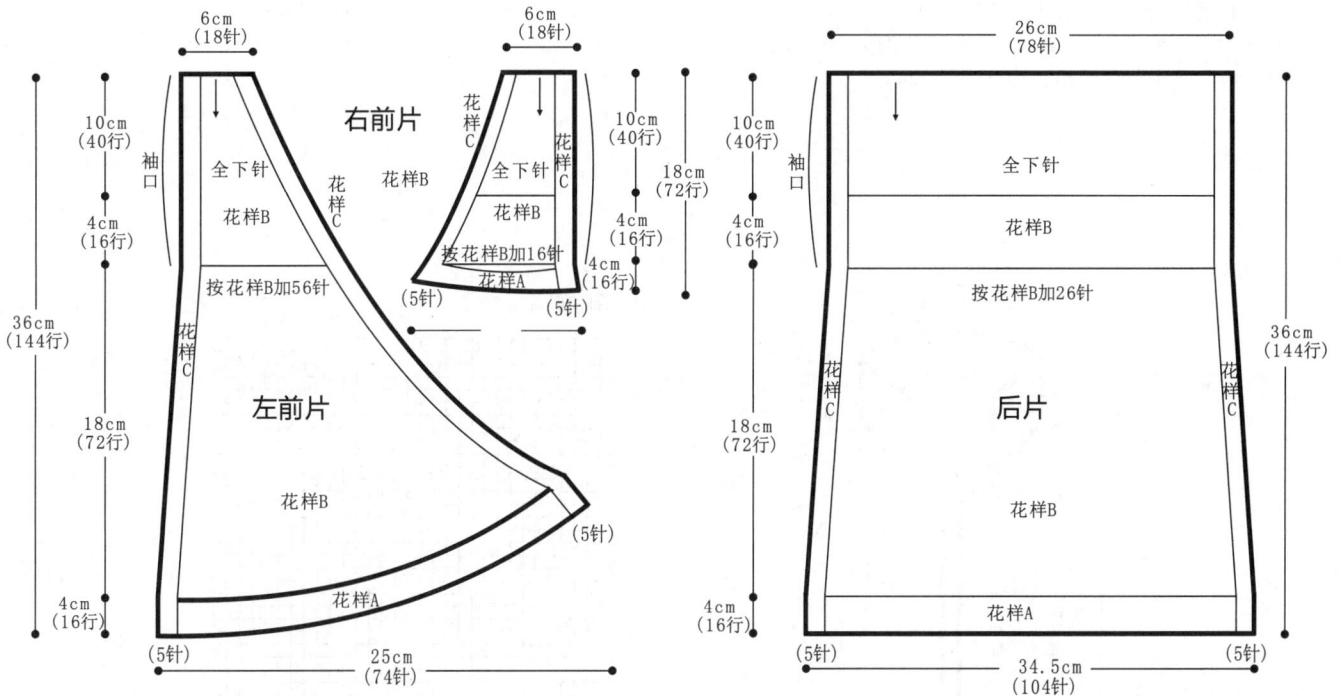

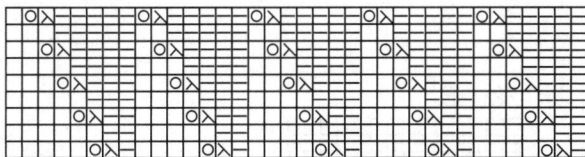

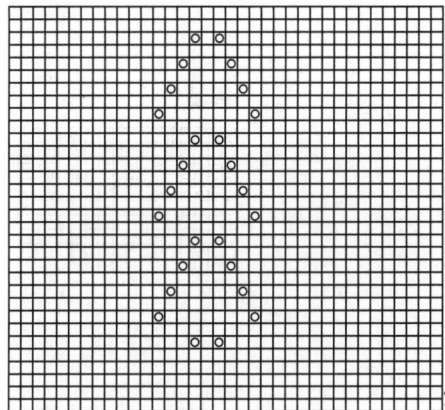

花样 A

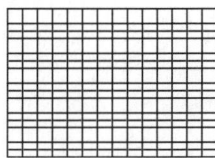

花样 B

花样 C　　　　**全下针**

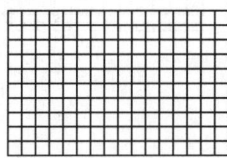

花朵毛线开衫

【成品尺寸】衣长 40cm 胸围 70cm 连肩袖长 39.5cm
【工   具】3.5mm 棒针 缝衣针 钩针
【材   料】黄色羊毛绒线若干
【密   度】10cm² = 30 针 × 40 行
【附   件】纽扣 3 枚 钩织花朵 3 朵

【制作过程】

1. 毛衣用棒针编织，由 2 片前片、1 片后片、2 片袖片组成，从下往上编织。

2. 前片：(1) 左前片。用下针起针法，起 72 针，其中 20 针门襟，先织 2cm 花样 B 后，改织花样 A，门襟继续织花样 B，侧缝不用加减针，织 25cm 至插肩袖窿。

(2) 袖窿以上的编织：袖窿减 26 针，方法是：每 2 行减 1 针减 26 次，织 13cm 至肩部。

(3) 同时从插肩袖窿算起，织至 7cm 时，开始领窝减针，门襟平收 24 针，然后减 22 针，方法是：每 2 行减 2 针减 11 次，织至肩部全部针数收完。同样方法编织右前片。

3. 后片：(1) 用下针起针法，起 106 针，先织 2cm 花样 B 后，改织花样 A，侧缝不用加减针，织 25cm 至插肩袖窿。

(2) 袖窿以上的编织：两边袖窿平收 6 针后减 26 针，方法是：每 2 行减 1 针减 26 次。领窝不用减针，织 13cm 至肩部余 42 针。

4. 袖片：用全下针起针法，起 60 针，先织 2cm 花样 B 后，改织花样 A，两边袖下加针，方法是：每 8 行加 1 针加 12 次，织至 24.5cm 时，开始两边平收 6 针后，插肩减 26 针，方法是：每 2 行减 1 针减 26 次，至肩部余 20 针，同样方法编织另一袖。

5. 缝合：将前片的侧缝与后片的侧缝对应缝合。袖片的袖下分别缝合，袖片的插肩部与衣片的插肩部缝合。

6. 领片：领圈边挑 124 针，织 40 行单罗纹，形成开襟翻领。

7. 装饰：缝上钩织花朵纽扣。毛衣编织完成。

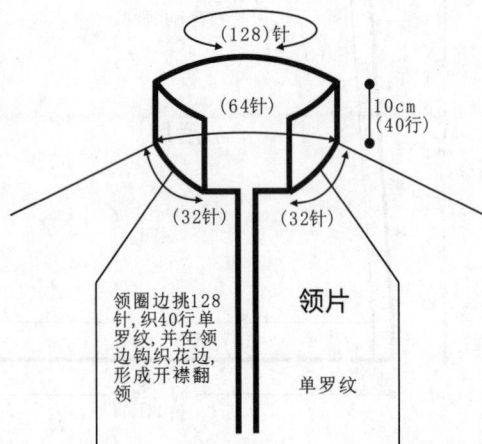

（128）针

（64针）

10cm
（40行）

（32针）　（32针）

领圈边挑128
针，织40行单
罗纹，并在领
边钩织花边，
形成开襟翻
领

领片

单罗纹

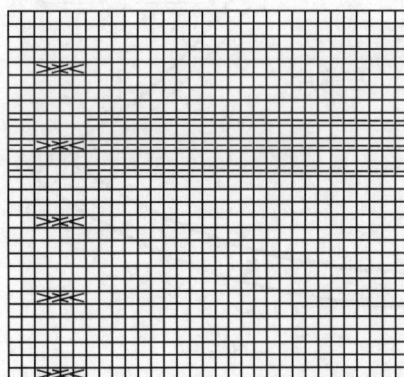

花样 A

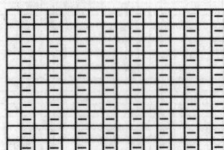

单罗纹

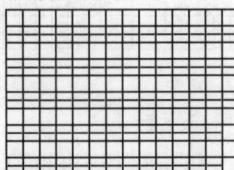

花样 B

后片

35cm
(106针)

花样B

2cm
(8行)

25cm
(100行)

40cm
(140行)

花样A

平收6针

平收6针

13cm
(52行)

袖窿减26针
2-1-26
行针次

袖窿减26针
2-1-26
行针次

14cm
(42针)

39.5cm
(158行)

24.5cm
(98行)

13cm
(52行)

2cm
(8行)

袖下加12针
8-1-12
行针次

平收6针

减26针
2-1-26
行针次

7cm
(20行)

领口

7cm
(20行)

减26针
2-1-26
行针次

平收6针

袖下加12针
8-1-12
行针次

39.5cm
(158行)

13cm
(52行)

24.5cm
(98针)

2cm
(8行)

袖下加12针
8-1-12
行针次

20cm
(60针)

花样B

右袖片

花样A

20cm
(60针)

花样B

左袖片

花样A

袖下加12针
8-1-12
行针次

28cm
(84针)

28cm
(84针)

袖窿减26针
2-1-26
行针次

7cm
(22针)

领窝
减22针
2-2-11
行针次

6cm
(24行)

平收24针

领窝
减22针
2-2-11
行针次

7cm
(22针)

袖窿减26针
2-1-26
行针次

平收24针

7cm
(28行)

13cm
(52行)

花样B

40cm
(140行)

花样B

13cm
(52行)

右前片

花样A

左前片

花样A

25cm
(100行)

2cm
(8行)

花样B

花样B

17.5cm
(52针)

(20针)

17.5cm
(52针)

粉色斗篷外套

【成品尺寸】衣长 33cm　胸围 64cm
【工　　具】3.5mm 棒针　缝衣针
【材　　料】粉色羊毛绒线若干
【密　　度】10cm² = 30 针 × 40 行
【附　　件】毛毛球绳子 1 根

【制作过程】

1. 毛衣用棒针编织，为一片式从左往右编织。
2. 衣身片用下针起针法，起 70 针，织花样 A，不加不减织至 104cm，收针断线。
3. 下摆另织，起 30 针，织 64cm，根据衣身片的花样特点，在波浪尖处缝合。
4. 领子：起 118 针，织 40 行花样 B，与领圈边缝合，形成翻领。
5. 系上毛毛球绳子。毛衣编织完成。

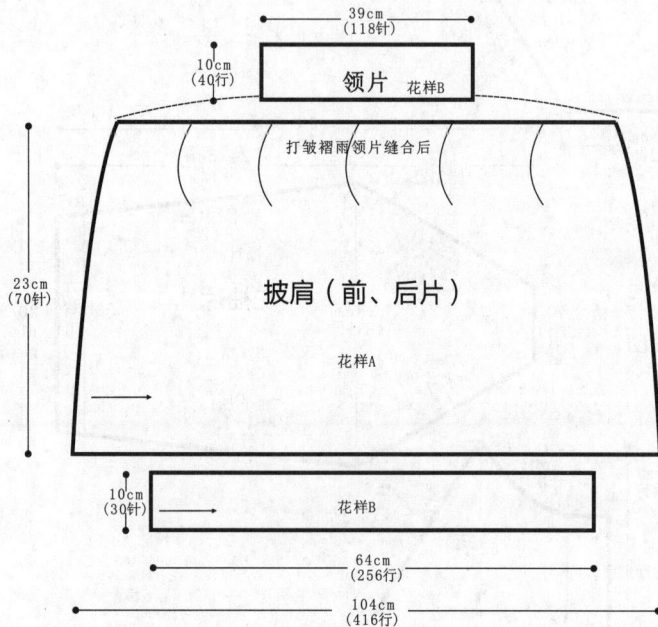

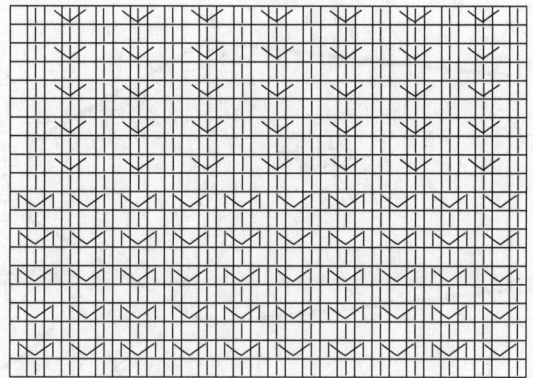

花样 A

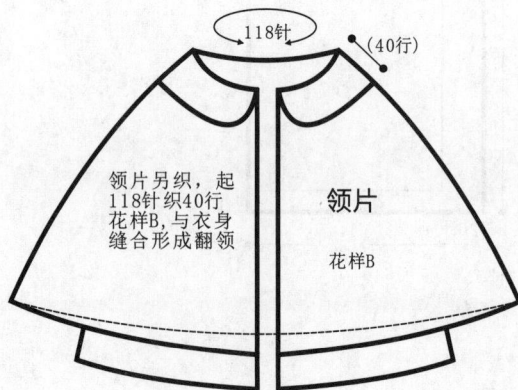

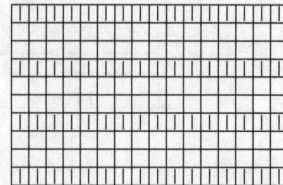

花样 B

粉红背心裙

【成品尺寸】 衣长 42cm　胸围 56cm　下摆 32cm

【工　　具】 3.5mm 棒针　缝衣针

【材　　料】 粉红色羊毛绒线若干

【密　　度】 10cm² = 30 针 ×40 行

【附　　件】 钩织小花 1 朵

【制作过程】

1. 毛衣用棒针编织，由 1 片前片、1 片后片组成，从下往上编织。

2. 前片：(1) 用全下针起针法，起 96 针，先织 2cm 花样 C 后，改织花样 B，侧缝减 6 针，方法是：每 16 行减 1 针减 6 次，织 19cm 时改织花样 A，再织 6cm 至袖窿。

(2) 袖窿以上编织：改织全下针，袖窿两边平收 4 针后减针，方法是：每 2 行减 2 针减 3 次，不加不减织 54 行至肩部。

(3) 同时从袖窿算起织至 8cm 时，开始领窝减针，中间平收 18 针，两边各减 8 针，方法是：每 2 行减 1 针减 8 次，至肩部余 15 针。

3. 后片：(1) 用全下针起针法，起 96 针，先织 2cm 花样 C 后，改织花样 B，侧缝减 6 针，方法是：每 16 行减 1 针减 6 次，织 19cm 时改织花样 A，再织 6cm 至袖窿。

(2) 袖窿以上编织：改织全下针，袖窿两边平收 4 针后减针，方法是：每 2 行减 2 针减 3 次，不加不减织 54 行至肩部。

(3) 同时从袖窿算起织至 9cm 时，开始领窝减针，中间平收 24 针，两边各减 5 针，方法是：每 2 行减 1 针减 5 次，至肩部余 15 针。

4. 缝合：将前片的侧缝与后片的侧缝对应缝合。前后片的肩部对应缝合。

5. 袖口：两边袖口分别挑 76 针，织 8 行花样 D。

6. 领子：领圈边挑 124 针，织 8 行花样 D，形成圆领。

7. 缝上钩织小花，毛衣编织完成。

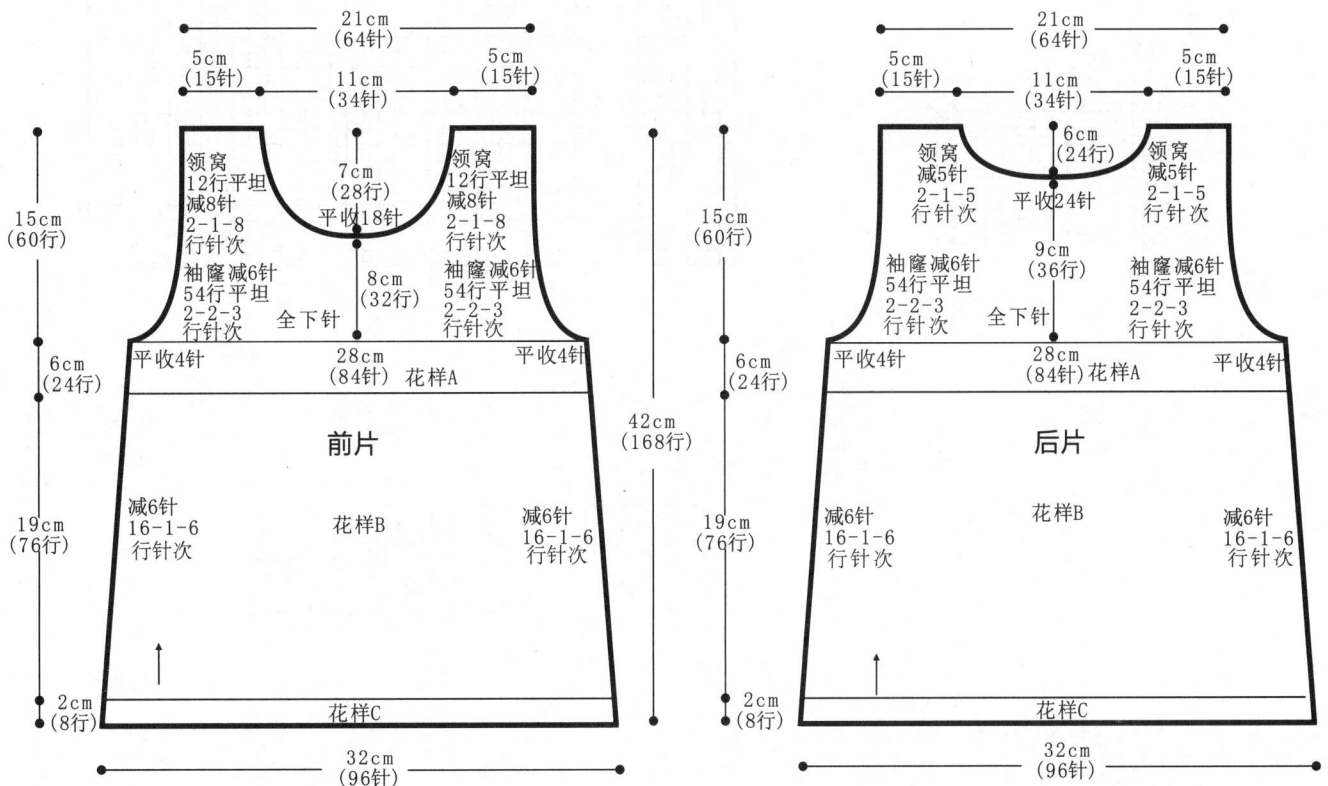

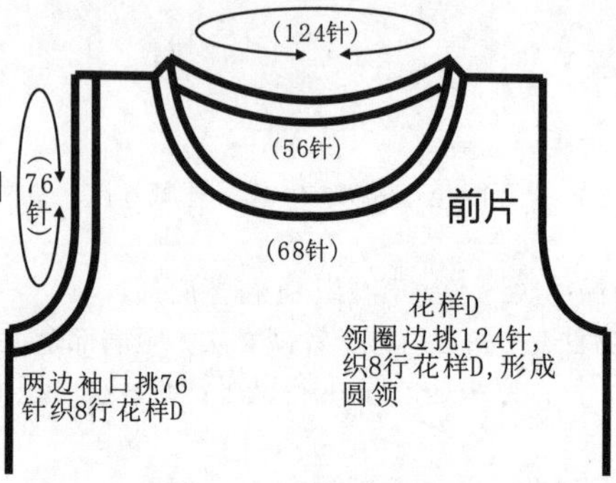

花样 A

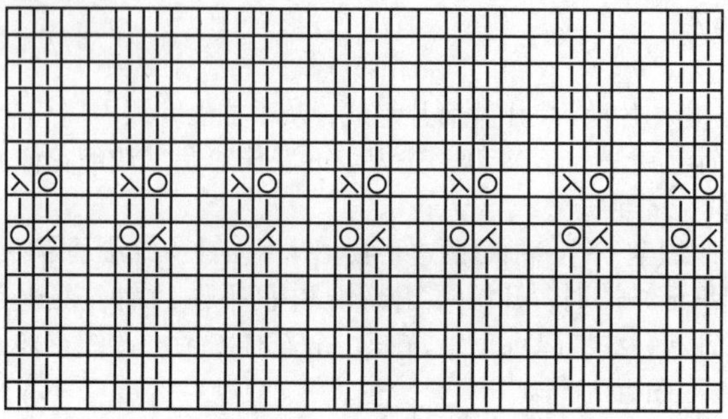

全下针

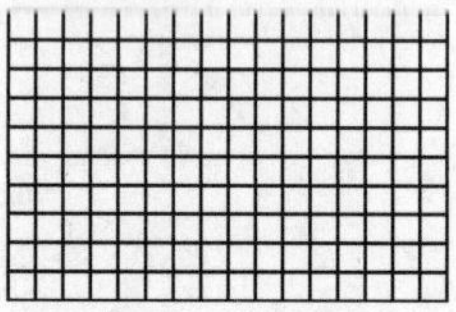

花样 C

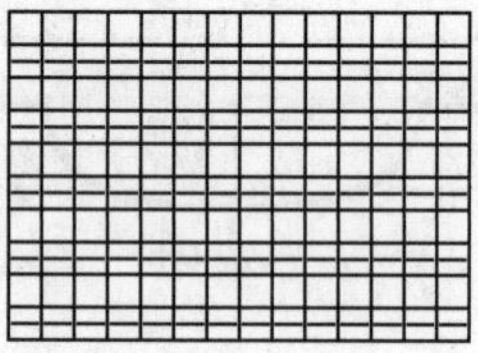

花样 B

花样 D

（124针）

（56针）

（68针）

袖口

（76针）

前片

花样D
领圈边挑124针,
织8行花样D,形成
圆领

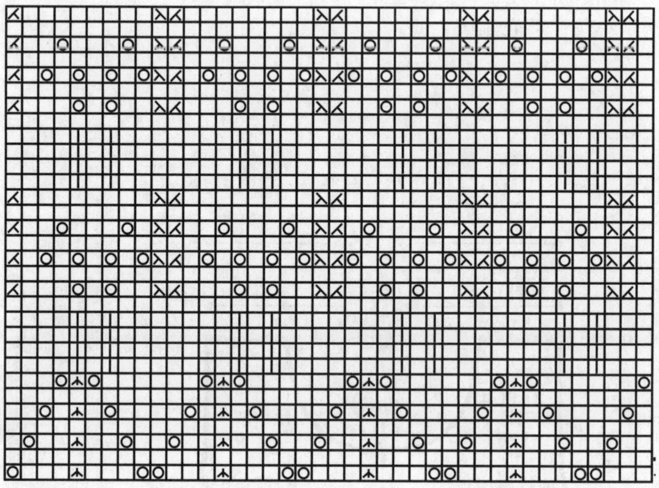

两边袖口挑76
针织8行花样D

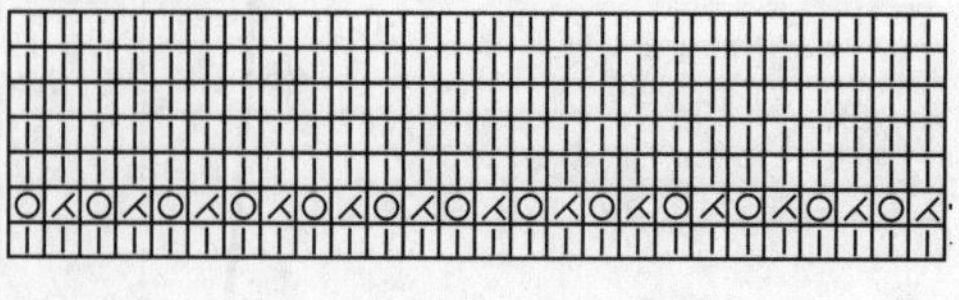

白色短袖小开衫

【成品尺寸】衣长 39cm　胸围 60cm
【工　　具】3.5mm 棒针　缝衣针
【材　　料】白色羊毛绒线若干
【密　　度】10cm² = 30 针 × 40 行
【附　　件】饰物 6 枚

【制作过程】

1. 毛衣用棒针编织，由 2 片前片、1 片后片和 2 片袖片组成，从下往上编织。

2. 前片：分右前片和左前片编织。(1) 右前片：用全下针起针法起 45 针，先织 3cm 双罗纹后，改织花样 A，侧缝不用加减针，织至 21cm 至袖窿。

(2) 袖窿以上的编织：右侧袖窿平收 4 针后减针，方法是：每织 2 行减 1 针减 4 次，共减 4 针，不加不减平织 52 行至肩部。

(3) 同时进行领窝减针，平收 8 针后减 14 针，方法是：每 2 行减 1 针减 14 次，不加不减织 18 行至肩部余 15 针。

(4) 相同的方法，相反的方向编织左前片。

3. 后片：(1) 用全下针起针法，起 90 针，先织 3cm 双罗纹后，改织花样 B，侧缝不用加减针，织 21cm 至袖窿。

(2) 袖窿以上编织：袖窿平收 4 针后减针，方法与前片袖窿一样。

(3) 同时织至从袖窿算起 13cm 时，开后领窝，中间平收 36 针，两边各减 4 针，方法是：每 2 行减 1 针减 4 次，织至两边肩部余 15 针。

4. 袖片：起 42 针，先织 2cm 双罗纹后，改织 8cm 花样 A，同时袖山减针，方法是：每 2 行减 1 针减 16 次，至顶部余 10 针，同样方法织另一片。

5. 缝合：将前片的侧缝与后片的侧缝对应缝合，前后片的肩部对应缝合。两袖片参照彩图缝合。

6. 领子：两边门襟分别挑 96 针，织 10 行双罗纹，左边门襟均匀地开纽扣孔。领圈边挑 160 针，织 10 行双罗纹，形成开襟圆领。

7. 用缝衣针缝上纽扣和饰物。衣服编织完成。

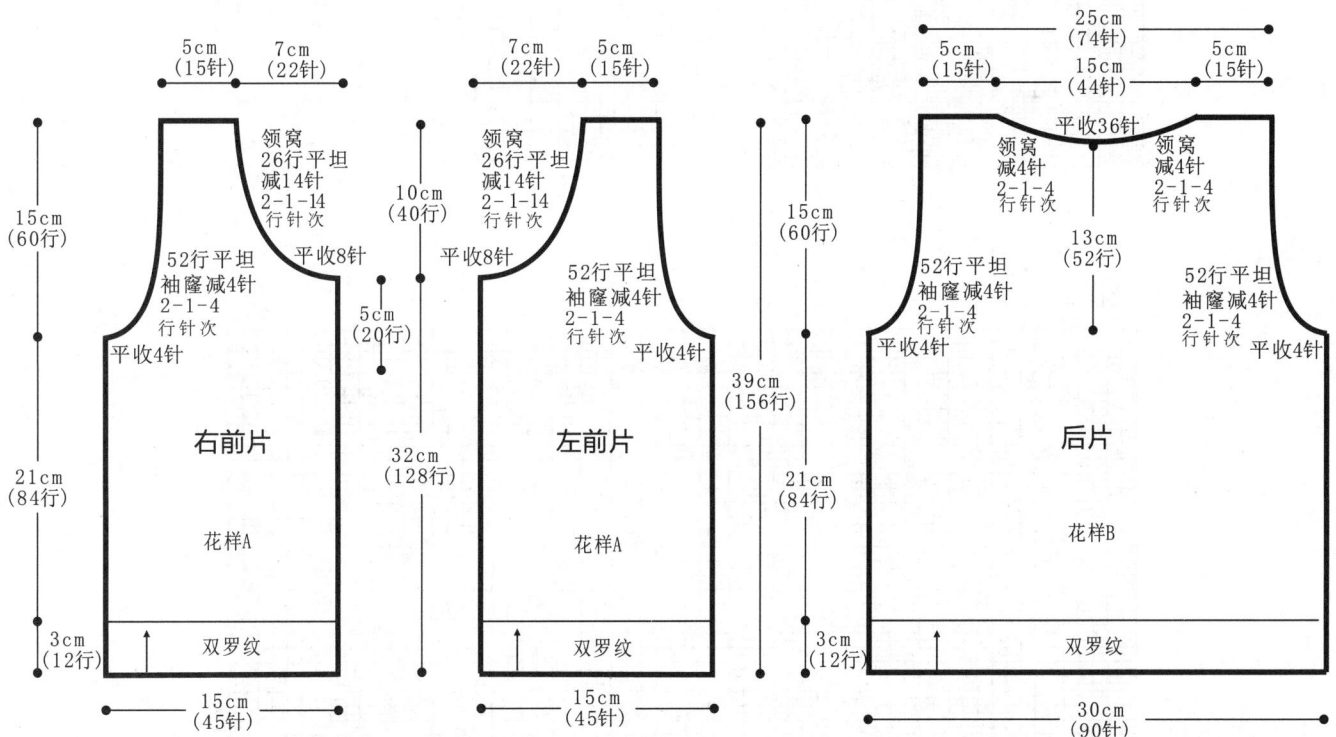

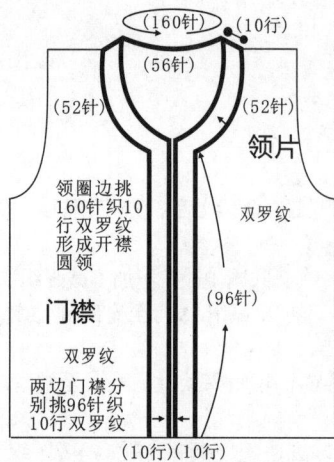

(160针) (10行)

(56针)

(52针) (52针)

领片

领圈边挑
160针织10
行双罗纹
形成开襟
圆领

双罗纹

门襟

双罗纹

(96针)

两边门襟分
别挑96针织
10行双罗纹

(10行)(10行)

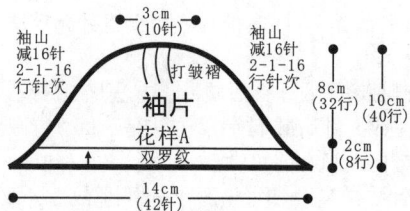

3cm
(10针)

袖山
减16针
2-1-16
行针次

打皱褶

袖山
减16针
2-1-16
行针次

袖片

花样A

双罗纹

8cm
(32行)

10cm
(40行)

2cm
(8行)

14cm
(42针)

花样 A

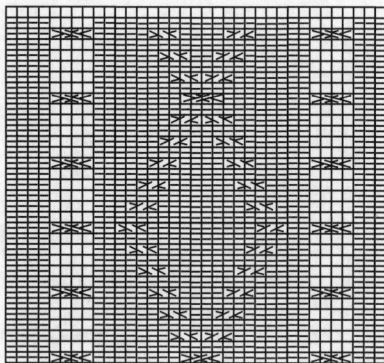

双罗纹

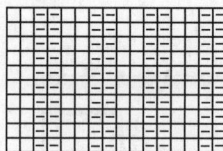

花样 B

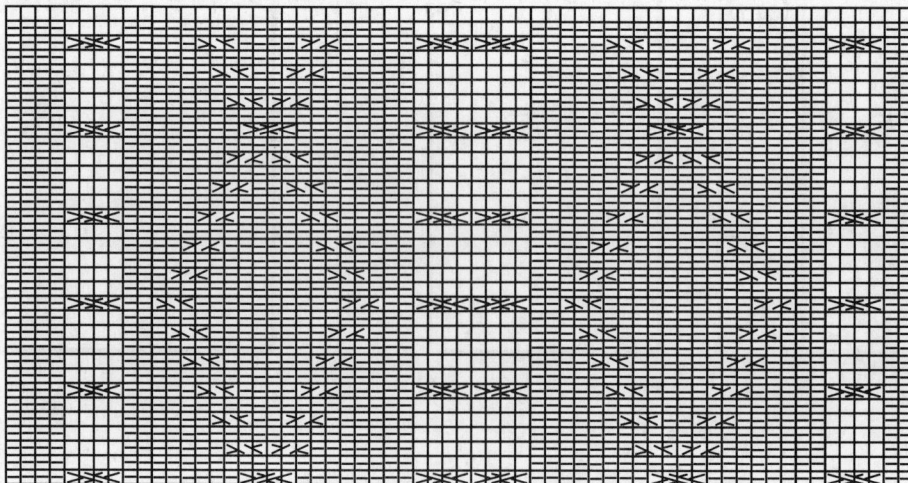

黄色连帽外套

【成品尺寸】 衣长 36cm　胸围 60cm　袖长 32cm

【工　　具】 3.5mm 棒针　缝衣针

【材　　料】 黄色羊毛绒线若干

【密　　度】 10cm² = 30 针 ×40 行

【附　　件】 纽扣 3 枚

【制作过程】

1. 毛衣用棒针编织，由 2 片前片、1 片后片、2 片袖片组成，从下往上编织。

2. 前片：(1) 左前片。用全下针起针法，起 45 针，织 2cm 花样 B 后，改织全下针，侧缝不用加减针，织 22cm 至插肩袖窿，并改织花样 A。

(2) 袖窿以上的编织：袖窿平收 3 针后减 24 针，方法是：每 4 行减 2 减 12 次。

(3) 同时从插肩袖窿算起，织至 10cm 时，领窝平收 10 针后减 18 针，方法是：每 2 行减 2 针减 4 次，织至肩部全部针数收完。同样方法编织右前片。

3. 后片：(1) 用下针起针法，起 90 针，织 2cm 花样 B 后，改织全下针，侧缝不用加减针，织 22cm 至插肩袖窿，并改织花样 C。

(2) 袖窿以上的编织：两边袖窿各平收 3 针后减 24 针，方法是：每 4 行减 2 减 12 次。领窝不用减针，织 12cm 余 36 针。

4. 袖片：用全下针起针法，起 60 针，织 2cm 花样 B 后，改织全下针，两边袖下加针，方法是：每 8 行加 1 针加 9 次，织至 18cm 插肩两边平收 3 针后减针，方法是：每 4 行减 2 针减 12 次，织 12cm 至肩部余 24 针，同样方法编织另一袖 .

5. 缝合：将前片的侧缝与后片的侧缝对应缝合。袖片的袖下分别缝合，袖片的插肩部与衣片的插肩部缝合。

6. 帽子：领圈边挑 108 针，织 84 行全下针，然后 A 与 B 缝合，形成帽子。

7. 两边门襟至帽缘挑 330 针，织 8 行花样 B，对折缝合。

8. 缝上纽扣。毛衣编织完成。

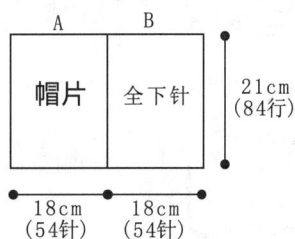

帽片　全下针

A　B

21cm
（84行）

18cm　18cm
（54针）（54针）

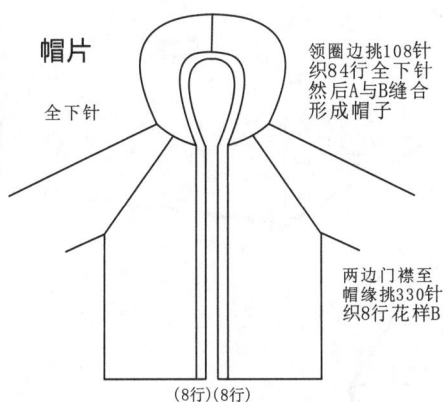

帽片

全下针

领圈边挑108针
织84行全下针
然后A与B缝合
形成帽子

两边门襟至
帽缘挑330针
织8行花样B

(8行)(8行)

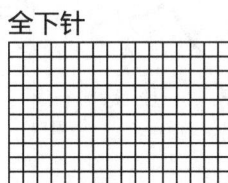

全下针

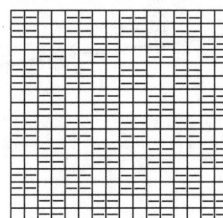

花样 C

花样 B

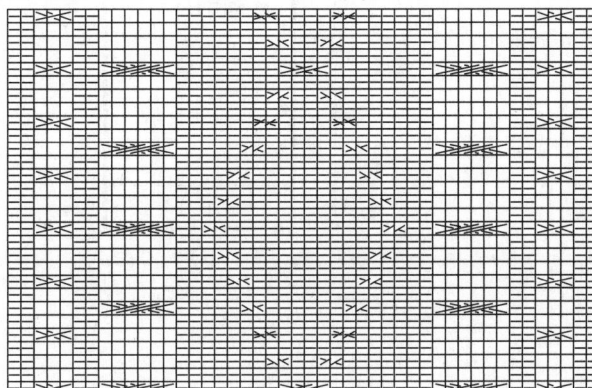

花样 A

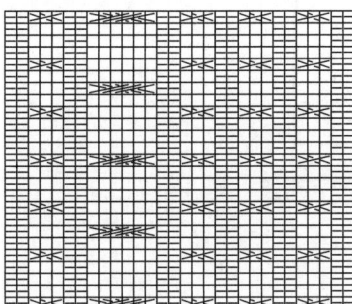

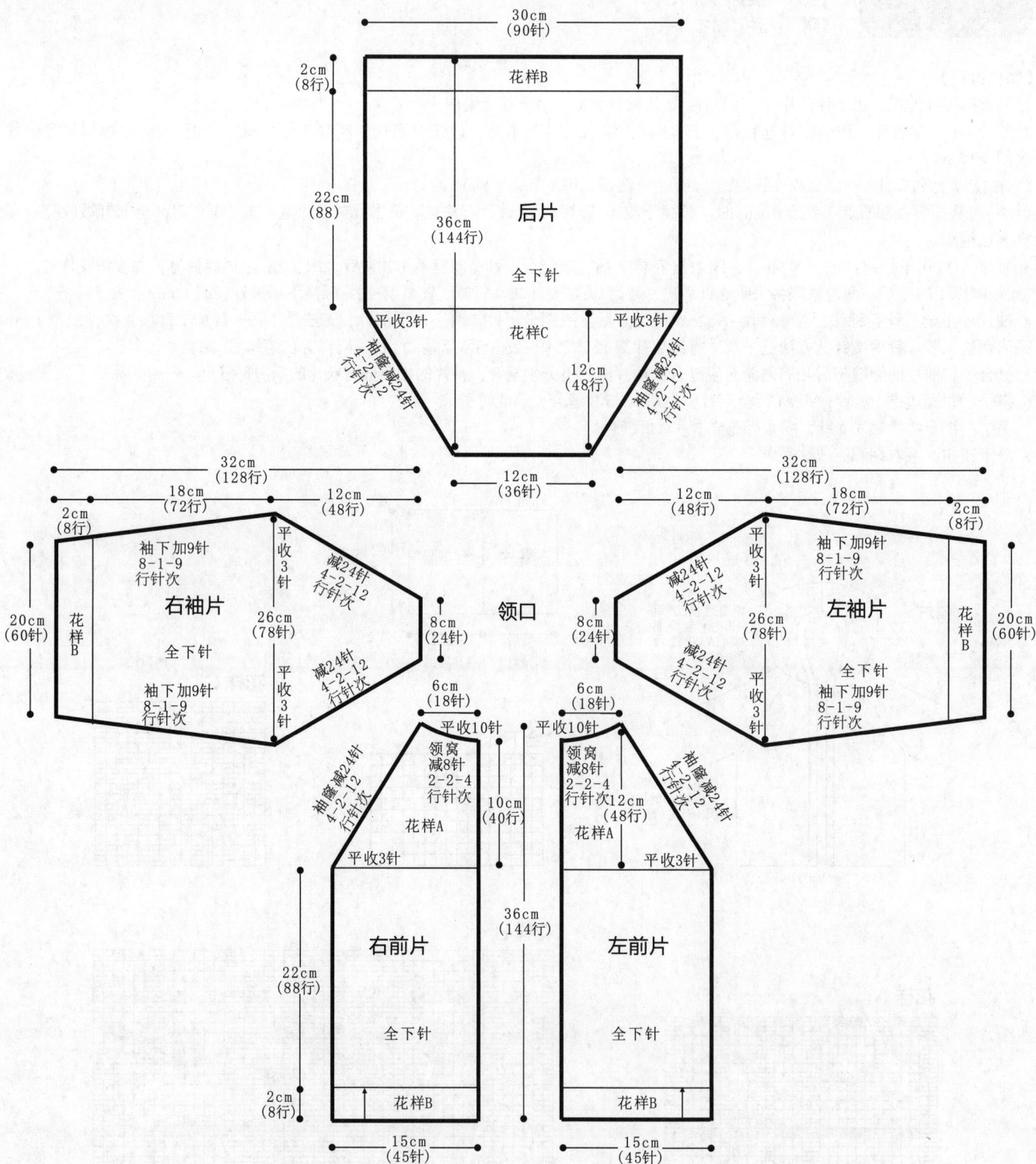

30cm
(90针)

2cm
(8行)

花样B

22cm
(88)

36cm
(144行)

后片

全下针

平收3针

花样C

平收3针

12cm
(48行)

袖缝减24针
4-2-12
行针次

袖缝减24针
4-2-12
行针次

12cm
(36针)

32cm
(128行)

18cm
(72行)

12cm
(48行)

2cm
(8行)

袖下加9针
8-1-9
行针次

平收
3针

减24针
4-2-12
行针次

领口

减24针
4-2-12
行针次

平收
3针

袖下加9针
8-1-9
行针次

32cm
(128行)

12cm
(48行)

18cm
(72行)

2cm
(8行)

20cm
(60针)

花样B

右袖片

全下针

袖下加9针
8-1-9
行针次

26cm
(78针)

减24针
4-2-12
行针次

平收
3针

8cm
(24针)

8cm
(24针)

26cm
(78针)

平收
3针

减24针
4-2-12
行针次

左袖片

全下针

袖下加9针
8-1-9
行针次

花样B

20cm
(60针)

6cm
(18针)

平收10针

6cm
(18针)

平收10针

袖隆减24针
4-2-12
行针次

领窝
减8针
2-2-4
行针次

花样A

平收3针

10cm
(40行)

领窝
减8针
2-2-4
行针次 12cm
(48行)

花样A

平收3针

袖隆减24针
4-2-12
行针次

22cm
(88行)

右前片

全下针

36cm
(144行)

左前片

全下针

2cm
(8行)

花样B

花样B

15cm
(45针)

15cm
(45针)

精致小白衫

【成品尺寸】 衣长 34cm　胸围 66cm　袖长 30cm
【工　　具】 3.5mm 棒针　缝衣针
【材　　料】 白色羊毛绒线若干
【密　　度】 10cm² = 30 针 × 40 行

【制作过程】

1. 毛衣用棒针编织，由 1 片前片、1 片后片、2 片袖片组成，从下往上编织。

2. 前片：(1) 用下针起针法起 99 针，编织花样 A，侧缝不用加减针，织 20cm 至袖窿。

(2) 袖窿以上的编织：两边袖窿平收 5 针后减针，方法是：每 2 行减 1 针减 6 次，各减 6 针，不加不减织 44 行至肩部。

(3) 同时织至袖窿算起 10cm 时，开始开领窝，中间平收 25 针，然后两边减针，方法是：每 2 行减 1 针减 8 次，各减 8 针，不加不减织至肩部余 18 针。

3. 后片：(1) 用全下针起针法起 99 针，编织花样 A，侧缝不用加减针，织 20cm 至袖窿。

(2) 袖窿以上的编织：两边袖窿平收 5 针后减针，方法是：每 2 行减 1 针减 6 次，各减 6 针，不加不减织 44 行至肩部。

(3) 同时织至从袖窿算起 12cm 时，开始开领窝，中间平收 33 针，然后两边减针，方法是：每 2 行减 1 针减 4 次，至肩部余 18 针。

4. 袖片：用下针起针法起 54 针，织花样 A，袖下加针，方法是：每 4 行加 1 针加 12 次，织至 20cm 时，两边平收 4 针，开始袖山减针，方法是：每 2 行减 2 针减 6 次，每 2 行减 1 针减 12 次，各减 24 针，至顶部余 22 针。

5. 缝合：将前片的侧缝与后片的侧缝对应缝合。前片的肩部与后片的肩部缝合，两边袖片的袖下缝合后，分别与衣片的袖边缝合。

6. 领片：领圈边挑 130 针，圈织 10 行花样 B，形成圆领。

7. 下摆和袖口用钩针钩织花边。毛衣编织完成。

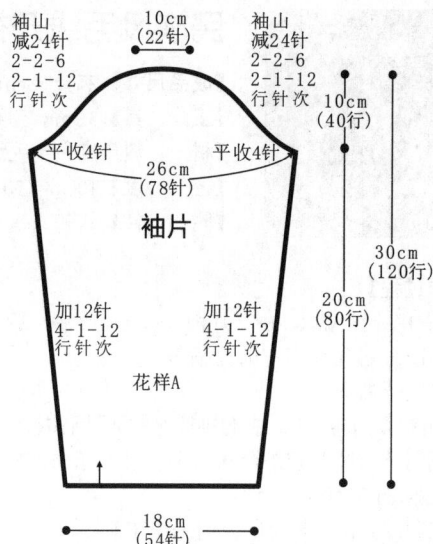

袖山
减24针
2-2-6
2-1-12
行针次

10cm
(22针)

平收4针　平收4针

26cm
(78针)

袖片

加12针
4-1-12
行针次

10cm
(40行)

30cm
(120行)

20cm
(80行)

花样A

18cm
(54针)

花样 A

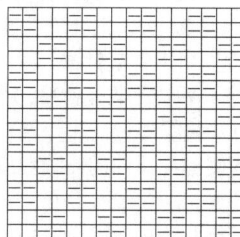

花样 B

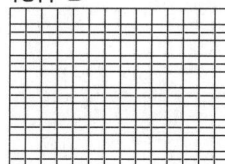

(130针)
(52针)　(10行)

领片

(78针)

领圈挑130针织10行
花样B，形成圆领

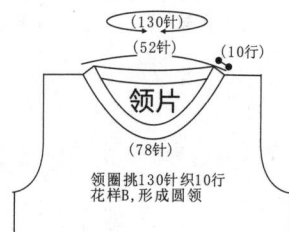

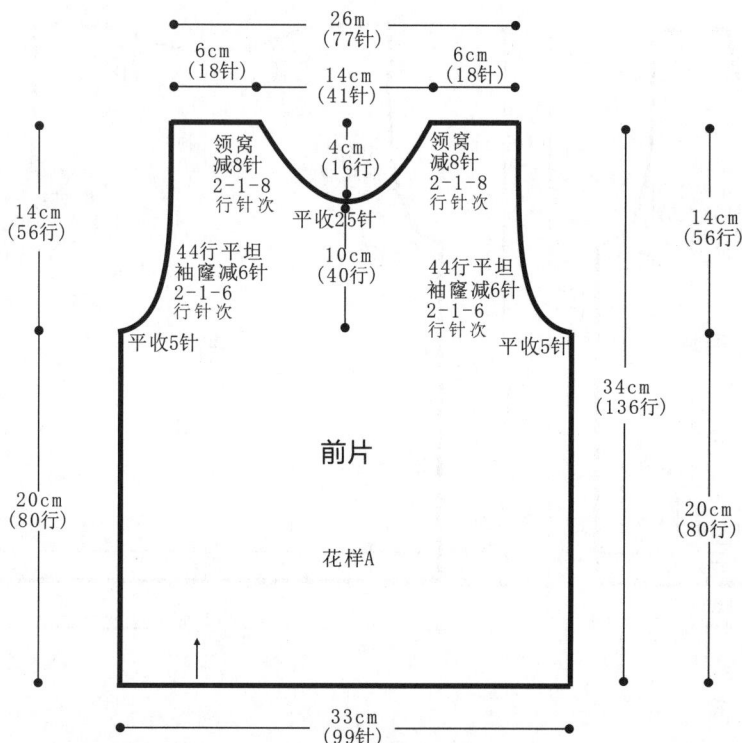

26m
(77针)

6cm
(18针)

14cm
(41针)

6cm
(18针)

领窝
减8针
2-1-8
行针次

4cm
(16行)

领窝
减8针
2-1-8
行针次

平收25针

44行平坦
袖窿减6针
2-1-6
行针次

10cm
(40行)

44行平坦
袖窿减6针
2-1-6
行针次

14cm
(56行)

平收5针　　平收5针

前片

花样A

33cm
(99针)

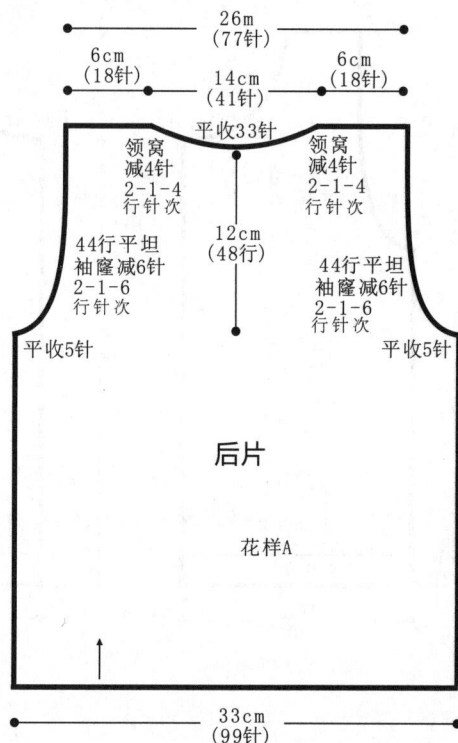

26m
(77针)

6cm
(18针)

14cm
(41针)

6cm
(18针)

平收33针

领窝
减4针
2-1-4
行针次

领窝
减4针
2-1-4
行针次

44行平坦
袖窿减6针
2-1-6
行针次

12cm
(48行)

44行平坦
袖窿减6针
2-1-6
行针次

14cm
(56行)

平收5针　　平收5针

34cm
(136行)

20cm
(80行)

后片

花样A

33cm
(99针)

民族风毛线开衫

【成品尺寸】 衣长38cm 胸围64cm 袖长33.5cm

【工 具】 3.5mm棒针 缝衣针

【材 料】 红色羊毛绒线若干 黑色、黄色线各少许

【密 度】 10cm² = 30针×40行

【附 件】 纽扣6枚

图案

【制作过程】

1. 毛衣用棒针编织，由2片前片、1片后片、2片袖片组成，从下往上编织。

2. 前片：分右前片和左前片编织。(1) 右前片：用下针起针法起48针，先织3cm花样后，改织全下针，并编入图案，侧缝不用加减针，织20cm至袖窿。

(2) 袖窿以上的编织：右侧袖窿平收4针后减针，方法是：每织2行减1针减5次，共减5针，不加不减平织50行至袖窿。

(3) 同时从袖窿算起织至9cm时，开始领窝减针，门襟平收5针后减针，方法是：每2行减2针减4次，每2行减1针减8次，不加不减织至肩部余18针。

(4) 相同的方法，相反的方向编织左前片。

3. 后片：(1) 用下针起针法，起96针，先织3cm花样后，改织全下针，并编入图案，侧缝不用加减针，织20cm至袖窿。

(2) 袖窿以上编织：袖窿开始减针，方法与前片袖窿一样。

(3) 同时织至从袖窿算起13cm时，开后领窝，中间平收34针，两边各减4针，方法是：每2行减1针减4次，织至两边肩部余18针。

4. 袖片：从袖口织起，用下针起针法，起54针，先织3cm花样后，改织全下针，袖侧缝两边加10针，方法是：每8行加1针加10次，编织20.5cm至袖窿。两边平收4针后，开始袖山减针，方法是：两边分别每2行减1针减20次，共减20针，编织完10cm后余26针，收针断线。同样方法编织另一袖片。

5. 缝合：将前片的侧缝与后片的侧缝对应缝合，前后片的肩部对应缝合，再将两袖片的袖下缝合后，袖山边线与衣身的袖窿边对应缝合。

6. 门襟：两边门襟分别挑96针，织12行花样。

7. 领子：领圈边挑120针，织12行花样，形成开襟圆领。

8. 用钩针钩织两个口袋，装饰于前片，缝上纽扣。衣服编织完成。

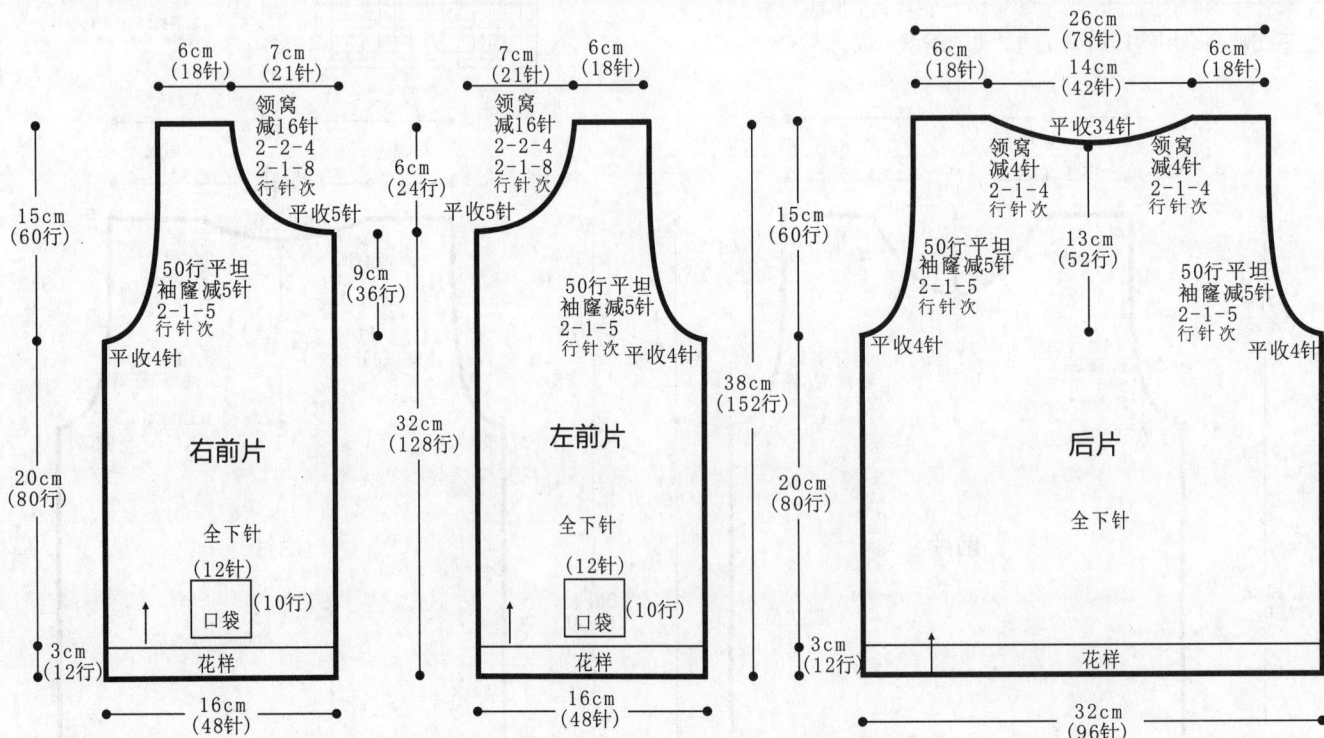

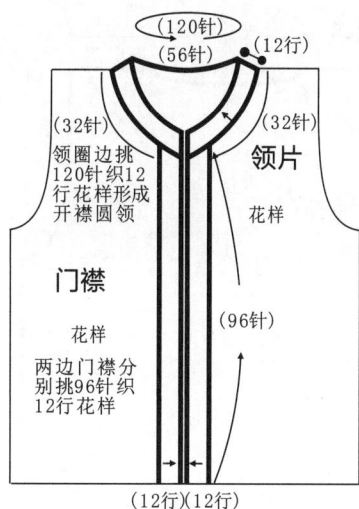

（120针）
（56针） （12行）
（12针）
（32针） （32针）
领圈边挑120针织12行花样形成开襟圆领
领片
门襟
花样
花样
（96针）
两边门襟分别挑96针织12行花样
（12行）（12行）

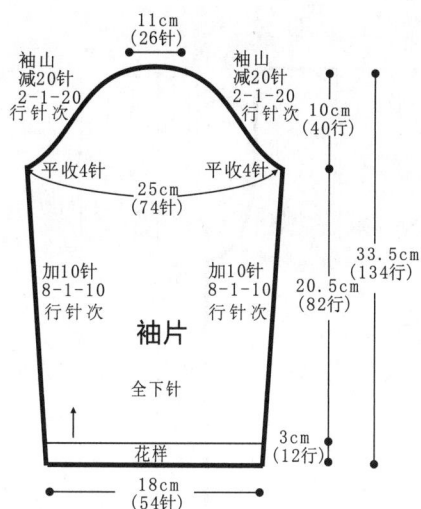

11cm（26针）
袖山减20针2-1-20行针次
袖山减20针2-1-20行针次
10cm（40行）
平收4针
平收4针
25cm（74针）
33.5cm（134行）
加10针8-1-10行针次
加10针8-1-10行针次
20.5cm（82行）
袖片
全下针
3cm（12行）
花样
18cm（54针）

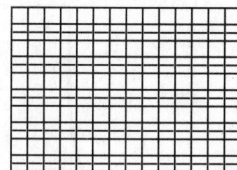
花样

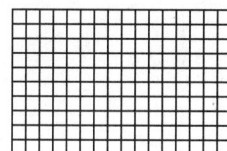
全下针

小猫咪毛衣

【成品尺寸】 衣长 36cm　胸围 60cm　袖长 30cm

【工　　具】 3.5mm 棒针　缝衣针

【材　　料】 红色、白色、灰色、紫色羊毛绒线各若干

【密　　度】 $10cm^2$= 30 针 ×40 行

【制作过程】

1. 毛衣用棒针编织，由 1 片前片、1 片后片、2 片袖片组成，从下往上编织。

2. 前片：(1) 用全下针起针法起 90 针，编织 3cm 双罗纹后，改织全下针，并编入前片图案，侧缝不用加减针，织 19cm 至袖窿。

(2) 袖窿以上的编织。两边袖窿平收 4 针后减针，方法是：每 2 行减 2 针减 2 次，各减 4 针，不加不减织 52 行至肩部。

(3) 同时织至袖窿算起 7cm 时，开始开领窝，中间平收 18 针，然后两边减针，方法是：每 2 行减 1 针减 10 次，各减 10 针，不加不减织 8 行至肩部余 18 针。

3. 后片：(1) 用下针起针法起 90 针，编织 3cm 双罗纹后，改织全下针，并配色，侧缝不用加减针，织 19cm 至袖窿。

(2) 袖窿以上的编织：两边袖窿平收 5 针后减针，方法是：每 2 行减 2 针减 2 次，各减 4 针，不加不减织 52 行至肩部。

(3) 同时织至袖窿算起 12cm 时，开始开领窝，中间平收 30 针，然后两边减针，方法是：每 2 行减 1 针减 4 次，至肩部余 18 针。

4. 袖片：用下针起针法起 60 针，织 3cm 双罗纹并配色，然后改织全下针，袖下加针，方法是：每 8 行加 1 针加 9 次，织至 19cm 时，两边平收 5 针，开始袖山减针，方法是：每 2 行减 2 针减 6 次，每 2 行减 1 针减 12 次，共减 24 针，至顶部余 20 针。

5. 缝合：将前片的侧缝与后片的侧缝对应缝合。前片的肩部与后片的肩部缝合，两边袖片的袖下缝合后，分别与衣片的袖边缝合。

6. 领片：领圈边用灰色线挑 122 针，圈织 10 行双罗纹，形成圆领。毛衣编织完成。

双罗纹
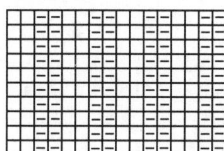

全下针
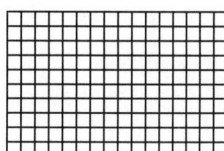

前片图案

前片

25cm（74针）

6cm（18针） | 13cm（38针） | 6cm（18针）

领窝
8行平坦
减10针
2-1-10
行针次
52行平坦
袖窿减4针
2-2-2
行针次
平收4针

7cm（28行）
平收18针
7cm（28行）

14cm（56行）

36cm（144行）

19cm（76行）

全下针

3cm（12行）

双罗纹

30cm（90针）

后片

25cm（74针）

6cm（18针） | 13cm（38针） | 6cm（18针）

平收30针

减4针
2-1-4
行针次

减4针
2-1-4
行针次

52行平坦
袖窿减4针
2-2-2
行针次
平收4针

平收4针

14cm（56行）

12cm（48行）

19cm（76行）

全下针

3cm（12行）

双罗纹

30cm（90针）

领片

（122针）
（44针）
2.5cm（10行）

（78针）

领圈挑122针织10行
双罗纹,形成圆领

袖片

袖山
减24针
2-2-6
2-1-12
行针次

10cm（20针）

袖山
减24针
2-2-6
2-1-12
行针次

平收5针 | 26cm（78针） | 平收5针

9cm（36行）

全下针

加9针
8-1-9
行针次

加9针
8-1-9
行针次

18cm（72行）

30cm（120行）

3cm（12行）

双罗纹

20cm（60针）

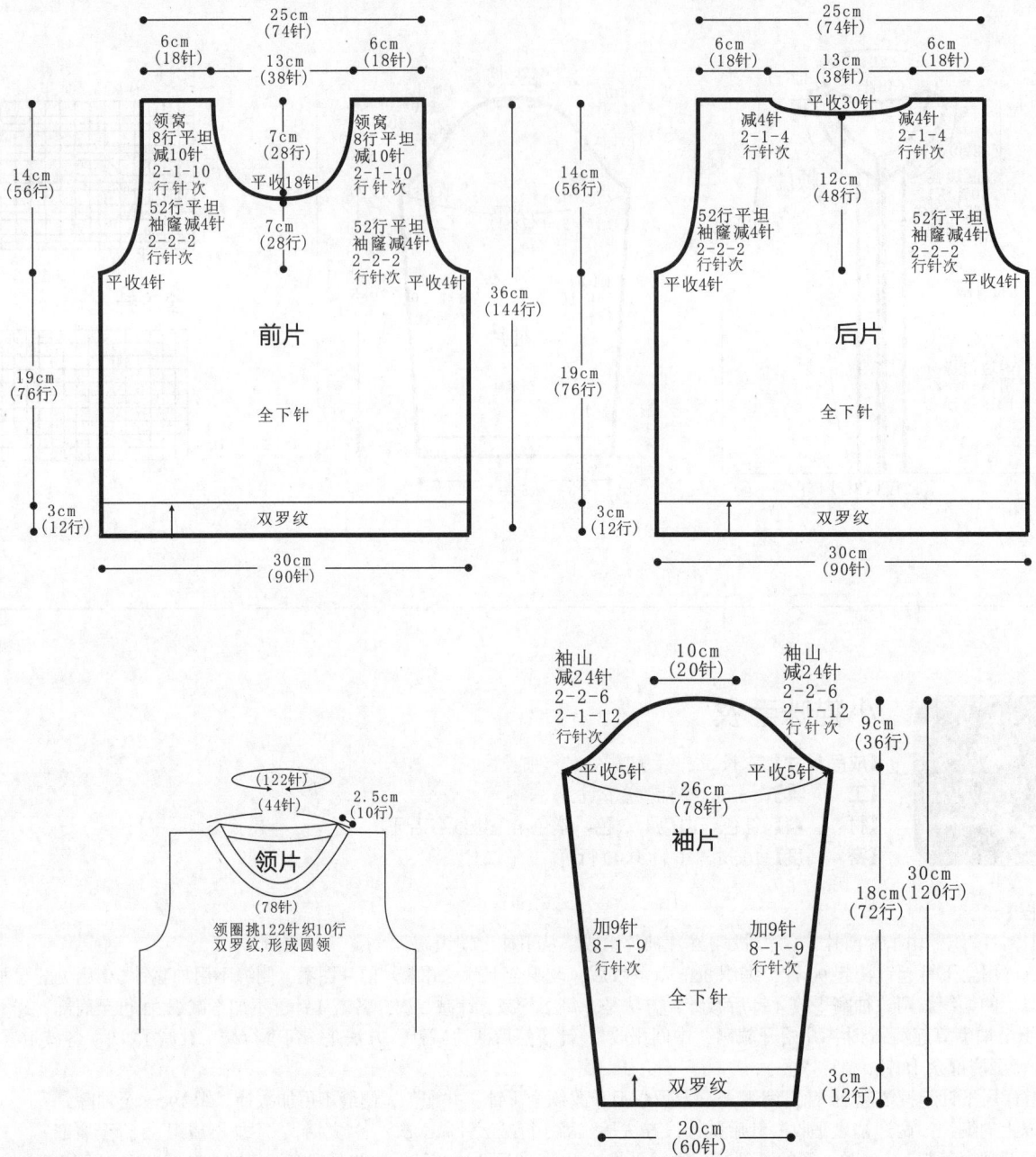

大红色连衣裙

【成品尺寸】衣长 43cm　胸围 64cm　袖长 30cm

【工　具】3.5mm 棒针　缝衣针

【材　料】大红色羊毛绒线若干

【密　度】10cm² = 30 针 × 40 行

【材　料】装饰小花 1 枚　腰间绳子 1 根

【制作过程】

1. 毛衣用棒针编织，由 1 片前片、1 片后片、2 片袖片组成，从下往上编织。

2. 前片：(1) 用下针起针法起 96 针，编织花样，侧缝不用加减针，织 27cm 至袖窿。

(2) 袖窿以上的编织：两边袖窿平收 5 针后减针，方法是：每 2 行减 1 针减 6 次，各减 6 针，不加不减织 52 行至肩部。

(3) 同时织至袖窿算起 10cm 时，开始开领窝，中间平收 22 针，然后两边减针，方法是：每 2 行减 1 针减 8 次，各减 8 针，不加不减织 8 行至肩部余 18 针。

3. 后片：(1) 用全下针起针法起 96 针，编织花样，侧缝不用加减针，织 27cm 至袖窿。

(2) 袖窿以上的编织：两边袖窿平收 5 针后减针，方法是：每 2 行减 1 针减 6 次，各减 6 针，不加不减织 52 行至肩部。

(3) 同时织至从袖窿算起 14cm 时，开始开领窝，中间平收 30 针，然后两边减针，方法是：每 2 行减 1 针减 4 次，至肩部余 18 针。

4. 袖片：用下针起针法起 54 针，织 3cm 单罗纹后，改织花样，袖下加针，方法是：每 4 行加 1 针加 12 次，织至 17cm 时，两边平收 4 针，开始袖山减针，方法是：每 2 行减 2 针减 6 次，每 2 行减 1 针减 12 次，各减 24 针，至顶部余 22 针。

5. 缝合：将前片的侧缝与后片的侧缝对应缝合。前片的肩部与后片的肩部缝合，两边袖片的袖下缝合后，分别与衣片的袖边缝合。

6. 领片：领圈边挑 130 针，圈织 12 行单罗纹，形成圆领。

7. 下摆用钩针钩织花边。缝上前片装饰花朵，并系上腰间绳子。毛衣编织完成。

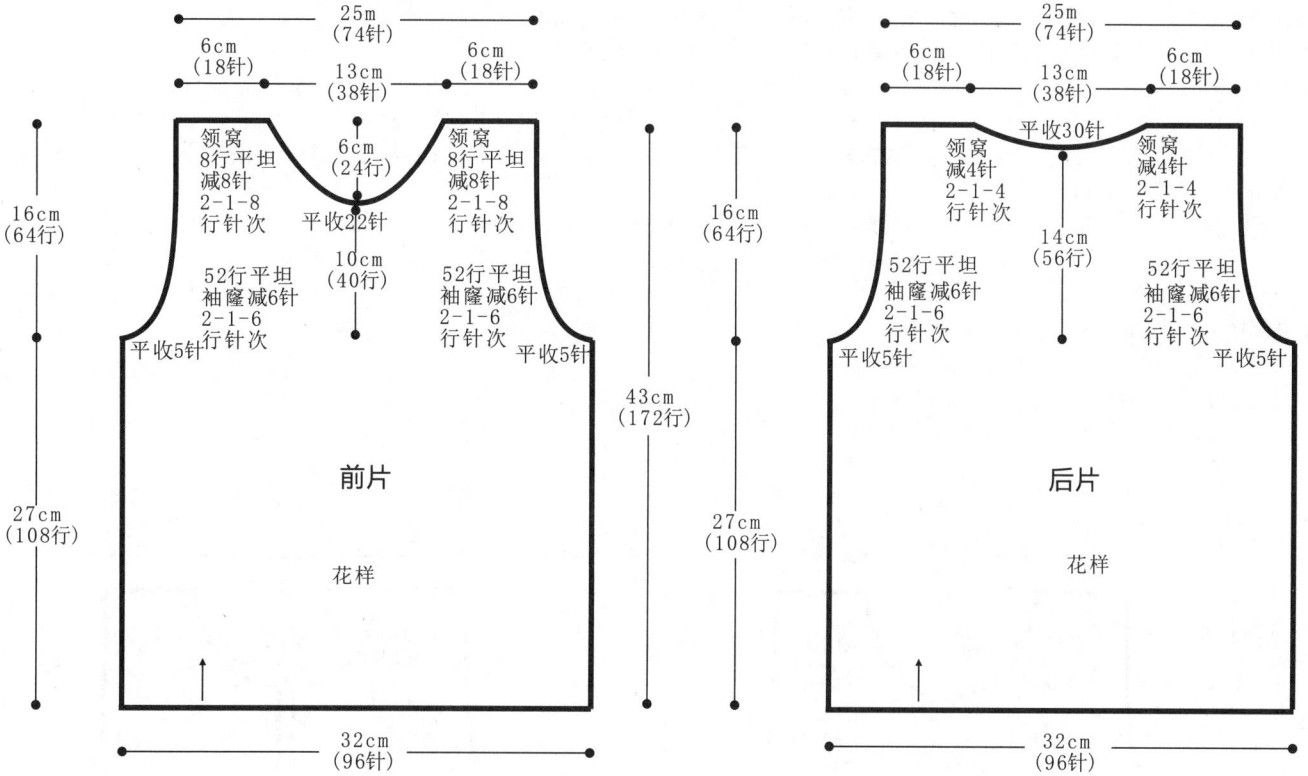

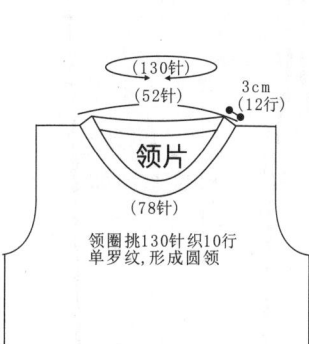

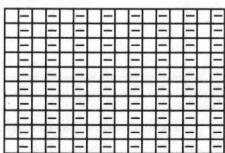

钩针花边

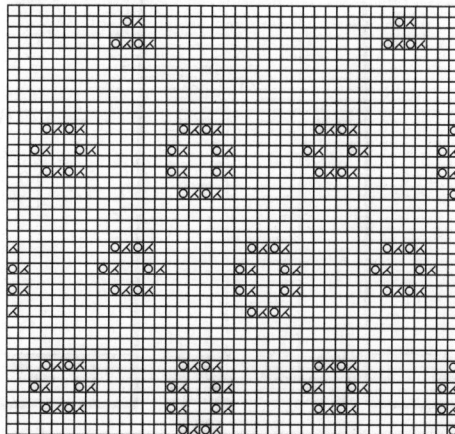

花样

单罗纹

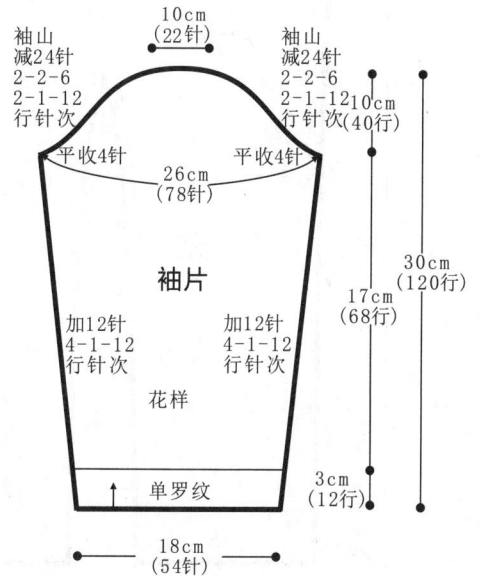

连体开裆裤

【成品尺寸】连体裤长 53cm　胸围 66cm

【工　　具】3.5mm 棒针　缝衣针

【材　　料】橙色羊毛绒线若干　白色线少许

【密　　度】10cm² = 30 针 ×40 行

【附　　件】纽扣 3 枚

【制作过程】

1. 连体裤用棒针编织，由 1 片前裤片、2 片后片组成，从下往上编织。

2. 前裤片：(1) 从裤腿织起，起 36 针，先织 5cm 花样后改织全下针，并配色，两边分别加针，侧缝加针方法是：每 18 行加 1 针加 7 次，织 33cm 至袖窿，同时裤裆侧也加针，方法是：每 10 行加 1 针加 7 次，织至 72 行时裤裆处的 5 针改织花样 A，这样织至 15cm 时留针待用，同样方法织另一裤腿，然后把两裤腿合并编织，再织 10cm 至袖窿。

(2) 袖窿平收 4 针后减针，方法是：每 2 行减 1 针减 4 次，平织 52 行至肩部。

(3) 同时织至袖窿算起 8cm 时，中间平收 20 针，然后两边减针，方法是：每 2 行减 1 针减 14 次，至肩部余 18 针。

3. 后裤片：(1) 分 2 片编织，起 36 针，先织 5cm 花样后改织全下针并配色，两边分别加针，侧缝加针方法是：每 18 行加 1 针加 7 次，织 33cm 至袖窿，同时裤裆侧也加针，方法是：每 10 行加 1 针加 7 次，织至 72 行时裤裆处的 5 针改织花样 A，这样织至 15cm 时到裤裆，继续织 10cm 至袖窿。

(2) 袖窿平收 4 针后减针，方法是：每 2 行减 1 针减 4 次，平织 52 行至肩部。

(3) 同时织至从袖窿算起 8cm 时，开始领窝减针，平收 10 针，然后减 14 针，方法是：每 2 行减 1 针减 14 次，至肩部余 18 针。同样方法编织另一片。

4. 领圈挑 146 针，织 8 行双罗纹，形成圆领。

5. 两边袖口分别挑 112 针，织 8 行双罗纹。

6. 缝上纽扣和十字绣图案，连体裤编织完成。

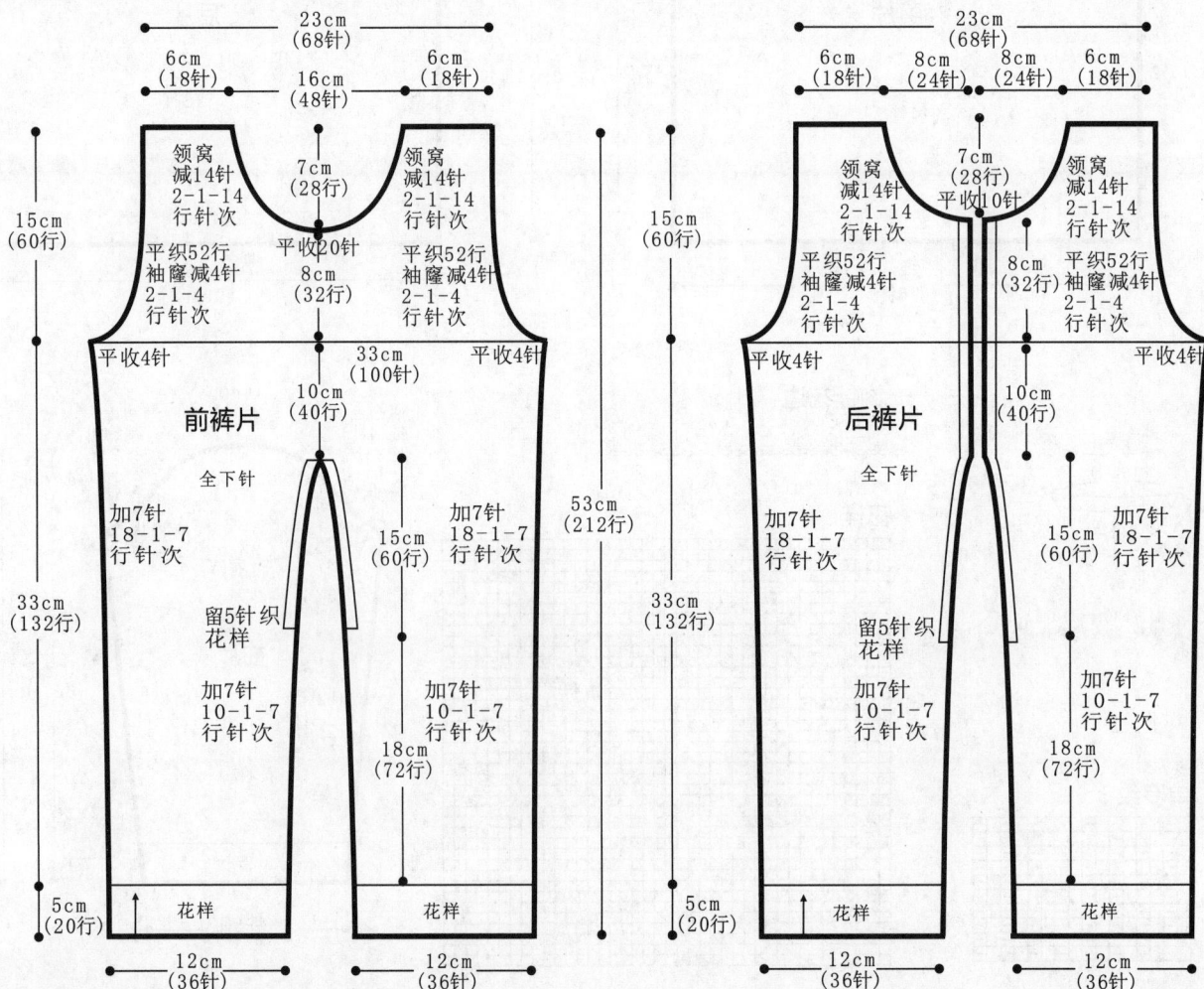

袖口

（146针）

（38针）　（38针）　（8行）

（112针）

（70针）

领圈挑146针
织8行双罗纹
形成圆领

两边袖口挑
112针织8行
双罗纹

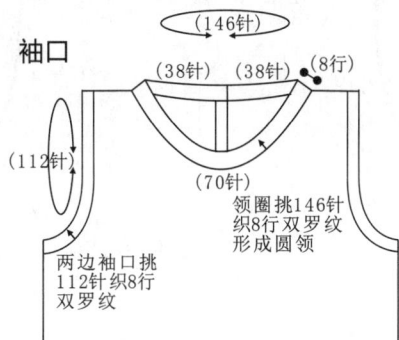

花样

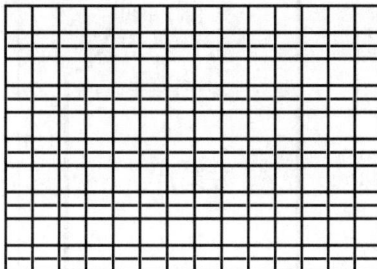

单罗纹

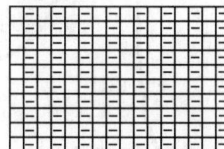

全下针

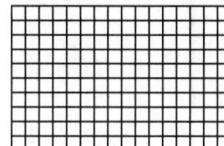

纯色小开衫

【成品尺寸】衣长35cm　胸围62cm　袖长30cm

【工　　具】3.5mm棒针　缝衣针

【材　　料】黄色羊毛绒线若干　咖啡色、红色线各少许

【密　　度】10cm²＝30针×40行

【附　　件】纽扣6枚

【制作过程】

1. 毛衣用棒针编织，由2片前片、1片后片、2片袖片组成，从下往上编织。

2. 前片：分右前片和左前片编织。(1) 右前片：用下针起针法起46针，先织4cm单罗纹后，改织花样，侧缝不用加减针，织17cm至袖窿。

(2) 袖窿以上的编织：右侧袖窿平收4针后减针，方法是：每织2行减1针减4次，共减4针，不加不减平织48行至袖窿。

(3) 同时从袖窿算起织至8cm时，开始领窝减针，门襟平收4针后减16针，方法是：每2行减2针减4次，每2行减1针减8次，不加不减织至肩部余18针。

(4) 相同的方法，相反的方向编织左前片。

3. 后片：(1) 用下针起针法，起92针，先织4cm单罗纹后，改织花样，侧缝不用加减针，织17cm至袖窿。

(2) 袖窿以上编织：袖窿开始减针，方法与前片袖窿一样。

(3) 同时织至从袖窿算起12cm时，开后领窝，中间平收32针，两边各减4针，方法是：每2行减1针减4次，织至两边肩部余18针。

4. 袖片：从袖口织起，用下针起针法，起54针，先织4cm单罗纹后，改织花样，袖侧缝两边加10针，方法是：每6行加1针加10次，编织17cm至袖窿。两边平收4针后，开始袖山减针，方法是：两边分别每2行减1针减18次，共减18针，编织完9cm后余30针，收针断线。同样方法编织另一袖片。

5. 缝合：将前片的侧缝与后片的侧缝对应缝合，前后片的肩部对应缝合，再将两袖片的袖下缝合后，袖山边线与衣身的袖窿边对应缝合。

6. 门襟：两边门襟分别挑88针，织12行单罗纹，右边门襟均匀地开纽扣孔。

7. 领子：领圈边挑122针，织12行单罗纹，形成开襟圆领。

8. 缝上十字绣图案和纽扣。衣服编织完成。

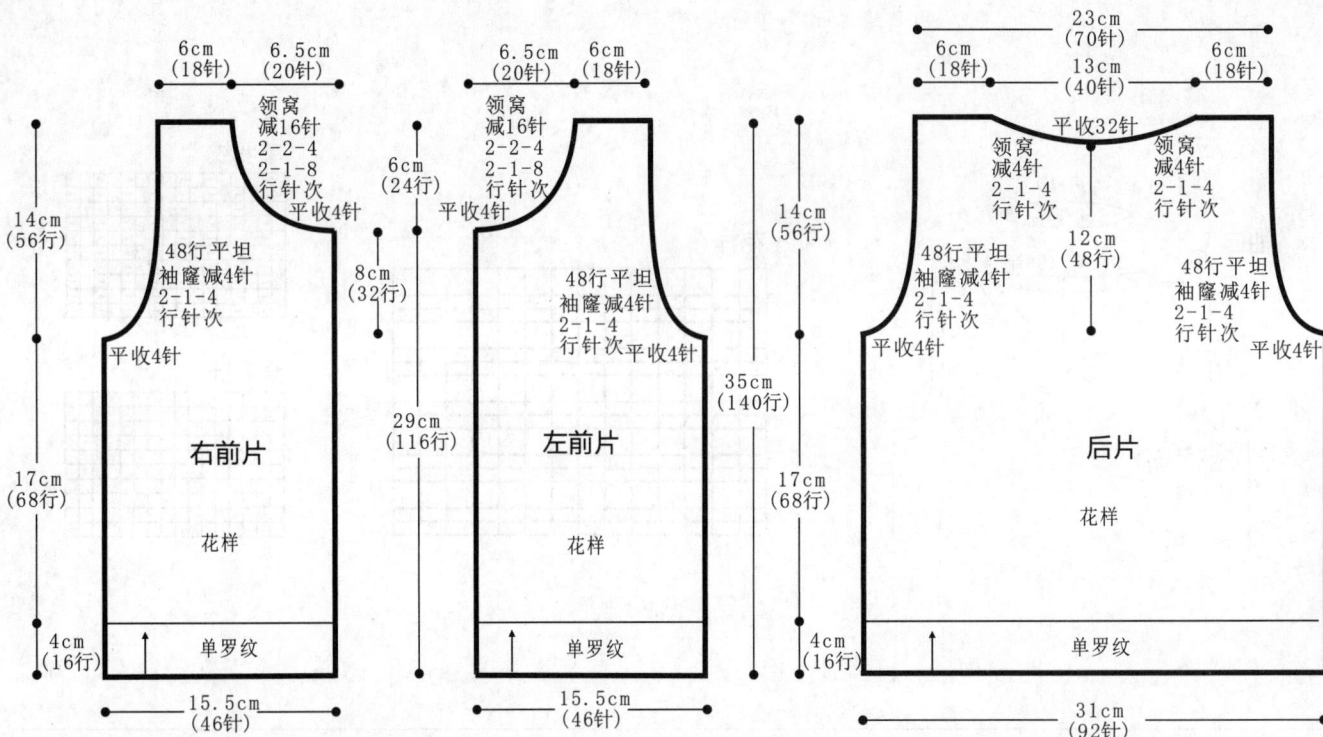

右前片

6cm
(18针)
6.5cm
(20针)

领窝
减16针
2-2-4
2-1-8
行针次
平收4针

14cm
(56行)

48行平坦
袖窿减4针
2-1-4
行针次

平收4针

右前片

花样

17cm
(68行)

4cm
(16行)
单罗纹

15.5cm
(46针)

6.5cm
(20针)
6cm
(18针)

领窝
减16针
2-2-4
2-1-8
行针次
平收4针

6cm
(24行)

8cm
(32行)

48行平坦
袖窿减4针
2-1-4
行针次 平收4针

左前片

花样

29cm
(116行)

单罗纹

15.5cm
(46针)

23cm
(70针)
6cm
(18针)
13cm
(40针)
6cm
(18针)

平收32针

领窝
减4针
2-1-4
行针次

领窝
减4针
2-1-4
行针次

14cm
(56行)

12cm
(48行)

48行平坦
袖窿减4针
2-1-4
行针次

48行平坦
袖窿减4针
2-1-4
行针次

平收4针

平收4针

后片

花样

35cm
(140行)

17cm
(68行)

4cm
(16行)
单罗纹

31cm
(92针)

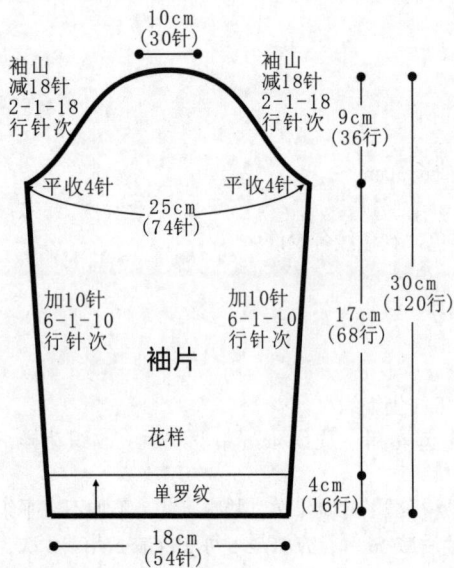

10cm
(30针)

袖山
减18针
2-1-18
行针次

袖山
减18针
2-1-18
行针次

平收4针

平收4针

25cm
(74针)

9cm
(36行)

加10针
6-1-10
行针次

加10针
6-1-10
行针次

袖片

花样

30cm
(120行)

17cm
(68行)

4cm
(16行)
单罗纹

18cm
(54针)

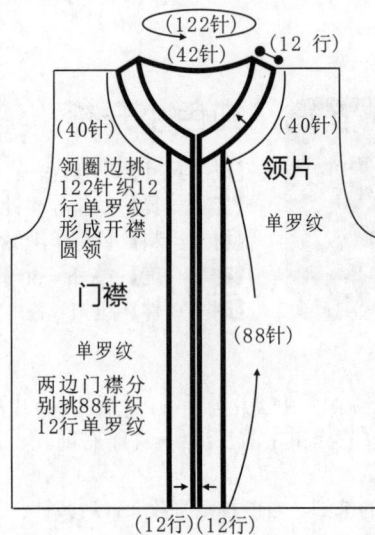

(122针)
(42针)
(12行)

(40针)

(40针)

领圈边挑
122针织12
行单罗纹
形成开襟
圆领

领片

单罗纹

门襟

单罗纹

两边门襟分
别挑88针织
12行单罗纹

(88针)

(12行)(12行)

花样

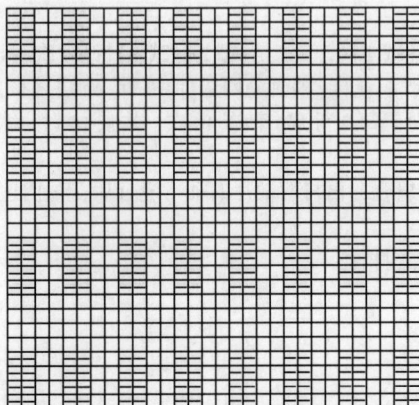

单罗纹

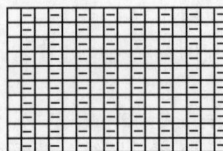

公主袖淑女毛衣

【成品尺寸】 衣长 35cm 胸围 60cm 袖长 34cm

【工　　具】 3.5mm 棒针 缝衣针

【材　　料】 粉红色羊毛绒线若干

【密　　度】 10cm² = 30 针 × 40 行

【附　　件】 纽扣 4 枚

【制作过程】

1. 毛衣用棒针编织，由 2 片前片、1 片后片、2 片袖片组成，从下往上编织。

2. 前片：分右前片和左前片编织。(1) 右前片：用下针起针法起 45 针，织花样 A，织至 18cm 时，改织花样 B，侧缝不用加减针，再织 3cm 至袖窿。

(2) 袖窿以上的编织：右侧袖窿平收 4 针后减针，方法是：每织 2 行减 1 针减 5 次，共减 5 针，不加不减平织 50 行至肩部。

(3) 同时从袖窿算起织至 8cm 时，开始领窝减针，门襟平收 5 针后减 16 针，方法是：每 2 行减 2 针减 4 次，每 2 行减 1 针减 8 次，不加不减织至肩部余 15 针。

(4) 相同的方法，相反的方向编织左前片。

3. 后片：(1) 用下针起针法，起 90 针，织 18cm 花样 A 后，改织花样 B，侧缝不用加减针，再织 3cm 至袖窿。

(2) 袖窿以上编织。袖窿开始减针，方法与前片袖窿一样。

(3) 同时织至从袖窿算起 12cm 时，开后领窝，中间平收 34 针，两边各减 4 针，方法是：每 2 行减 1 针减 4 次，织至两边肩部余 15 针。

4. 袖片：从袖口织起，用下针起针法，起 60 针，先织 2cm 单罗纹后，改织 16cm 全下针，再改织花样 B，袖侧缝两边加 9 针，方法是：每 6 行加 1 针加 9 次，再织 6cm 至袖窿。两边平收 4 针后，开始袖山减针，方法是：两边分别每 2 行减 1 针减 20 次，共减 20 针，编织完 10cm 后余 38 针，收针断线。袖山片另织，起 78 针，织花样 B，同时两边减针，方法与袖片的袖山一样，最后余 38 针，收针断线，同样方法编织另一片袖片。

5. 缝合：将前片的侧缝与后片的侧缝对应缝合，前后片的肩部对应缝合，再将两袖片的袖下缝合后，袖山边线与衣身的袖窿边对应缝合，并与袖山片重叠缝合。

6. 两边门襟至领圈边用钩针钩织花边，缝上纽扣，衣服编织完成。

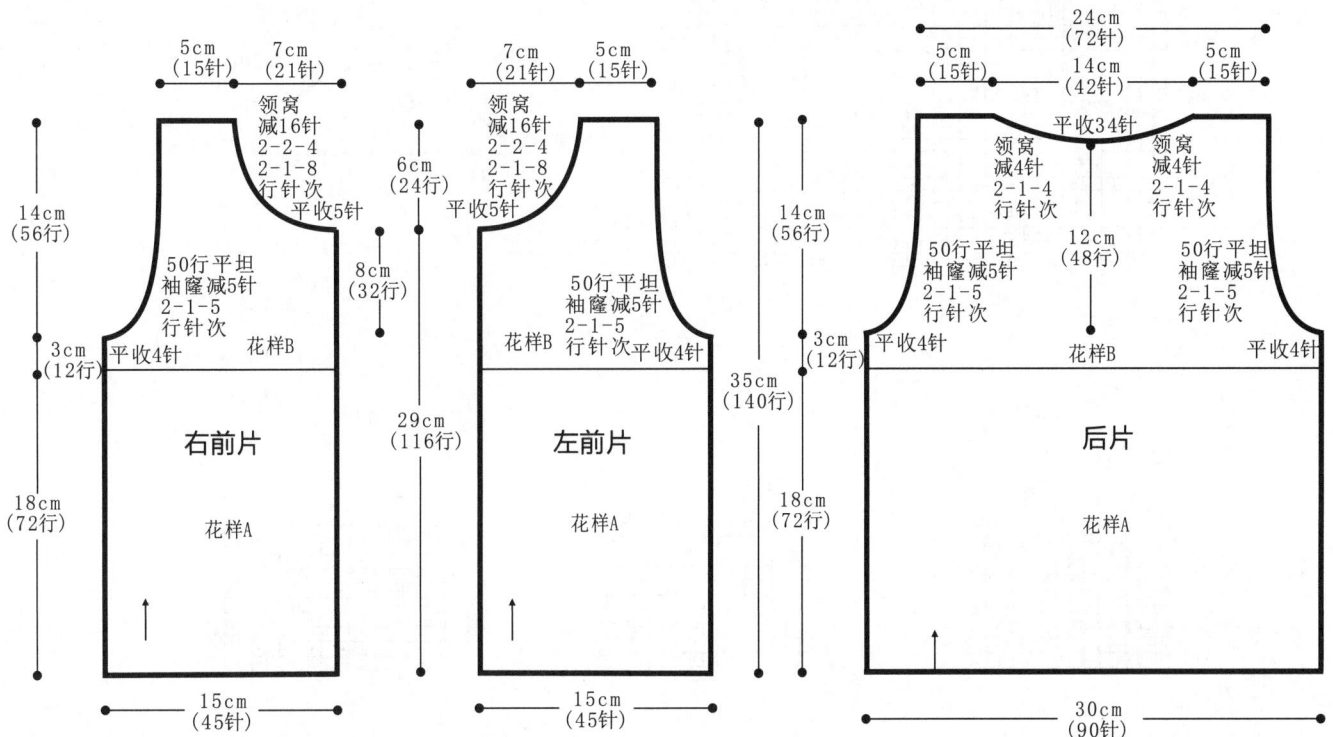

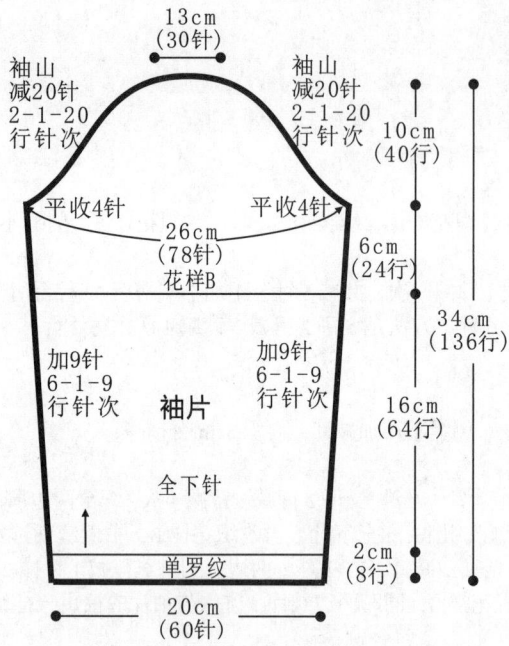

13cm
(30针)

袖山
减20针
2-1-20
行针次

袖山
减20针
2-1-20
行针次

10cm
(40行)

平收4针　平收4针

26cm
(78针)
花样B

6cm
(24行)

34cm
(136行)

加9针
6-1-9
行针次

加9针
6-1-9
行针次

袖片

全下针

16cm
(64行)

单罗纹

2cm
(8行)

20cm
(60针)

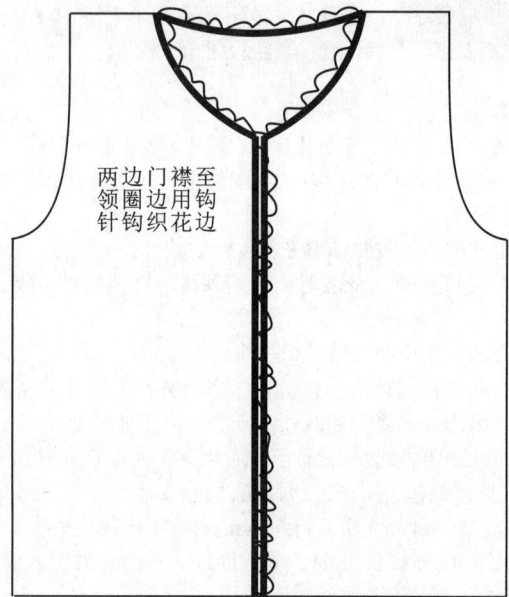

两边门襟至
领圈边用钩
针钩织花边

花样 A

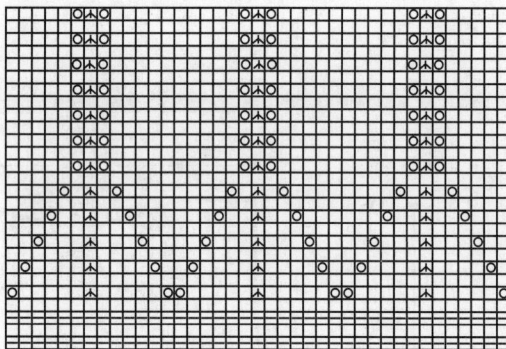

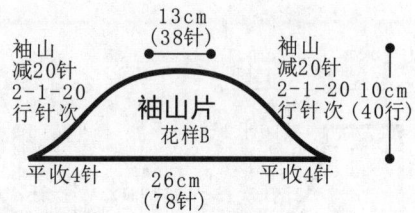

13cm
(38针)

袖山
减20针
2-1-20
行针次

袖山
减20针
2-1-20
行针次

10cm
(40行)

袖山片
花样B

平收4针　26cm
(78针)　平收4针

花样 B

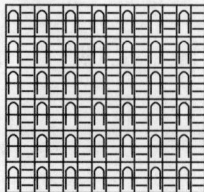

全下针

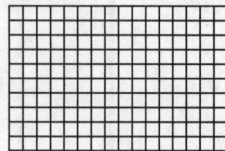

单罗纹

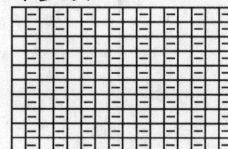

条纹斜肩带背心裙

【成品尺寸】 衣长 30cm 胸围 54cm 裙长 23cm 腰围 22cm
【工　　具】 3.5mm 棒针 缝衣针
【材　　料】 深蓝色羊毛绒线若干 浅蓝色羊毛绒线少许
【密　　度】 10cm² = 30 针 × 40 行
【附　　件】 钩织小花 1 朵

【制作过程】

1. 套装毛衣用棒针编织，由 1 片前片、1 片后片和 2 片裙片组成，从下往上编织。

2. 上衣前片：(1) 用下针起针法，起 81 针，先织 2cm 单罗纹后，改织全下针并配色，侧缝不用加减针，织 14cm 至袖窿。

(2) 袖窿以上的编织：一边袖窿平收 4 针后减针，方法是：每 2 行减 1 减 5 次，共减 5 针，不加不减织 46 行。

(3) 同时另一边袖窿平收 7 针，然后减针，方法是：每 2 行减 2 针减 28 次共减 56 针，一直至肩部余 9 针。

3. 上衣后片：同样方法，反方向编织。

4. 缝合：将前片的侧缝与后片的侧缝对应缝合。一边肩部缝合，另一边的肩带另织，用钩针钩织适合长度后，缝合于前后片相应的位置。

5. 领子：领圈边挑 204 针，环织 6 行单罗纹。

6. 袖口挑 116 针，织 6 行单罗纹。

7. 裙片：前裙片。起 90 针，织全下针，并编入裙片图案，织至 21cm 时，均匀减 24 针，此时针数为 66 针，改织单罗纹，织 4cm，然后对折缝合，形成双层边，用于穿宽紧带。同样方法织后裙片，两裙片的侧缝缝合，串上宽松紧带。

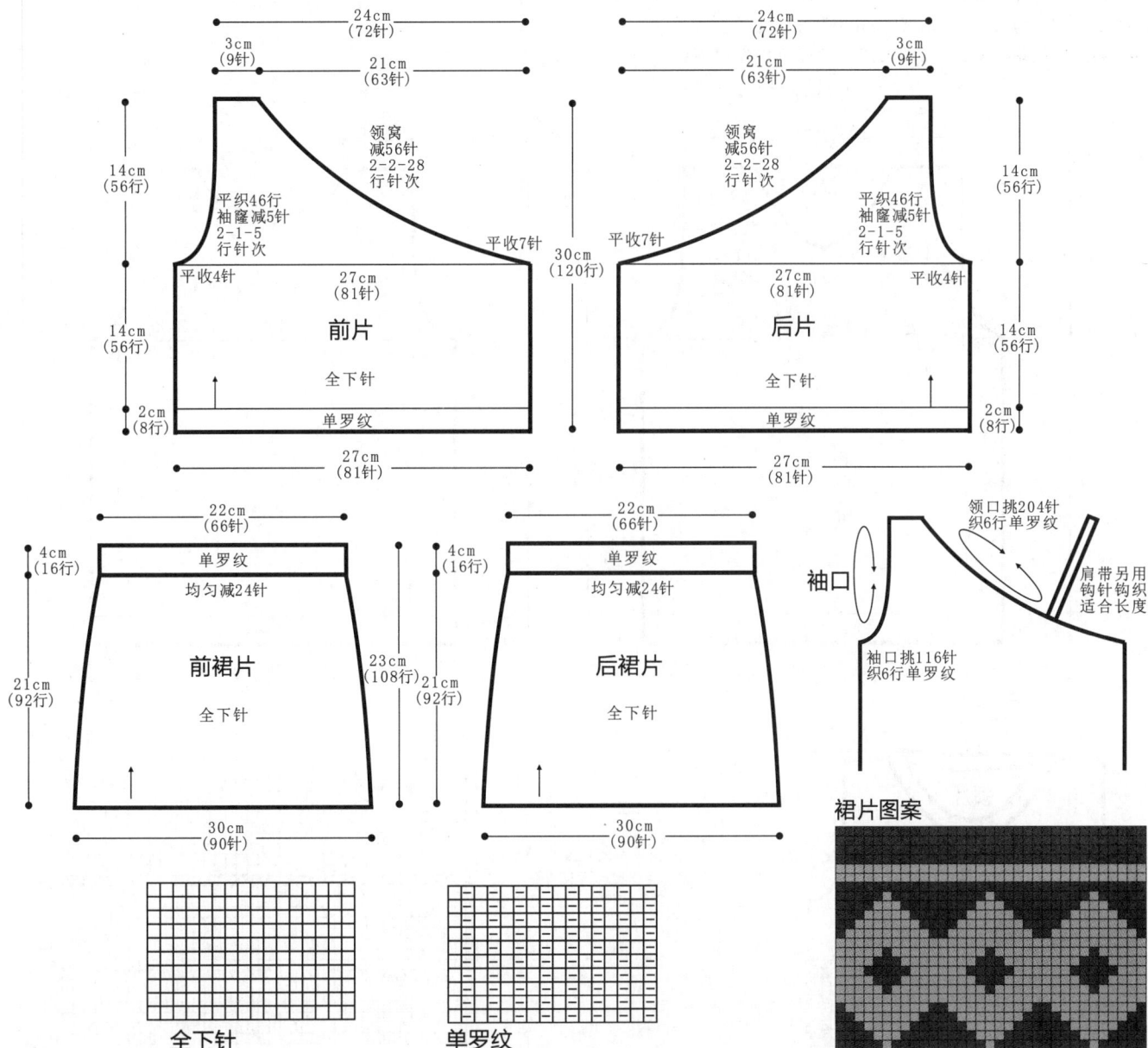

8. 缝上钩织小花。毛衣编织完成。

24cm (72针) ・ 3cm (9针) ・ 21cm (63针) ・ 领窝减56针 2-2-28 行针次 ・ 平织46行 袖窿减5针 2-1-5 行针次 ・ 平收7针 ・ 14cm (56行) ・ 平收4针 ・ 27cm (81针) ・ **前片** ・ 全下针 ・ 14cm (56行) ・ 2cm (8行) ・ 单罗纹 ・ 27cm (81针)

24cm (72针) ・ 3cm (9针) ・ 21cm (63针) ・ 领窝减56针 2-2-28 行针次 ・ 平收7针 ・ 平织46行 袖窿减5针 2-1-5 行针次 ・ 30cm (120行) ・ 27cm (81针) ・ 平收4针 ・ **后片** ・ 全下针 ・ 14cm (56行) ・ 14cm (56行) ・ 2cm (8行) ・ 单罗纹 ・ 27cm (81针)

22cm (66针) ・ 单罗纹 ・ 4cm (16行) ・ 均匀减24针 ・ 21cm (92行) ・ **前裙片** ・ 全下针 ・ 23cm (108行) ・ 30cm (90针)

22cm (66针) ・ 单罗纹 ・ 4cm (16行) ・ 均匀减24针 ・ 21cm (92行) ・ **后裙片** ・ 全下针 ・ 30cm (90针)

领口挑204针 织6行单罗纹 ・ 肩带另用钩针钩织适合长度 ・ 袖口 ・ 袖口挑116针 织6行单罗纹

全下针

单罗纹

裙片图案

花边背心裙

【成品尺寸】衣长 41cm　胸围 60cm　袖长 13cm
【工　　具】3.5mm 棒针　缝衣针
【材　　料】黄色羊毛绒线若干　白色线少许
【密　　度】10cm² = 30 针 × 40 行
【附　　件】腰带 1 跟

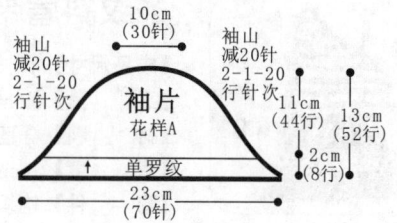

【制作过程】

1. 毛衣用棒针编织，由 1 片前片、1 片后片、2 片袖片组成，从下往上编织。

2. 前片：(1) 起 90 针，先织 3cm 单罗纹后，改织花样 A，侧缝不用加减针，织 22cm 时开始袖窿以上的编织。

(2) 袖窿两边分别平收 4 针，改织全下针，然后减针，方法是：每 2 行减 2 针减 3 次，共减 6 针，余下针数不加不减织 58 行至肩部。

(3) 同时领窝减针，中间平收 20 针，然后两边减针，方法是：每 2 行减 1 针减 10 次，各减 10 针，织 8cm 至肩部余 15 针。

3. 后片：(1) 起 90 针，先织 12 行单罗纹后，改织花样 A，侧缝不用加减针，织 22cm 开始袖窿以上的编织。

(2) 袖窿两边分别平收 4 针，改织全下针，然后减针，方法是：每 2 行减 2 针减 3 次，共减 6 针，余下针数不加不减织 58 行至肩部。

(3) 同时从袖窿算起织至 14cm 时，开始开领窝，中间平收 32 针，然后两边减针，方法是：每 2 行减 1 针减 4 次，各减 4 针，至肩部余 15 针。

4. 袖片：下针起针法起 70 针，先织 2cm 单罗纹，同时进行袖山减针，方法是：每 2 行减 1 针减 20 次，织 11cm 余 30 针，收针断线。同样方法编织另一袖片。

5. 缝合：将前片的侧缝与后片的侧缝对应缝合。前片的肩部与后片的肩部缝合，两袖片分别缝合于袖口。

6. 领子：领圈边挑 136 针，织 2cm 单罗纹，形成圆领。

7. 领边用白色线钩织花边，串上腰带。毛衣编织完成。

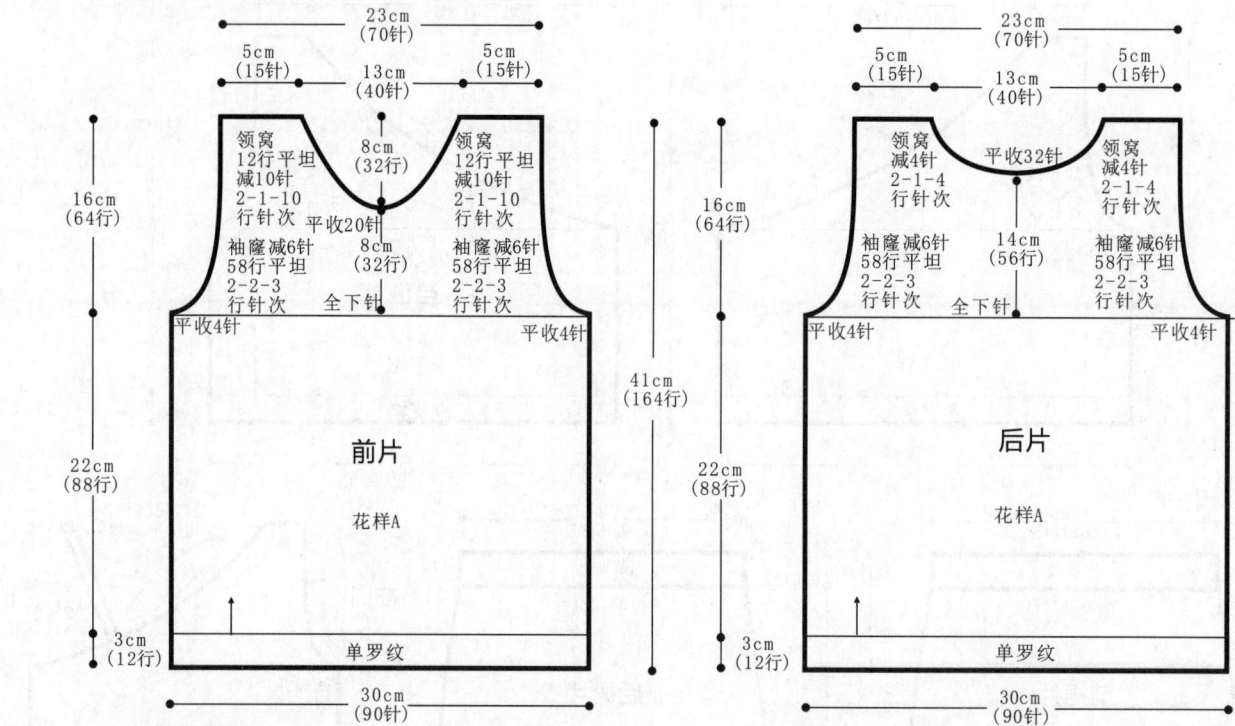

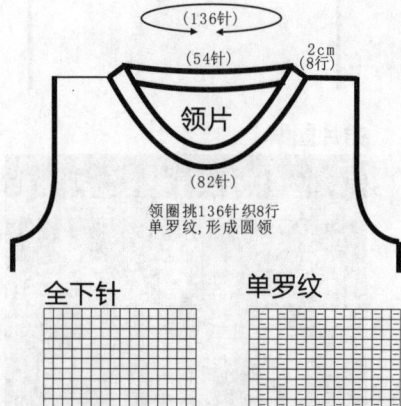

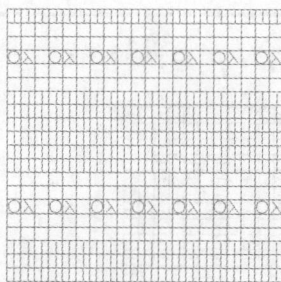

花样 A

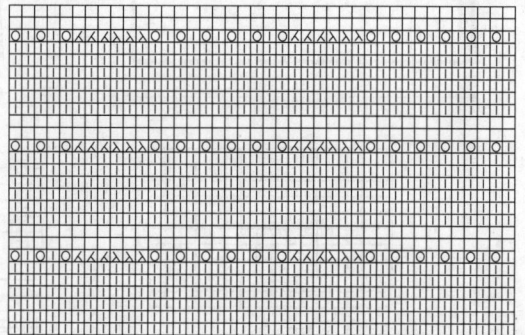

花样 B

咖啡色套头衫

【成品尺寸】 衣长 36cm 胸围 60cm 袖长 30cm

【工　具】 3.5mm 棒针 缝衣针

【材　料】 白色羊毛绒线若干 咖啡色线少许

【密　度】 10cm² = 30 针 × 40 行

【附　件】 纽扣 1 枚 毛线扣 3 对

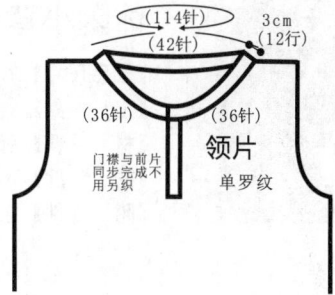

领片

单罗纹

门襟与前片
同步完成不
用另织

（114针）
（42针）
3cm（12行）
（36针）　（36针）

【制作过程】

1. 毛衣用棒针编织，由 1 片前片、1 片后片、2 片袖片组成，从下往上编织。

2. 前片：(1) 用全下针起针法起 92 针，编织 4cm 双罗纹后，改织全下针并配色，侧缝不用加减针，织 18cm 至袖窿。然后中间留 5 针后，把织片分成两片，左片加预留的 5 针共 50 针一起编织，织右片时在预留的 5 针内侧挑起 5 针共 50 针一起编织。

(2) 袖窿以上的编织：两边袖窿平收 5 针后减针，方法是：每 2 行减 2 针减 3 次，各减 6 针，不加不减织 50 行至肩部。

(3) 同时织至袖窿算起 9cm 时，开始开领窝，中间平收 5 针，然后两边减针，方法是：每 2 行减 2 针减 8 次，各减 16 针，不加不减织 4 行至肩部余 18 针。

3. 后片：(1) 用下针起针法起 90 针，编织 4cm 双罗纹后，改织全下针并配色，侧缝不用加减针，织 18cm 至袖窿。

(2) 袖窿以上的编织：两边袖窿平收 5 针后减针，方法是：每 2 行减 2 针减 3 次，各减 6 针，不加不减织 50 行至肩部。

(3) 同时织至从袖窿算起 12cm 时，开始开领窝，中间平收 22 针，然后两边减针，方法是：每 2 行减 1 针减 4 次，至肩部余 18 针。

4. 袖片：用下针起针法起 54 针，织 4cm 单罗纹后，改织全下针并配色，袖下加针，方法是：每 4 行加 1 针加 12 次，织至 16cm 时，两边平收 5 针，开始袖山减针，方法是：每 2 行减 2 针减 9 次，每 2 行减 1 针减 10 次，各减 28 针，至顶部余 22 针。

5. 缝合：将前片的侧缝与后片的侧缝对应缝合。前片的肩部与后片的肩部缝合，两边袖片的袖下缝合后，分别与衣片的袖边缝合。

6. 领片：领圈边挑 114 针，织 12 行单罗纹，形成开襟圆领。缝上纽扣，毛衣编织完成。

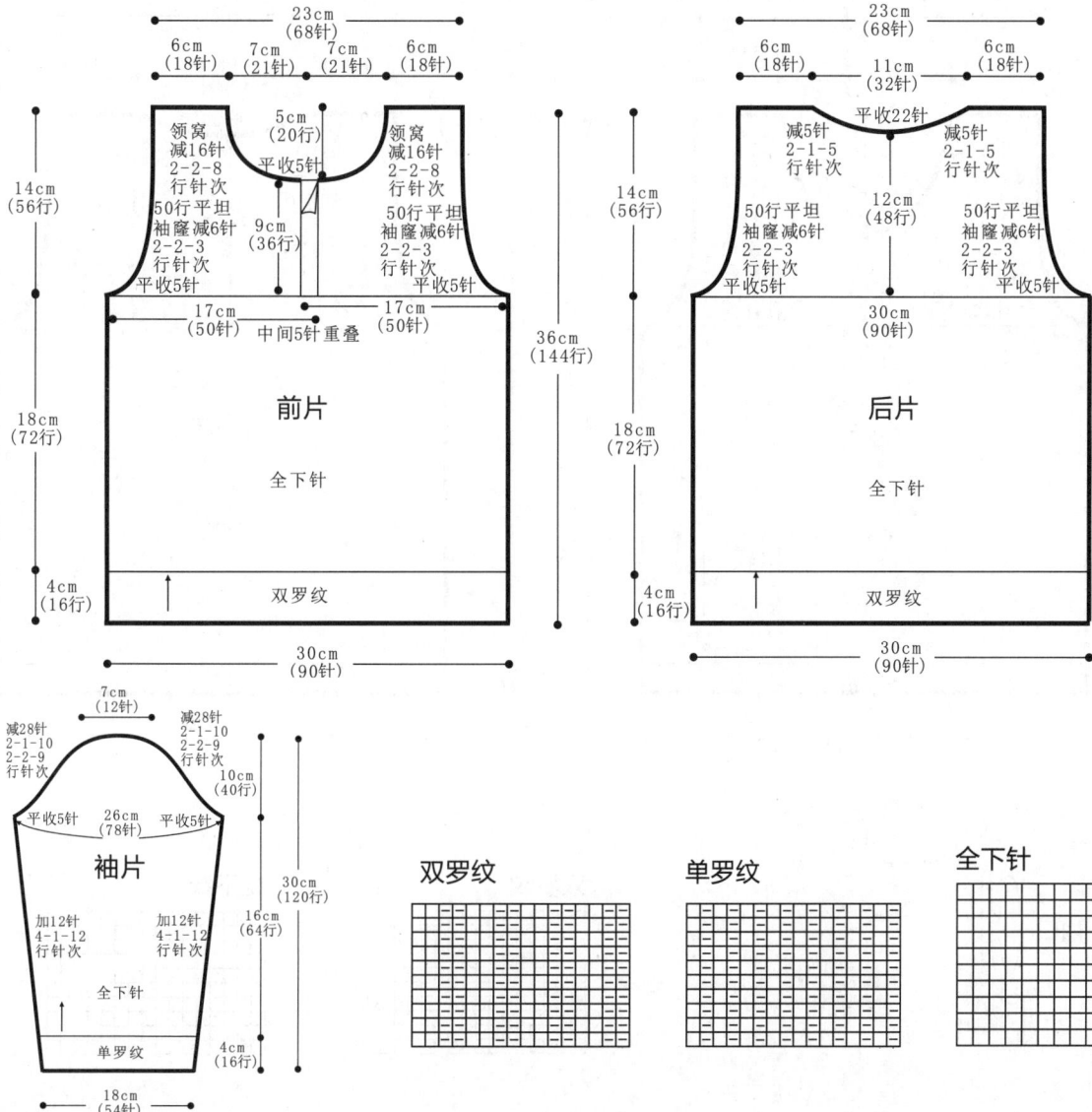

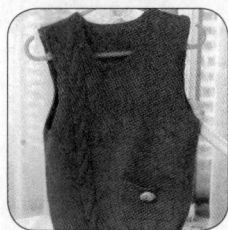

休闲小背心

【成品尺寸】衣长 37cm　胸围 56cm
【工　　具】3.5mm 棒针　缝衣针
【材　　料】蓝色羊毛绒线若干
【密　　度】10cm² = 30 针 ×40 行
【附　　件】纽扣 1 枚

【制作过程】

1. 套装毛衣用棒针编织，由 1 片前片、1 片后片组成，从下往上编织。

2. 前片：(1) 用下针起针法，起 84 针，先织 3cm 双罗纹后，改织花样 A，侧缝不用加减针，织 19cm 至袖窿。

(2) 袖窿以上的编织：两边袖窿平收 4 针后减针，方法是：每 2 行减 1 减 4 次，各减 4 针，不加不减织 52 行。

(3) 同时从袖窿算起织至 7cm 时，开始开领窝，中间平收 12 针，然后两边减针，方法是：每 2 行减 1 针减 10 次各减 10 针，不加不减织 12 行至肩部余 18 针。

3. 后片：(1) 袖窿和袖窿以下的编织方法与前片袖窿一样，后片编织全下针。

(2) 同时织至从袖窿算起 13cm 时，进行领窝减针，中间平收 24 针，然后两边减针，方法是：每 2 行减 1 针减 4 次，至肩部余 18 针。

4. 缝合：将前片的侧缝与后片的侧缝对应缝合。前片的肩部与后片的肩部缝合。前片口袋另织，起 24 针，织 24 行花样 B，缝合于前片相应的位置。

5. 领子：领圈边挑 136 针，环织 10 行单罗纹，形成圆领。

6. 前片缝上口袋纽扣。毛衣编织完成。

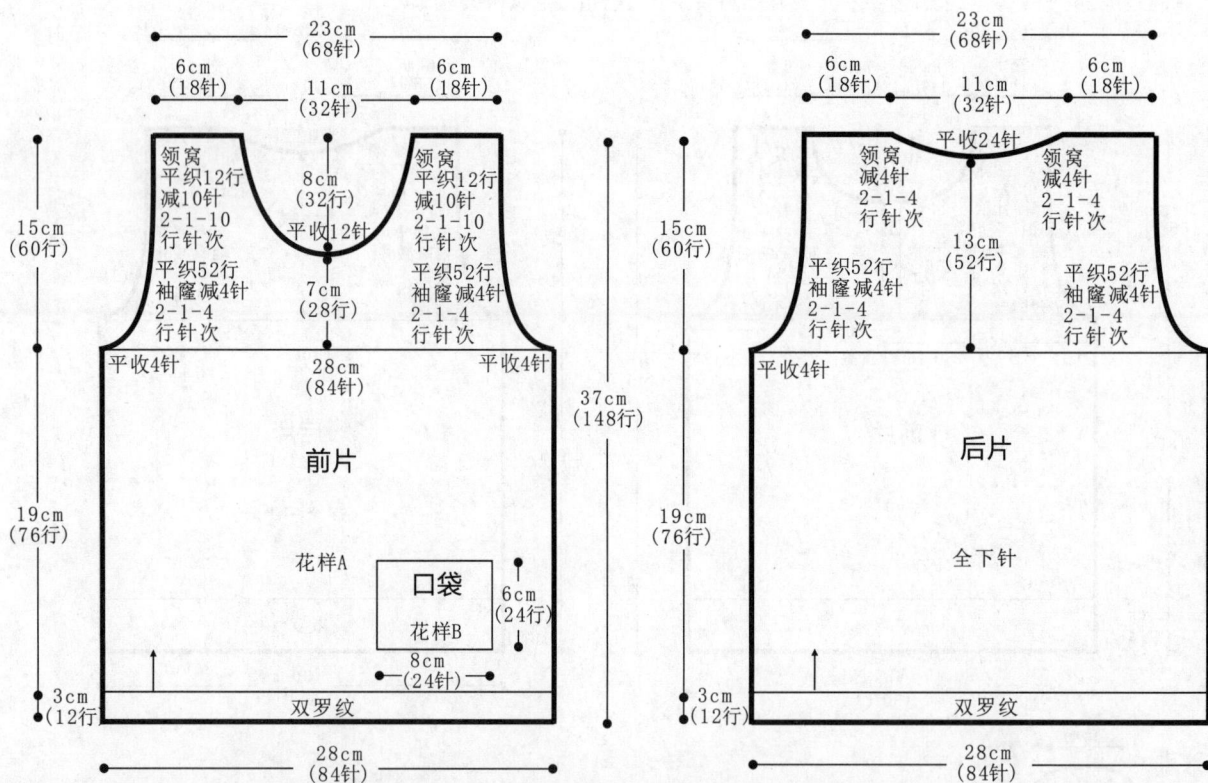

23cm
(68针)
6cm
(18针)
11cm
(32针)
6cm
(18针)

领窝
平织12行
减10针
2-1-10
行针次
8cm
(32行)
平收12针
领窝
平织12行
减10针
2-1-10
行针次

15cm
(60行)

平织52行
袖窿减4针
2-1-4
行针次
7cm
(28行)
平织52行
袖窿减4针
2-1-4
行针次

平收4针
28cm
(84针)
平收4针

37cm
(148行)

前片

19cm
(76行)

花样A

口袋
花样B

6cm
(24行)

8cm
(24针)

3cm
(12行)
双罗纹

28cm
(84针)

23cm
(68针)
6cm
(18针)
11cm
(32针)
6cm
(18针)

平收24针
领窝
减4针
2-1-4
行针次
领窝
减4针
2-1-4
行针次

15cm
(60行)

平织52行
袖窿减4针
2-1-4
行针次
13cm
(52行)
平织52行
袖窿减4针
2-1-4
行针次

平收4针

后片

19cm
(76行)

全下针

3cm
(12行)
双罗纹

28cm
(84针)

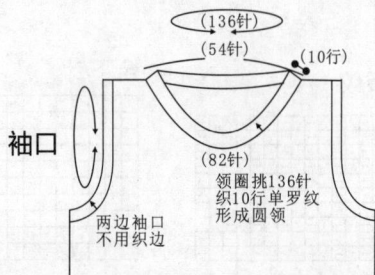

(136针)
(54针)
(10行)

(82针)
领圈挑136针
织10行单罗纹
形成圆领

袖口

两边袖口
不用织边

双罗纹

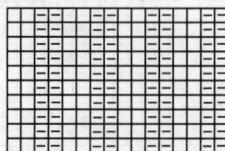

全下针

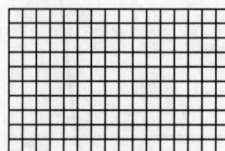

花样 A

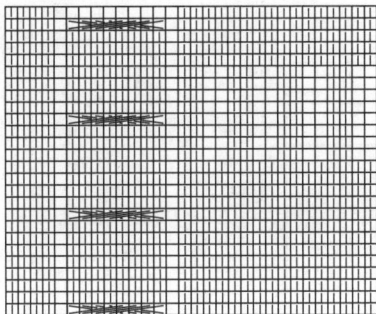

花样 B

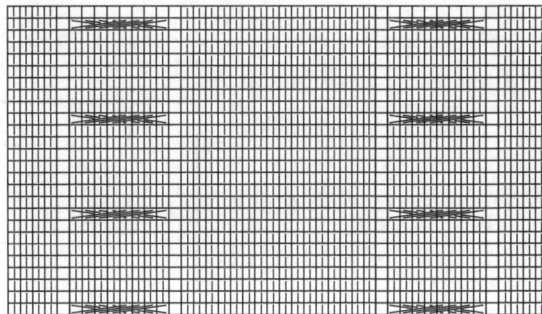

小兔套头衫

【成品尺寸】衣长 38cm　胸围 64cm　连肩袖长 38cm
【工　　具】3.5mm 棒针　缝衣针
【材　　料】灰色、咖啡色羊毛绒线各若干
【密　　度】10cm² = 30 针 × 40 行

【制作过程】

1. 插肩毛衣用棒针编织，由 1 片前片、1 片后片、2 片袖片组成，从下往上编织。

2. 前片:(1) 用全下针起针法，起 96 针，先织 5cm 双罗纹后，改织全下针，并编入前片图案，侧缝不用加减针，织 19cm 至插肩袖窿。

(2) 袖窿以上的编织：两边进行插肩袖窿平收 4 针后减针，方法是：每 2 行减 1 针减 26 次，各减 26 针，织 14cm 至顶部。

(3) 同时织至从袖窿算起 7cm 时，中间平收 24 针后，开始两边领窝减针，方法是：每 4 行减 1 针减 6 次，织 7cm 针数减完。

3. 后片：插肩袖窿和袖窿以下的编织方法与前片一样，不用领窝减针，织至顶部余 36 针。

4. 袖片：用下针起针法起 54 针，先织 5cm 双罗纹后，改织全下针并配色，两边袖下加针，方法是：每 6 行加 1 针加 12 次，织至 19cm 时两边插肩平收 4 针后减针，方法是：每 2 行减 1 针减 26 次，各减 26 针，织 14cm 至顶部余 18 针，收针断线。同样方法编织另一袖。

5. 缝合：将前片的侧缝与后片的侧缝对应缝合。袖片的袖下分别缝合，袖片的插肩部与衣片的插肩部缝合。

6. 领片：领圈边挑 112 针，圈织 12 行双罗纹，形成圆领。毛衣编织完成。

前片图案

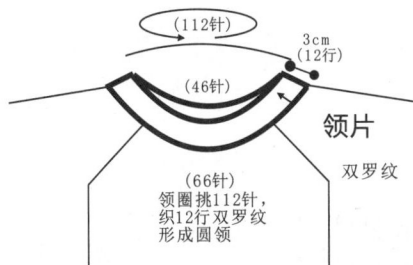

（112针）
3cm（12行）
（46针）
领片
双罗纹
（66针）
领圈挑112针，织12行双罗纹形成圆领

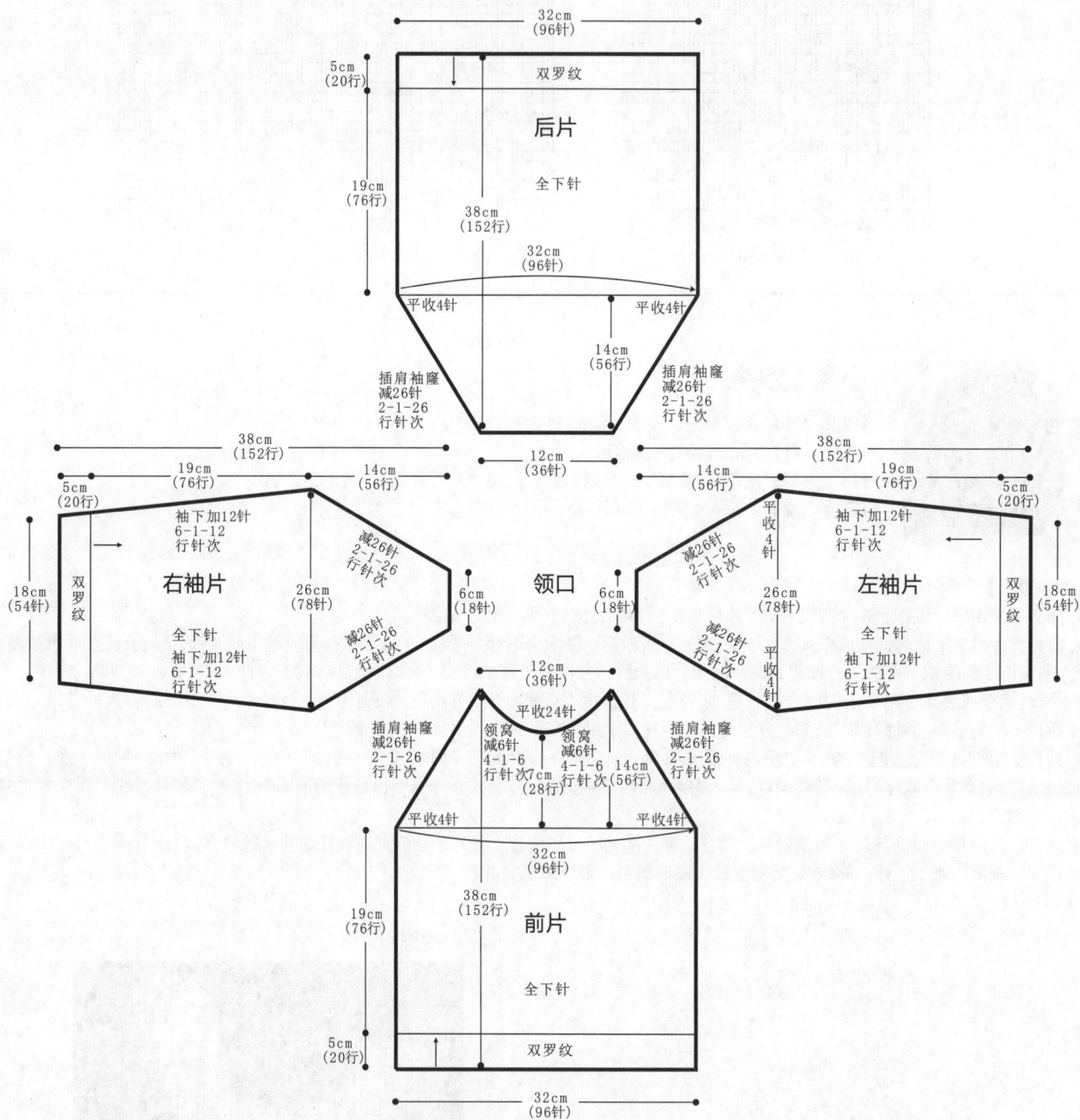

32cm
(96针)

5cm
(20行)

双罗纹

后片

全下针

19cm
(76行)

38cm
(152行)

32cm
(96针)

平收4针　平收4针

14cm
(56行)

插肩袖窿
减26针
2-1-26
行针次

插肩袖窿
减26针
2-1-26
行针次

38cm
(152行)

12cm
(36针)

38cm
(152行)

19cm
(76行)

14cm
(56行)

14cm
(56行)

19cm
(76行)

5cm
(20行)

5cm
(20行)

袖下加12针
6-1-12
行针次

减26针
2-1-26
行针次

领口

减26针
2-1-26
行针次

平收
4针

袖下加12针
6-1-12
行针次

5cm
(20行)

18cm
(54针)

双罗纹

右袖片

全下针

袖下加12针
6-1-12
行针次

26cm
(78针)

减26针
2-1-26
行针次

6cm
(18针)

6cm
(18针)

减26针
2-1-26
行针次

26cm
(78针)

左袖片

全下针

袖下加12针
6-1-12
行针次

双罗纹

18cm
(54针)

插肩袖窿
减26针
2-1-26
行针次

平收24针

领窝
减6针
4-1-6
行针次

领窝
减6针
4-1-6
行针次

7cm
(28行)

14cm
(56行)

插肩袖窿
减26针
2-1-26
行针次

平收
4针

12cm
(36针)

平收4针　平收4针

32cm
(96针)

19cm
(76行)

38cm
(152行)

前片

全下针

5cm
(20行)

双罗纹

32cm
(96针)

双罗纹

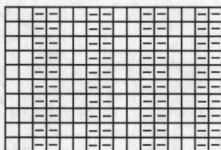

全下针

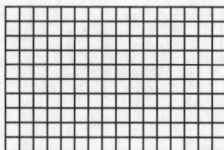

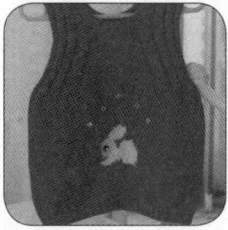

红色小背心

【成品尺寸】 衣长 36cm　胸围 64cm

【工　　具】 3.5mm 棒针　缝衣针

【材　　料】 红色羊毛绒线若干　白色线少许

【密　　度】 10cm² = 30 针 × 40 行

【附　　件】 装饰亮珠 1 枚

【制作过程】

1. 毛衣用棒针编织，由 1 片前片、1 片后片组成，从下往上编织。

2. 前片：(1) 用下针起针法，起 96 针，织 3cm 双罗纹后改织全下针，并编入前片图案，侧缝不用加减针，织 19cm 后，进行袖窿以上编织。

(2) 袖窿不用减针，改织花样，并按花样减针，织至 8cm 时开领窝，中间平收 12 针，然后两边减针，方法是：每 2 行减 1 针减 11 次，至肩部余 15 针。

3. 后片：(1) 用下针起针法，起 96 针，织 3cm 双罗纹后改织全下针，侧缝不用加减针，织 19cm 后，进行袖窿以上编织。

(2) 袖窿不用减针，改织花样，并按花样减针，织至 9cm 时开领窝，中间平收 14 针，然后两边减针，方法是：每 2 行减 1 针减 10 次，至肩部余 15 针。

4. 缝合：前后片的肩部和侧缝分别缝合。

5. 缝上图案亮珠。毛衣编织完成。

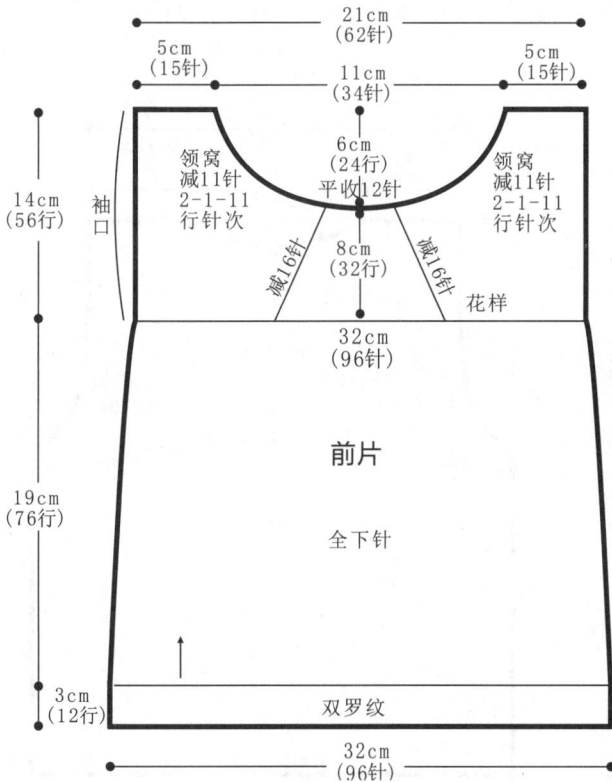

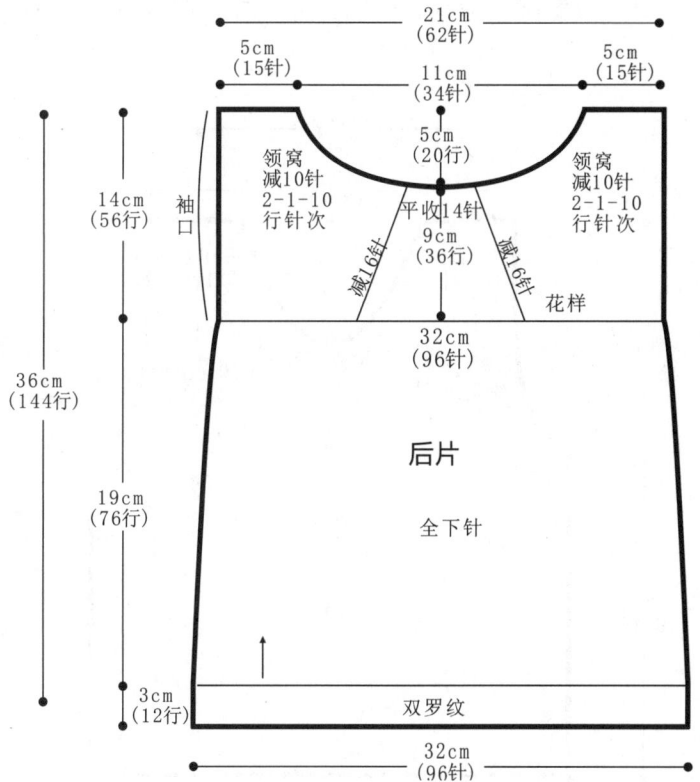

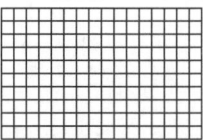

全下针

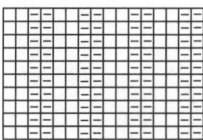

双罗纹

前片图案

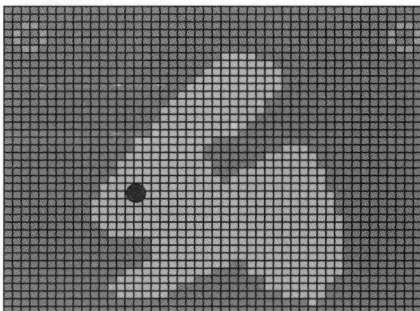

花样

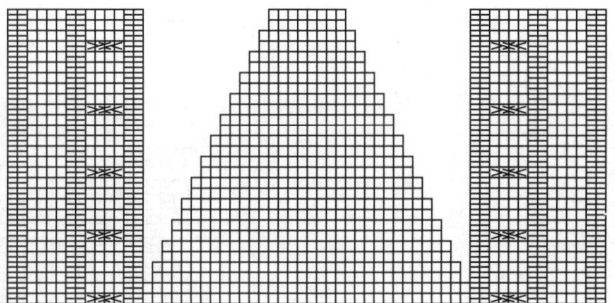

海军领蓝色毛衣

【成品尺寸】衣长 37cm　胸围 66cm　袖长 36cm

【工　　具】3.5mm 棒针　缝衣针

【材　　料】蓝色羊毛绒线若干　白色线少许

【密　　度】10cm² = 30 针 × 40 行

【制作过程】

1. 毛衣用棒针编织，由 1 片前片、1 片后片、2 片袖片组成，从下往上编织。

2. 前片：(1) 用全下针起针法起 99 针，编织 5cm 双罗纹并配色，然后改织花样，并配色，侧缝不用加减针，织 17cm 至袖窿。

(2) 袖窿以上的编织：两边袖窿平收 4 针后减针，方法是：每 2 行减 1 针减 5 次，各减 5 针，余下针数不加不减织 50 行至肩部。

(3) 同时织至从袖窿算起 7cm 时，中间平收 17 针，两边领窝减针，方法是：每 2 行减 1 针减 11 次，各减 15 针，至肩部余 21 针。

3. 后片：(1) 袖窿和袖窿以下编织方法与前片袖窿一样。后片织全下针。

(2) 同时织至袖窿算起 13cm 时，开后领窝，中间平收 31 针，两边领窝减针，方法是：每 2 行减 1 针减 4 次，织至两边肩部余 21 针。

4. 袖片：用下针起针法，起 60 针，织 5cm 双罗纹后，改织全下针并配色，袖下加针，方法是：每 4 行加 1 针加 15 次，织至 21cm 时，袖山两边平收 4 针后减 26 针，方法是：每 2 行减 2 针减 6 次，每 2 行减 1 针减 14 次，织 10cm 至顶部余 30 针。

5. 缝合：将前片的侧缝与后片的侧缝对应缝合。前片的肩部与后片的肩部缝合，两边袖片的袖下缝合后，分别与衣片的袖边缝合。

6. 领片：领圈边挑 178 针织 20 行双罗纹并配色，然后加针，(中间平收的 17 针不挑)，加针方法是：每 2 行加 2 针加 8 次织 40 行后收针断线翻领的边缘重叠后与平收的 17 针缝合。

7. 袖片的口袋编织：起 30 针，织 20 行全下针并配色，然后改织 10 行双罗纹，缝合与一边袖片相应的位置上。毛衣编织完成。

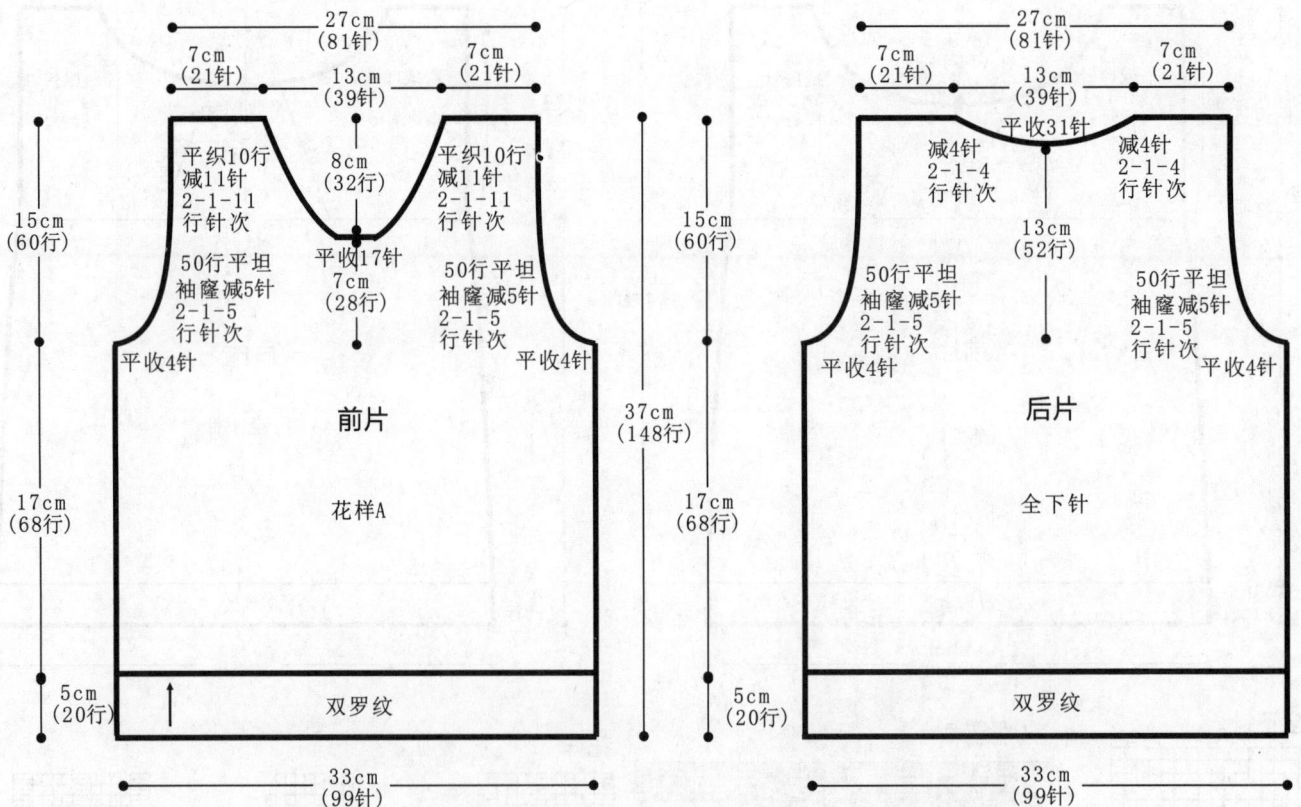

前片

后片

花样A

全下针

双罗纹

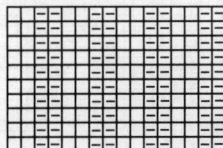

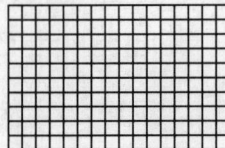

双罗纹

全下针

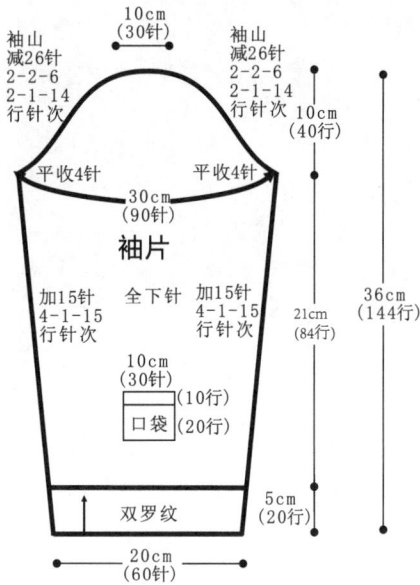

袖山
减26针
2-2-6
2-1-14
行针次

袖山
减26针
2-2-6
2-1-14
行针次

10cm
(30针)

平收4针　平收4针

10cm
(40行)

30cm
(90针)

袖片

加15针　全下针　加15针
4-1-15　　　　4-1-15
行针次　　　　行针次

10cm
(30针)

(10行)
口袋 (20行)

36cm
(144行)

21cm
(84行)

双罗纹

5cm
(20行)

20cm
(60针)

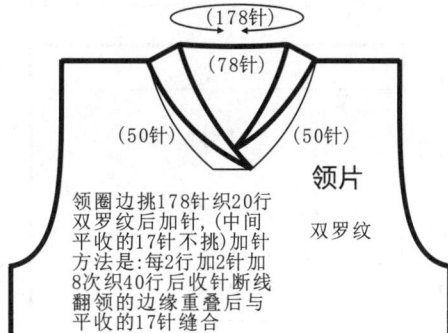

(178针)

(78针)

(50针)　(50针)

领片
双罗纹

领圈边挑178针织20行
双罗纹后加针,(中间
平收的17针不挑)加针
方法是:每2行加2针加
8次织40行后收针断线
翻领的边缘重叠后与
平收的17针缝合

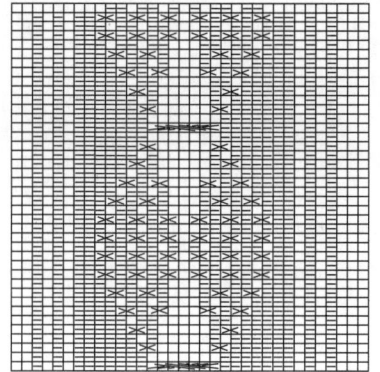

花样

蓝白拼接毛衣

【成品尺寸】衣长 35cm　胸围 66cm　连肩袖长 33cm
【工　　具】3.5mm 棒针　缝衣针
【材　　料】蓝色羊毛绒线若干　白色、黄色线各少许
【密　　度】10cm² = 30 针 ×40 行
【附　　件】纽扣 4 枚

【制作过程】

1. 插肩毛衣用棒针编织,由 1 片前片、1 片后片、2 片袖片组成,从下往上编织。

2. 前片:(1) 用下针起针法,起 99 针,先织 4cm 双罗纹后,改织全下针,并配色一起编入前片图案,侧缝不用加减针,织 17cm 至插肩袖窿。然后中间留 7 针后,把织片分成 2 片,左片加预留的 7 针共 52 针一起编织,织右片时在预留的 7 针内侧挑起 7 针共 52 针一起编织。

(2) 袖窿以上的编织:两边平收 5 针后,进行插肩袖窿减针,方法是:每 2 行减 1 针减 28 次,各减 28 针,织 14cm 至顶部。

(3) 同时门襟至袖窿算起 8cm 时,开始开领窝,两边门襟分别平收 7 针,然后减针,方法是:每 2 行减 1 针减 12 次,减 12 针,不加不减织至肩部针数减完。

3. 后片:插肩袖窿和袖窿以下的编织方法与前片一样,不用领窝减针,织至顶部余 33 针。

4. 袖片:用下针起针法起 54 针,先织 4cm 双罗纹后,改织全下针并配色,两边袖下加针,方法是:每 4 行加 1 针加 15 次,织至 15cm 时两边平收 5 针后,开始插肩减针,方法是:每 2 行减 1 针减 28 次,各减 28 针,织 14cm 至顶部余 18 针,收针断线。同样方法编织另一袖。

5. 缝合:将前片的侧缝与后片的侧缝对应缝合。袖片的袖下分别缝合,袖片的插肩部与衣片的插肩部缝合。

6. 领片:领圈边挑 106 针,织 10 行双罗纹,再织 6 行全下针,形成卷边圆领。

7. 缝上纽扣。毛衣编织完成。

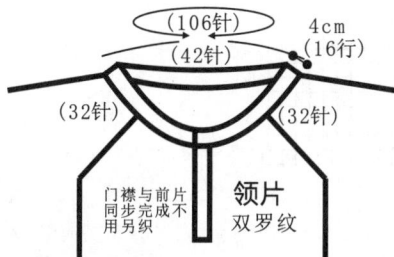

(106针)

(42针)

4cm
(16行)

(32针)　(32针)

门襟与前片
同步完成不
用另织

领片
双罗纹

前片图案

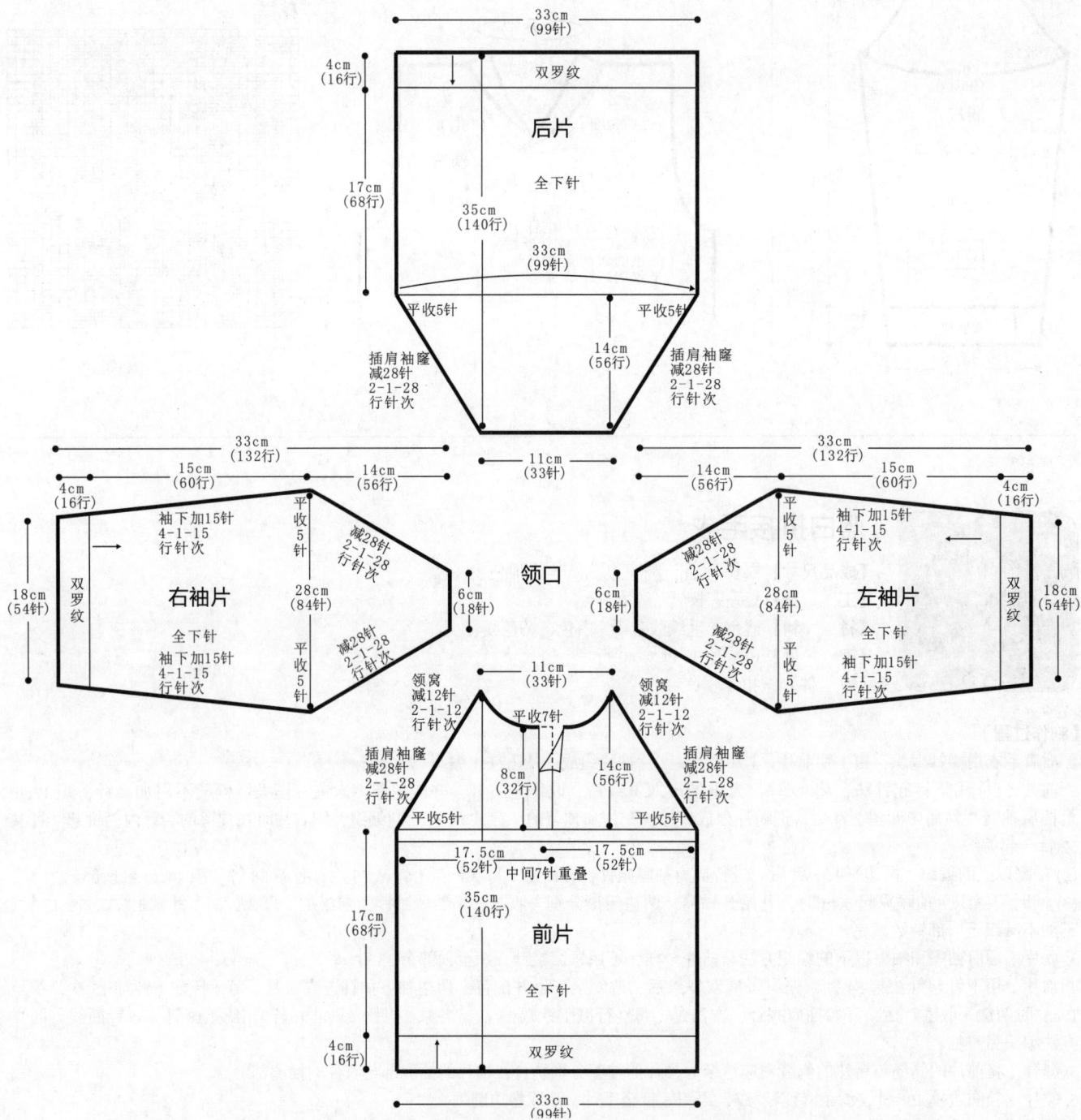

后片

双罗纹

33cm（99针）

4cm（16行）

17cm（68行）

全下针

35cm（140行）

33cm（99针）

平收5针　平收5针

插肩袖隆减28针2-1-28行针次

14cm（56行）

插肩袖隆减28针2-1-28行针次

右袖片

33cm（132行）

15cm（60行）

14cm（56行）

4cm（16行）

双罗纹

18cm（54针）

全下针

袖下加15针4-1-15行针次

平收5针

28cm（84针）

平收5针

袖下加15针4-1-15行针次

减28针2-1-28行针次

减28针2-1-28行针次

领口

11cm（33针）

6cm（18行）

6cm（18行）

左袖片

33cm（132行）

14cm（56行）

15cm（60行）

4cm（16行）

双罗纹

18cm（54针）

全下针

减28针2-1-28行针次

平收5针

28cm（84针）

平收5针

减28针2-1-28行针次

袖下加15针4-1-15行针次

袖下加15针4-1-15行针次

前片

领窝减12针2-1-12行针次

11cm（33针）

平收7针

8cm（32行）

14cm（56行）

领窝减12针2-1-12行针次

插肩袖隆减28针2-1-28行针次

平收5针

平收5针

插肩袖隆减28针2-1-28行针次

17.5cm（52针）

17.5cm（52针）

中间7针重叠

17cm（68行）

35cm（140行）

全下针

4cm（16行）

双罗纹

33cm（99针）

双罗纹

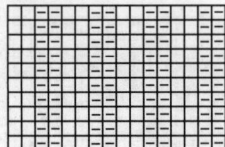

全下针

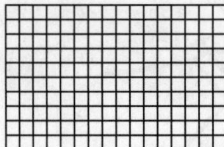

蓝色翻领外套

【成品尺寸】衣长 34cm　胸围 66cm　袖长 30cm

【工　　具】3.5mm 棒针　缝衣针

【材　　料】蓝色羊毛绒线若干　白色线少许

【密　　度】10cm² = 30 针 × 40 行

【附　　件】纽扣 6 枚

花样 B

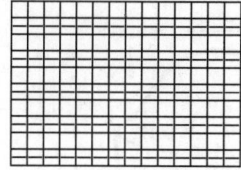

【制作过程】

1. 毛衣用棒针编织，由 2 片前片、1 片后片、2 片袖片组成，从下往上编织。

2. 前片：分右前片和左前片编织。

右前片：(1) 先用下针起针法，起 50 针，先编织 2cm 花样 B 后，门襟留 6 针继续编织花样 B，其余改织花样 A，侧缝不用加减针，织 17cm 至袖窿。

(2) 袖窿以上的编织：袖窿平收 4 针后减针，方法是：每 2 行减 1 针减 4 次，不加不减织 52 行至肩部。

(3) 同时从袖窿算起织至 9cm 时，门襟平收 6 针后，开始领窝减针，方法是：每 2 行减 2 针减 7 次，每 2 行减 1 针减 4 次，不加不减织至肩部余 18 针。

(4) 相同的方法，相反的方向编织左前片，并均匀地开纽扣孔。

3. 后片：(1) 先用下针起针法，起 100 针，先编织 2cm 花样 B 后，改织花样 A，侧缝不用加减针，织至 17cm 至袖窿。

(2) 袖窿以上编织：袖窿两边平收 4 针后减针，方法与前片袖窿一样。

(3) 同时从袖窿算起织至 13cm 时，开后领窝，中间平收 40 针，两边减针，方法是：每 2 行减 1 针减 4 次，织至两边肩部余 18 针。

4. 袖片：(1) 从袖口织起，用下针起针法，起 54 针，先织 2cm 花样 B 后，改织花样 A，袖下加针，方法是：每 8 行加 1 针加 9 次，编织 72 行至袖窿。(2) 开始袖山减针，方法是：每 2 行减 1 针减 18 次，编织完 40 行后余 36 针，收针断线。同样方法编织另一袖片。

5. 缝合：将前片的侧缝与后片的侧缝对应缝合，再将两袖片的袖下缝合后，袖山边线与衣身的袖窿边对应缝合。

6. 领子：领圈边挑 112 针，织 40 行花样 B，收针断线，用白色线钩织花边。形成翻领。

7. 缝上纽扣。毛衣编织完成。

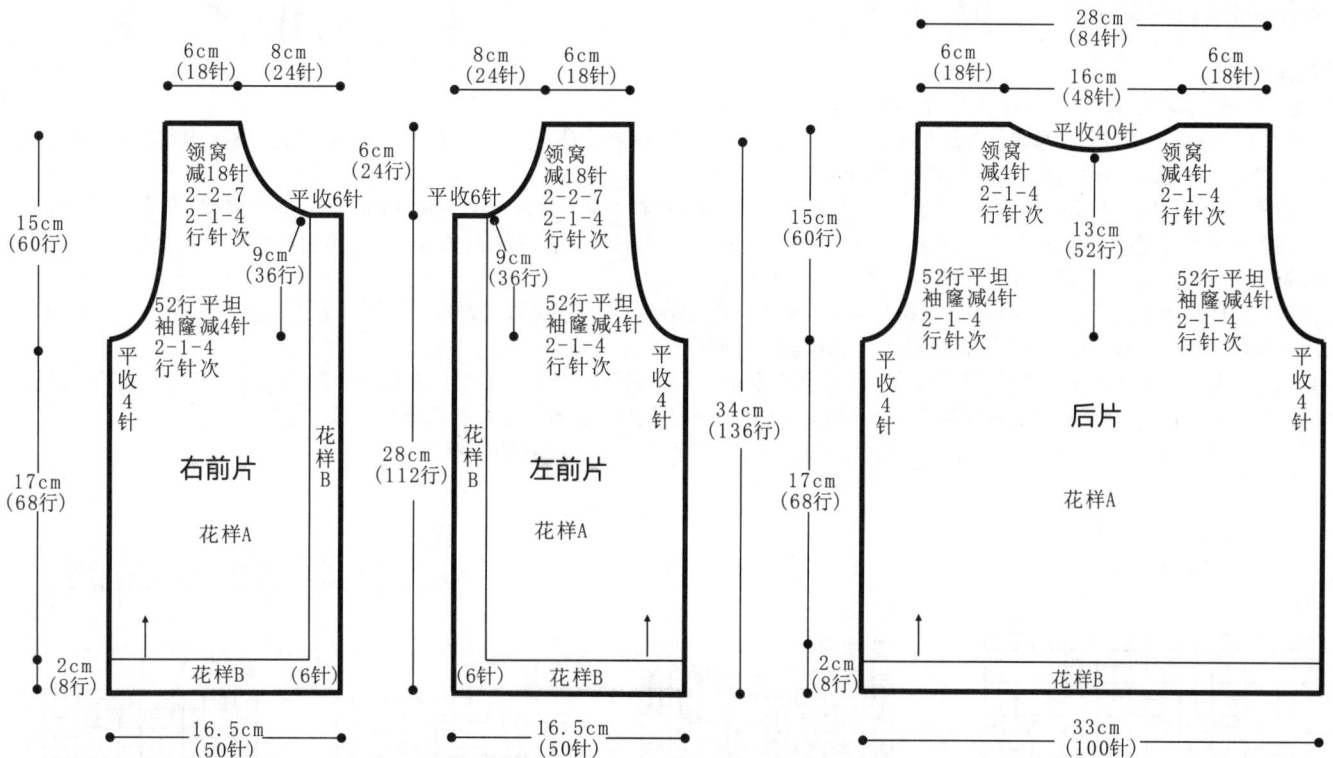

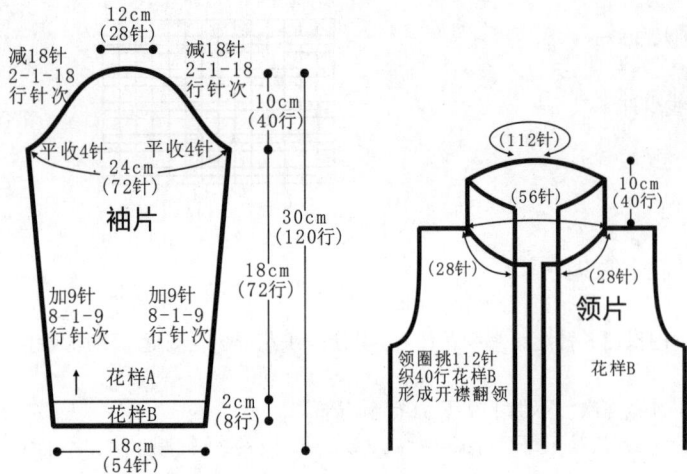

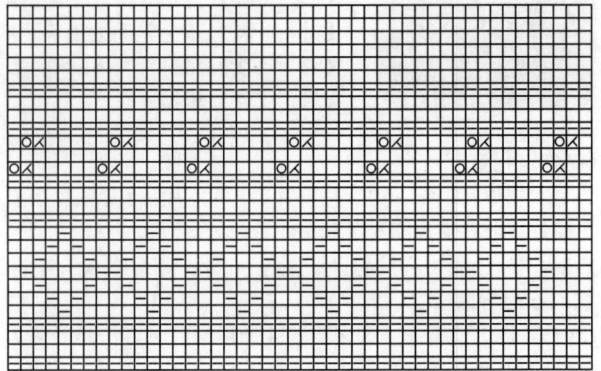

花样 A

减18针
2-1-18
行针次

减18针
2-1-18
行针次

12cm
(28针)

10cm
(40行)

平收4针　平收4针

24cm
(72针)

袖片

30cm
(120行)

18cm
(72行)

加9针
8-1-9
行针次

加9针
8-1-9
行针次

花样A

花样B

2cm
(8行)

18cm
(54针)

(112针)

(56针)

10cm
(40行)

(28针)

(28针)

领片

花样B

领圈挑112针
织40行花样B
形成开襟翻领

粉色扭花毛衣

【成品尺寸】衣长42cm　胸围60cm

【工　具】3.5mm 棒针　缝衣针

【材　料】粉色羊毛绒线若干

【密　度】10cm² = 30 针 ×40 行

【附　件】纽扣6枚

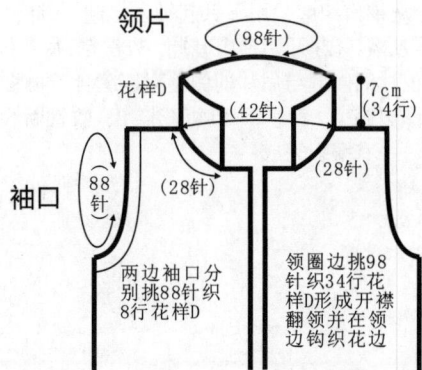

领片

(98针)

花样D

(42针)

7cm
(34行)

袖口

88针

(28针)

(28针)

两边袖口分
别挑88针织
8行花样D

领圈边挑98
针织34行花
样D形成开襟
翻领并在领
边钩织花边

【制作过程】

1. 毛衣用棒针编织，由2片前片、1片后片组成，从下往上编织。

2. 前片：分右前片和左前片编织。右前片：(1) 用下针起针法，起48针，织花样B，其中门襟边的18针继续织花样C，侧缝不用加减针，织23cm后改织花样A，再织12行至袖窿。

(2) 袖窿以上的编织：袖窿平收4针后减针，方法是：每2行减2针减3次，共减6针，不加不减织58行至肩部。

(3) 同时从袖窿算起至7cm时，门襟平收18针后，开始领窝减针，方法是：每2行减1针减6次，不加不减织24行至肩部余14针。

(4) 相同的方法，相反的方向编织左前片，并均匀地开纽扣孔。

3. 后片：(1) 先用下针起针法，起84针，织花样B，侧缝不用加减针，织至23cm时改织12行花样A至袖窿。

(2) 袖窿以上编织：袖窿两边平收4针后减针，方法与前片袖窿一样。

(3) 同时从袖窿算起织至14cm时，开后领窝，中间平收28针，两边减针，方法是：每2行减1针减4次，织至两边肩部余14针。

4. 缝合：将前片的侧缝与后片的侧缝对应缝合，再将两袖片的袖下缝后，袖山边线与衣身的袖窿边对应缝合。

5. 领片：领圈边挑98针，织34行花样D，收针断线，形成开襟翻领，并在领边钩织花边。

6. 两边袖口分别挑88针，织8行花样D，收针断线。

7. 缝上纽扣。毛衣编织完成。

钩针花边

花样 A

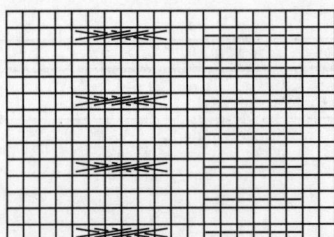

花样 B

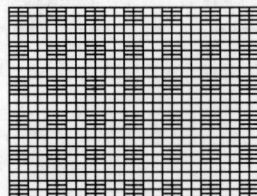

花样 C

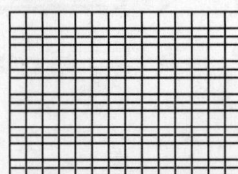

花样 D

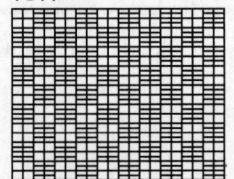

图中标注（右前片）：

5cm（14针）　8cm（24针）

领窝
24行平坦
减6针
2-1-6
行针次

9cm（36行）

16cm（64行）

平收18针

58行平坦
袖窿减6针
2-2-3
行针次

7cm（28行）

3cm（12行）

平收4针　　花样A

42cm（168行）

31cm（124行）

右前片

23cm（92行）

花样B　　花样C

16cm（48针）　　（18针）

图中标注（左前片）：

8cm（24针）　5cm（14针）

领窝
24行平坦
减6针
2-1-6
行针次

平收18针

58行平坦
袖窿减6针
2-2-3
行针次

7cm（28行）

花样A　　平收4针

左前片

花样C　　花样B

（18针）　16cm（48针）

16cm（64行）

3cm（12行）

23cm（92行）

图中标注（后片）：

21cm（64针）

5cm（14针）　12cm（36针）　5cm（14针）

平收28针

领窝
减4针
2-1-4
行针次

领窝
减4针
2-1-4
行针次

58行平坦
袖窿减6针
2-2-3
行针次

14cm（56行）

58行平坦
袖窿减6针
2-2-3
行针次

平收4针　　花样A　　平收4针

后片

花样B

28cm（84针）

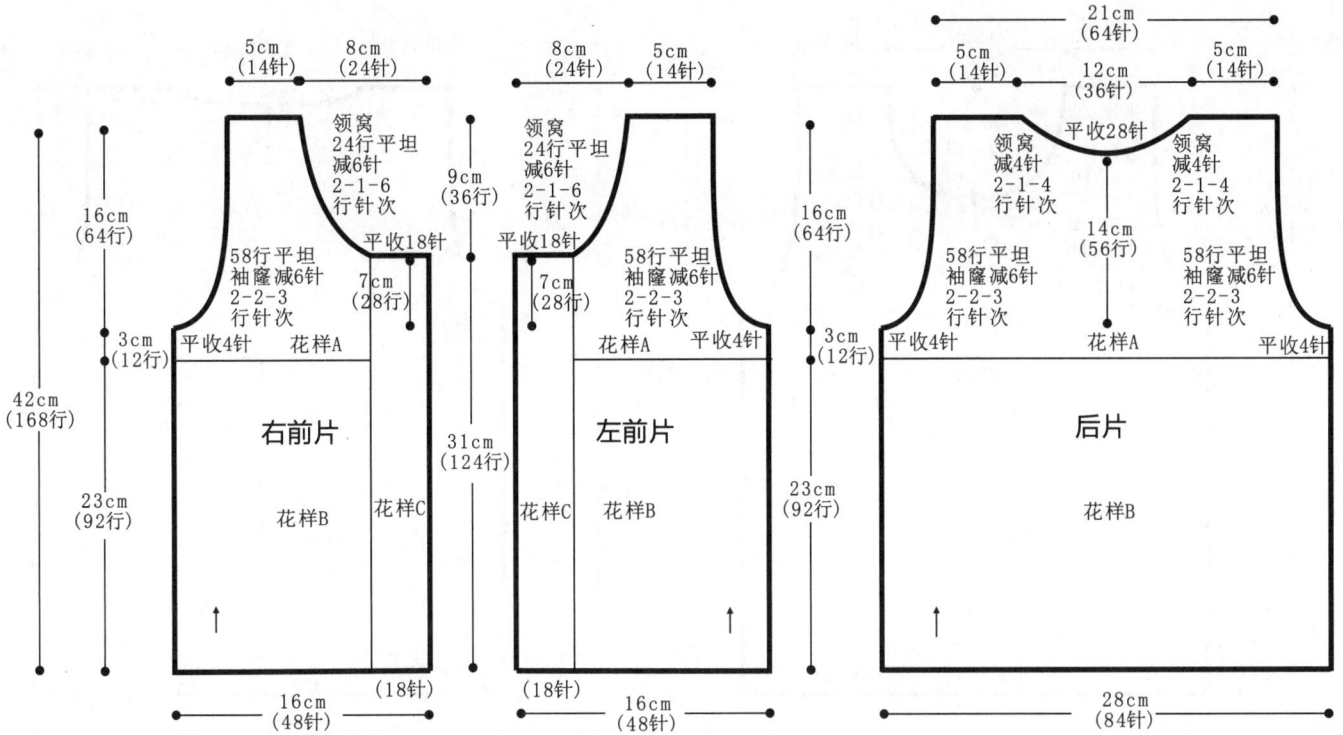

大力水手图案毛衣

【成品尺寸】 衣长39cm　胸围65cm　袖长35.5cm

【工　　具】 3.5mm 棒针　缝衣针

【材　　料】 蓝色羊毛绒线若干　黑色、橙色、白色、海蓝色线各少许

【密　　度】 $10cm^2$ = 30 针 ×40 行

【制作过程】

1. 毛衣用棒针编织，由 1 片前片、1 片后片、2 片袖片组成，从下往上编织。

2. 前片：(1) 用下针起针法起 98 针，先织 6cm 全下针，对折缝合，形成双层平针底边，继续编织全下针，并编入前片图案，侧缝不用加减针，织 25cm 至袖窿。

(2) 袖窿以上的编织：两边袖窿平收 4 针后减针，方法是：每 2 行减 1 针减 4 次，各减 4 针，不加不减织 48 行至肩部。

(3) 同时织至袖窿算起 8cm 时，开始开领窝，中间平收 26 针，然后两边减针，方法是：每 2 行减 1 针减 10 次，各减 10 针，不加不减织 4 行至肩部余 18 针。

3. 后片：(1) 用下针起针法起 98 针，先织 6cm 全下针，对折缝合，形成双层平针底边，继续编织全下针，侧缝不用加减针，织 25cm 至袖窿。

(2) 袖窿以上的编织：两边袖窿平收 4 针后减针，方法是：每 2 行减 1 针减 4 次，各减 4 针，不加不减织 48 行至肩部。

(3) 同时织至袖窿算起 12cm 时，开始开领窝，中间平收 38 针，然后两边减针，方法是：每 2 行减 1 针减 4 次，至肩部余 18 针。

4. 袖片：用下针起针法起 60 针，织 4cm 单罗纹并配色，然后改织全下针，袖下加针，方法是：每 6 行加 1 针加 12 次，织至 22.5cm 时，两边平收 4 针，开始织袖山减针，方法是：每 2 行减 2 针减 6 次，每 2 行减 1 针减 12 次，共减 24 针，至顶部余 28 针。

5. 缝合：将前片的侧缝与后片的侧缝对应缝合。前片的肩部与后片的肩部缝合，两边袖片的袖下缝合后，分别与衣片的袖边缝合。

6. 领片：领圈边挑 134 针，圈织 4cm 单罗纹并配色，形成圆领。毛衣编织完成。

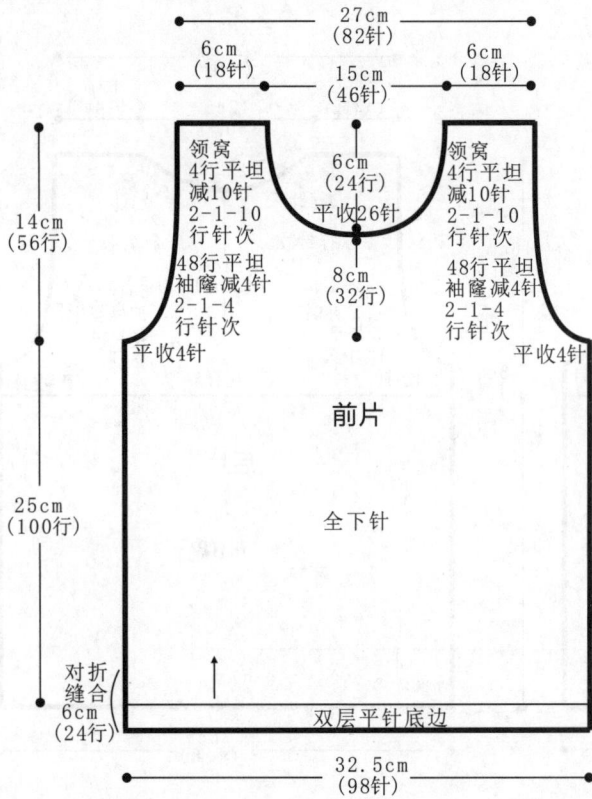

27cm
(82针)
6cm
(18针)
15cm
(46针)
6cm
(18针)

领窝
4行平坦
减10针
2-1-10
行针次

6cm
(24行)
平收26针

领窝
4行平坦
减10针
2-1-10
行针次

8cm
(32行)

48行平坦
袖窿减4针
2-1-4
行针次
平收4针

48行平坦
袖窿减4针
2-1-4
行针次
平收4针

14cm
(56行)

前片

39cm
(156行)

全下针

25cm
(100行)

对折缝合
6cm
(24行)

双层平针底边

32.5cm
(98针)

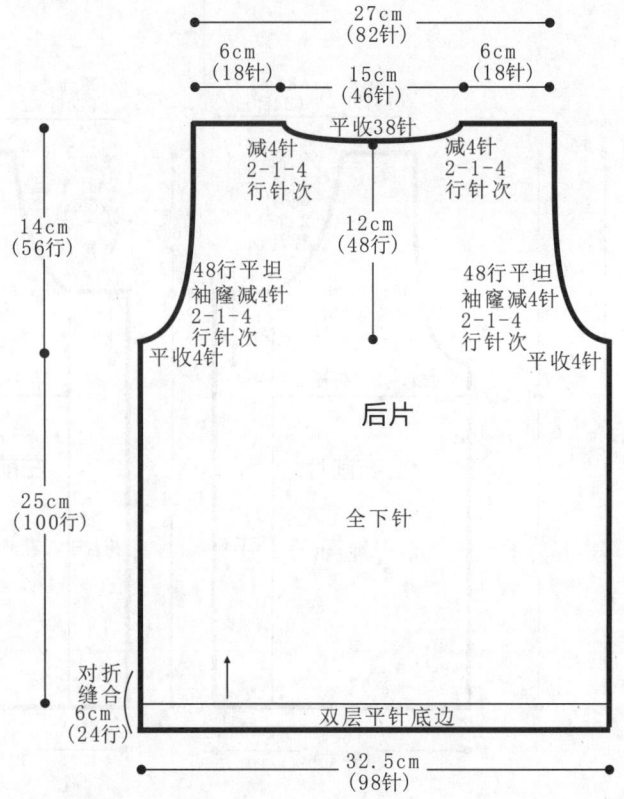

27cm
(82针)
6cm
(18针)
15cm
(46针)
6cm
(18针)
平收38针

减4针
2-1-4
行针次

减4针
2-1-4
行针次

12cm
(48行)

48行平坦
袖窿减4针
2-1-4
行针次
平收4针

48行平坦
袖窿减4针
2-1-4
行针次
平收4针

14cm
(56行)

后片

全下针

25cm
(100行)

对折缝合
6cm
(24行)

双层平针底边

32.5cm
(98针)

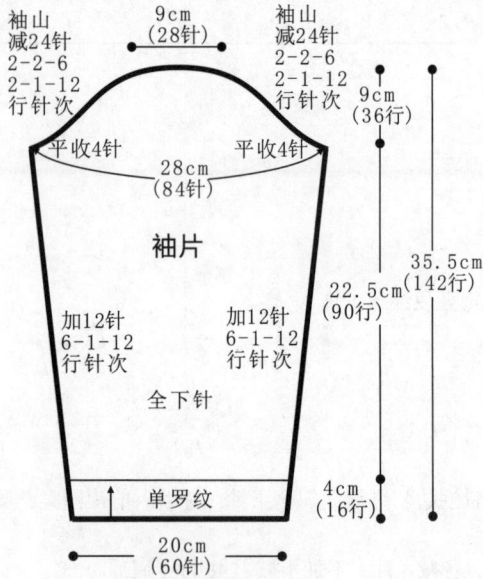

袖山
减24针
2-2-6
2-1-12
行针次

9cm
(28针)

袖山
减24针
2-2-6
2-1-12
行针次

平收4针
28cm
(84针)
平收4针

9cm
(36行)

袖片

35.5cm
(142行)

22.5cm
(90行)

加12针
6-1-12
行针次

加12针
6-1-12
行针次

全下针

单罗纹

4cm
(16行)

20cm
(60针)

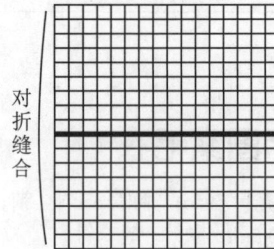

双层平针底边

对折缝合

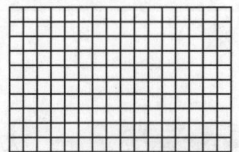

全下针

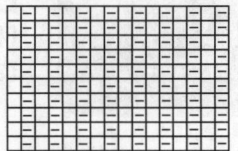

单罗纹

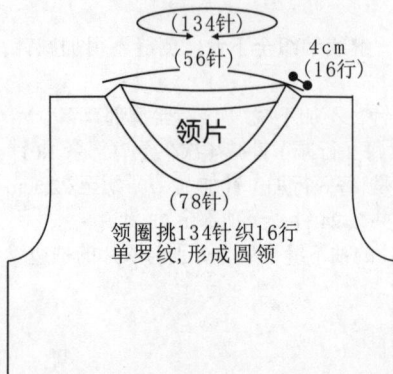

(134针)
(56针)
4cm
(16行)

领片

(78针)

领圈挑134针织16行
单罗纹,形成圆领

前片图案

扭花纹开衫

【成品尺寸】衣长 38cm　下摆宽 26cm　袖长 33cm
【工　　具】3.5mm 棒针　缝衣针
【材　　料】酒红色羊毛绒线若干
【密　　度】10cm² = 34 针 × 40 行
【附　　件】纽扣 5 枚

【制作过程】

1. 毛衣用棒针编织，由一片式从下往上编织。

2. 先从下摆起针。（1）用下针起针法起 170 针，织 4cm 单罗纹后，改织花样，侧缝不用加减针，织至 5cm，两边前片开始开袋口，在门襟留 8 针后，中间织 24 针单罗纹袋口，然后把袋口的 24 针平收掉，两边 8 针留着待用，内衣袋另起 24 针织 30 行全下针，与刚才待用的两边 8 针合并，口袋编织完成，继续编织 20cm 至袖窿。

（2）袖窿以上的编织：开始分前后片，先织后片，分出 88 针，在两边袖窿平收 5 针，不加不减织 12cm 时开领窝，中间平收 22 针后，两边减针，方法是：每 2 行减 1 针减 4 次，至肩部余 24 针。

（3）左前片编织，分出 41 针，袖窿平收 5 针，不加不减织 56 行至肩部。同时门襟处织至 8cm 时进行领窝减针，方法是：每 2 行减 2 针减 6 次，不加不减织 12 行至肩部余 24 针。

（4）相同的方法、相反的方向编织右前片。

3. 袖片：从袖口织起，用下针起针法起 44 针，织 4cm 单罗纹后，改织花样，两边袖下加 8 针，方法是：每 10 行加 1 针加 8 次，编织 20cm 至袖窿，袖窿平收 4 针后，开始袖山减针，方法是：两边分别每 2 行减 1 针减 18 次，编织完 9cm 后余 16 针，收针断线。同样方法编织另一袖片。

4. 缝合：将前片的侧缝与后片的侧缝对应缝合，前后片的肩部对应缝合，再将两袖片的袖山边线与衣身的袖窿边对应缝合。

5. 门襟编织：两边门襟挑 114 针，织 12 行单罗纹，右片均匀地开纽扣孔共 5 个。

6. 领片：领圈边挑 112 针，织 12 行单罗纹，形成圆领。

7. 用缝衣针缝上纽扣，毛衣编织完成。

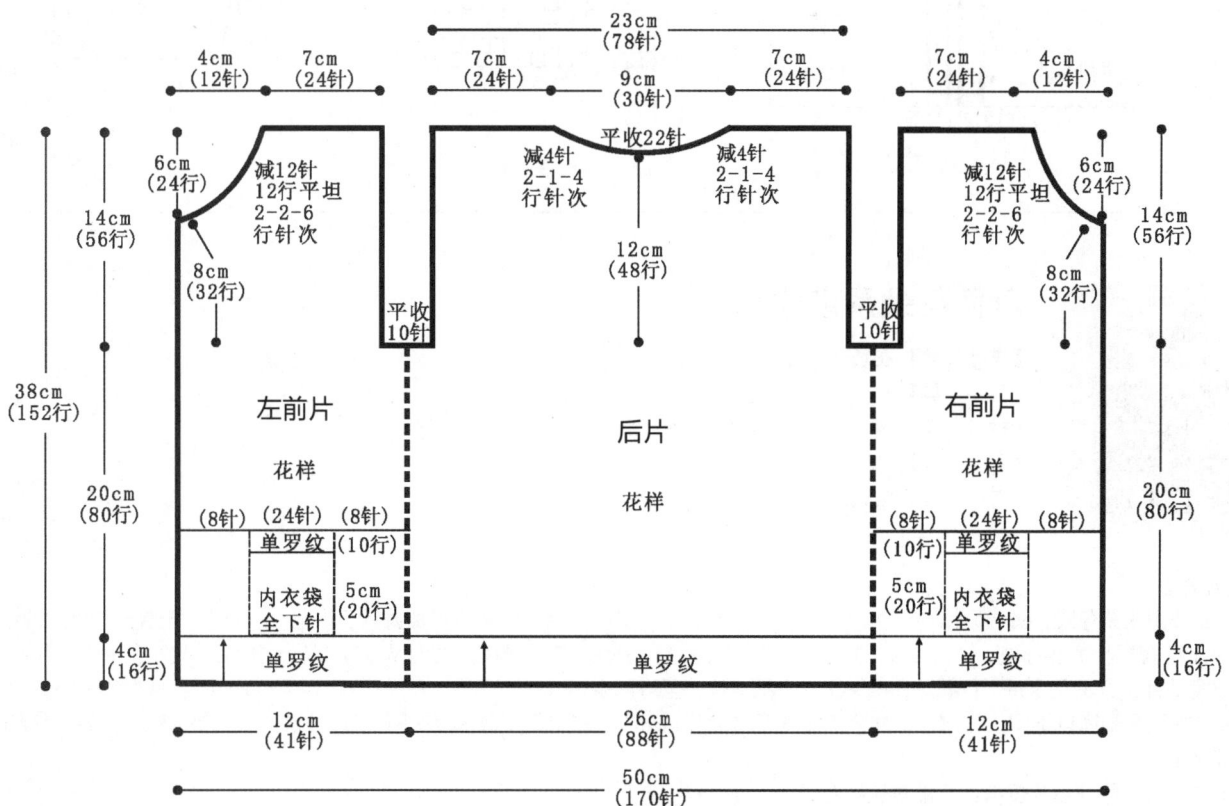

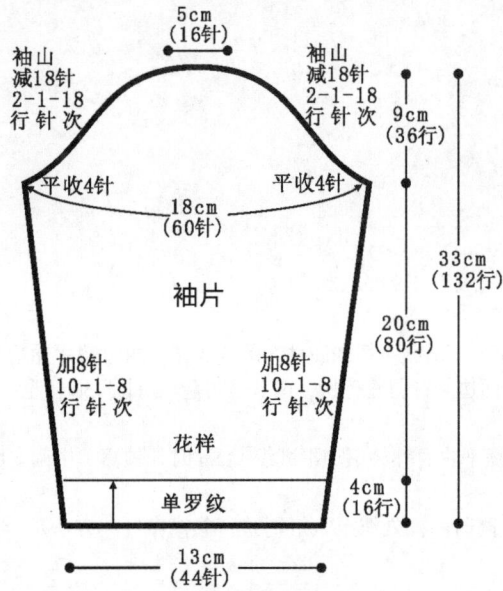

5cm
(16针)

袖山
减18针
2-1-18
行针次

袖山
减18针
2-1-18
行针次

9cm
(36行)

平收4针

平收4针

18cm
(60针)

33cm
(132行)

袖片

20cm
(80行)

加8针
10-1-8
行针次

加8针
10-1-8
行针次

花样

单罗纹

4cm
(16行)

13cm
(44针)

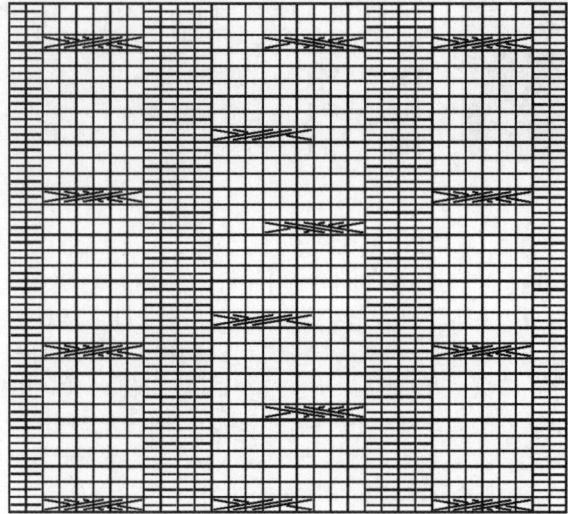

花样

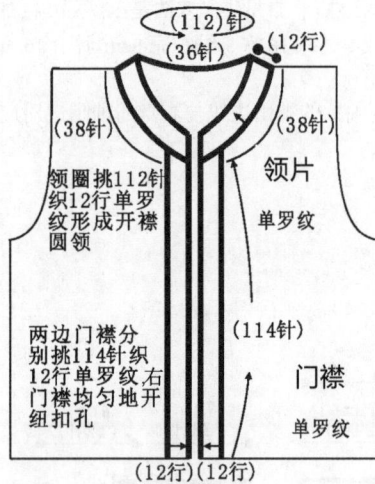

(112)针
(36针)
(12行)

(38针)
(38针)

领圈挑112针
织12行单罗
纹形成开襟
圆领

领片

单罗纹

两边门襟分
别挑114针织
12行单罗纹右
门襟均匀地开
纽扣孔

(114针)

门襟

单罗纹

(12行)(12行)

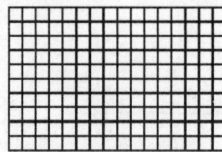

全下针

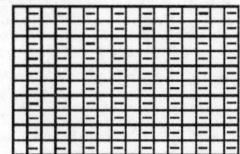

单罗纹

紫色花朵系带背心

【成品尺寸】衣长 40cm　胸围 66cm
【工　　具】3.5mm 棒针
【材　　料】紫色、白色羊毛绒线各若干
【密　　度】$10cm^2$= 28 针 ×40 行
【附　　件】钩编绳子 1 根

【制作过程】

1. 前片：按图用紫色线，下针起针法起 92 针，织 2cm 花样后，改织全下针，侧缝不用加减针，织至 23cm 时，开始袖窿以上的编织，袖窿减针，方法是：每 2 行减 2 针减 4 次，改用白色线平织 52 行，并编入花样图案，同时从袖窿算起，织 11cm 时，在中间平收 22 针，两边领窝减针，方法是：每 2 行减 2 针减 7 次，平织 2 行，至肩部余 12 针。

2. 后片：袖窿和袖窿以下织法与前片一样，从袖窿算起，织 13cm 时，在中间平收 34 针，两边领窝减针，方法是：每 2 行减 2 针减 4 次，至肩部余 12 针。

3. 编织结束后，将前后片侧缝、肩部对应缝合。

4. 袖口：两边袖口各挑 80 针，织 2cm 花样。

5. 领边挑 120 针，圈织 8 行花样，形成圆领。

6. 系上钩花绳子。编织完成。

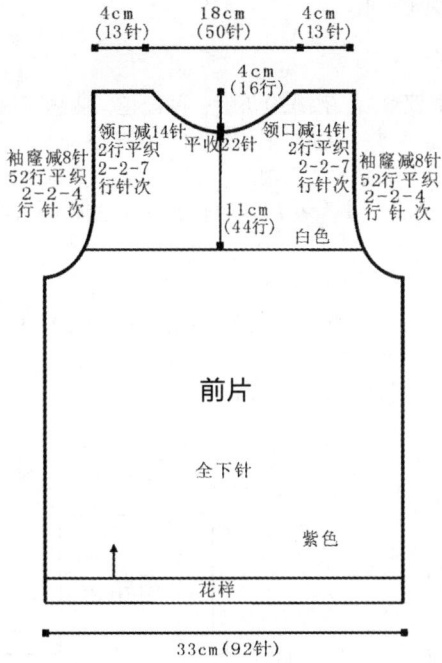

4cm (13针) 18cm (50针) 4cm (13针)

4cm (16行)

领口减14针 2行平织 2-2-7 行针次

平收22针

领口减14针 2行平织 2-2-7 行针次

袖窿减8针 52行平织 2-2-4 行 针 次

袖窿减8针 52行平织 2-2-4 行 针 次

11cm (44行)

白色

前片

全下针

紫色

花样

33cm(92针)

15cm (60行)

23cm (92行)

2cm (8行)

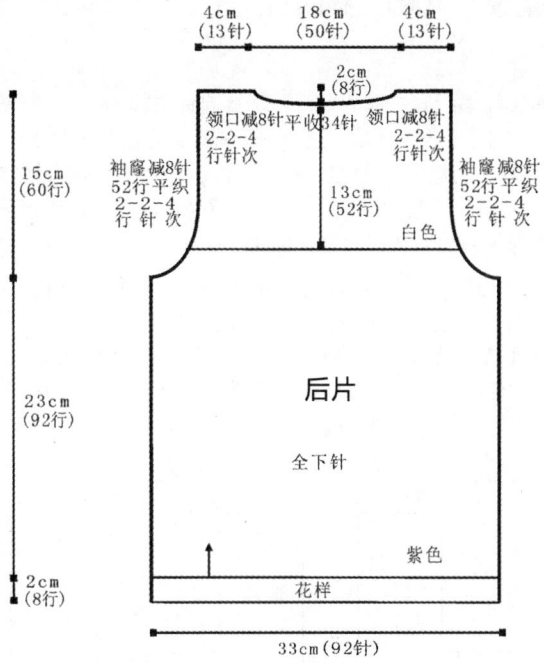

4cm (13针) 18cm (50针) 4cm (13针)

2cm (8行)

领口减8针 2-2-4 行针次

平收34针

领口减8针 2-2-4 行针次

袖窿减8针 52行平织 2-2-4 行 针 次

袖窿减8针 52行平织 2-2-4 行 针 次

13cm (52行)

白色

后片

全下针

紫色

花样

33cm(92针)

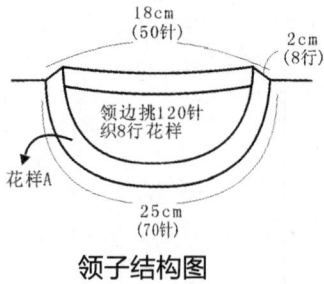

18cm (50针)

2cm (8行)

领边挑120针 织8行花样

花样A

25cm (70针)

领子结构图

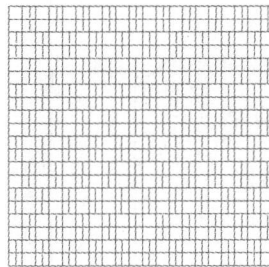

花样

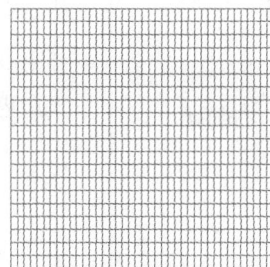

全下针

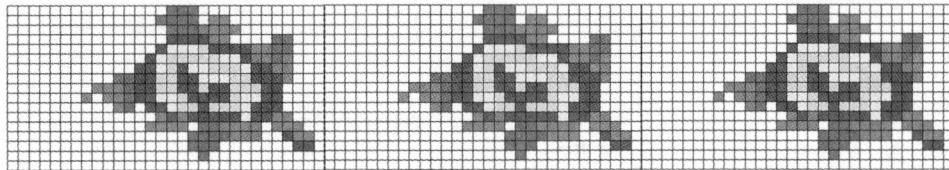

花样图案

宽松款拼接外套

【成品尺寸】衣长 60cm　胸围 80cm　袖长 42cm

【工　具】3.5mm 棒针　绣花针

【材　料】绿色、白色羊毛绒线各若干

【密　度】$10cm^2$=22 针 ×30 行

【附　件】拉链 1 条　帽子毛线球 1 个　毛线球绳子 1 根

【制作过程】

1. 前片：分左右 2 片编织。左前片：（1）下针起针法起 44 针，先织 6cm 双罗纹后，改织全下针，并配色，侧缝不用加减针，织至 25cm 时，两边袖窿平收 3 针后，进行袖窿减针，方法是：每 2 行减 1 针减 5 次，共减 5 针，不加不减织 26 行至肩部。

（2）肩部平收 20 针，门襟余 16 针继续编织帽片，织至 17cm 收针断线。用同样方法编织右前片。

2. 后片：（1）下针起针法起 88 针，先织 6cm 双罗纹后，改织全下针，并配色，侧缝不用加减针，织至 25cm 时，两边袖窿平收 3 针后，进行袖窿减针，方法与前片袖窿一样，不加不减织 26 行至肩部。

（2）两边肩部平收 12 针，中间 32 针继续编织帽片，织至 17cm 收针断线。

3. 袖片编织：起 36 针，先织 6cm 双罗纹后，改织花样 B，袖下减针，方法是：每 6 行减 1 针减 12 次，织至 24cm 改织花样 A，织至 6cm 时两边各平收 3 针后，进行袖山减针，方法是：每 2 行减 1 针减 18 次，至顶部与 18 针。

4. 缝合：前后片的侧缝和肩部对应缝合，帽顶对应缝合。袖片的袖下缝合后与身片的袖口缝合。

5. 缝上拉链和帽子毛线球，穿上毛线球绳子。编织完成。

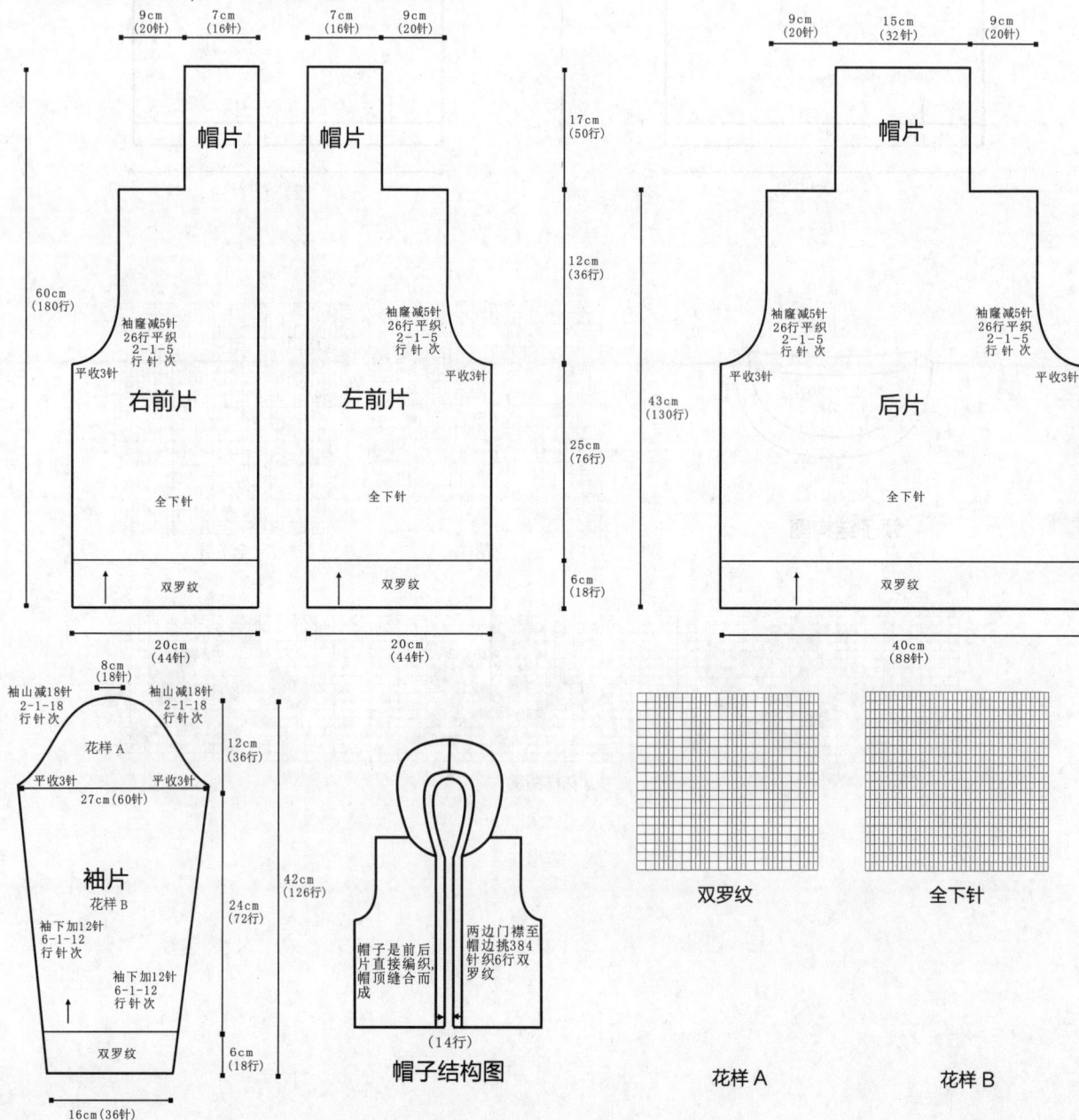

可爱娃娃毛衣

【成品尺寸】衣长 39cm 胸围 58cm 袖长 34cm
【工　　具】3.5mm 棒针　缝衣针
【材　　料】红色羊毛绒线若干　白色线少许
【密　　度】10cm² = 30 针 ×40 行
【附　　件】纽扣 7 枚

【制作过程】

1. 毛衣用棒针编织，由 2 片前片、1 片后片、2 片袖片组成，从下往上编织。

2. 前片:分右前片和左前片编织。左前片:(1)用下针起针法起 54 针，先织 2cm 花样，然后改织全下针，其中门襟边的 18 针继续织花样，侧缝不用加减针，织 21cm 至袖窿。

(2) 袖窿以上的编织：袖窿平收 4 针后减针，方法是：每 2 行减 2 针减 4 次，共减 8 针，不加不减织 56 行至肩部。

(3) 同时从袖窿算起织至 8cm 时，门襟平收 18 针后，开始领窝减针，方法是:每 2 行减 1 针减 6 次，不加不减织 20 行至肩部余 18 针。

(4) 相同的方法、相反的方向编织右前片，并均匀地开纽扣孔。

3. 后片：(1) 先用下针起针法起 88 针，先织 2cm 花样，然后改织全下针，侧缝不用加减针，织至 21cm 至袖窿。

(2) 袖窿以上的编织：袖窿两边平收 4 针后减针，方法与前片袖窿一样。

(3) 同时从袖窿算起织至 14cm 时，开后领窝，中间平收 20 针，两边减针，方法是：每 2 行减 1 针减 4 次，织至两边肩部余 18 针。

4. 袖片：(1) 从袖口织起，用下针起针法起 60 针，先织 2cm 花样，然后改织全下针，袖下加针，方法是：每 10 行加 1 针加 9 次，编织 24cm 至袖窿。

(2) 袖窿两边平收 4 针后，开始袖山减针，方法是:每 4 行减 2 针减 8 次，编织完 8cm 后余 38 针，收针断线。同样方法编织另一袖片。

5. 缝合：将前片的侧缝与后片的侧缝对应缝合，再将两袖片的袖下缝合后，袖山边线与衣身的袖窿边对应缝合。

6. 领片：领圈边挑 98 针，织 7cm 花样，收针断线，形成开襟翻领。

7. 口袋按花样另织，缝合到前片相应的位置。前领衬边用白色线另织，起 114 针，织 12cm 全下针，打皱褶缝合到前领。

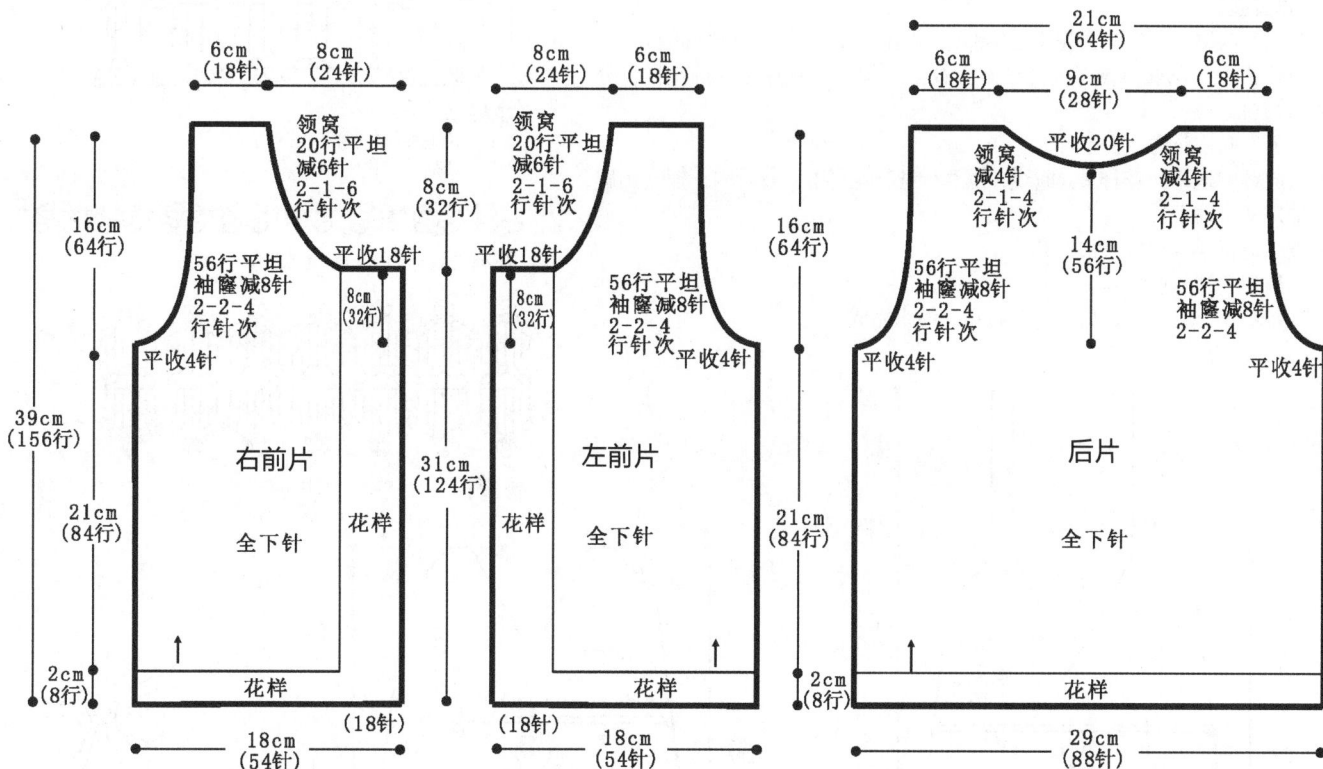

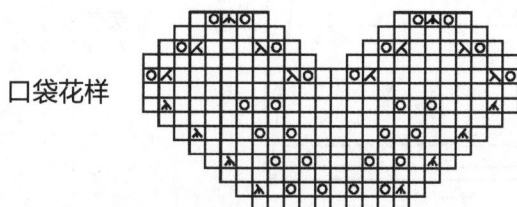

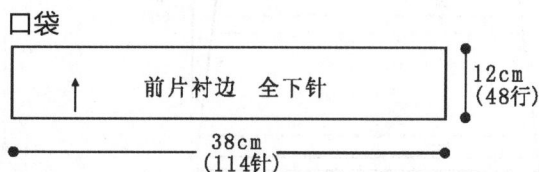

8. 缝上纽扣。毛衣编织完成。

右前片

6cm (18针)　8cm (24针)

领窝
20行平坦
减6针
2-1-6
行针次

56行平坦
袖窿减8针
2-2-4
行针次

平收18针

平收4针

8cm (32行)

16cm (64行)

39cm (156行)

21cm (84行)

2cm (8行)

花样　全下针　花样

18cm (54针)　(18针)

左前片

8cm (24针)　6cm (18针)

领窝
20行平坦
减6针
2-1-6
行针次

平收18针

8cm (32行)

56行平坦
袖窿减8针
2-2-4
行针次

平收4针

8cm (32行)

31cm (124行)

花样　全下针

(18针)　18cm (54针)

后片

21cm (64针)

6cm (18针)　9cm (28针)　6cm (18针)

平收20针

领窝减4针
2-1-4
行针次

领窝减4针
2-1-4
行针次

56行平坦
袖窿减8针
2-2-4
行针次

56行平坦
袖窿减8针
2-2-4

平收4针　平收4针

16cm (64行)

14cm (56行)

21cm (84行)

2cm (8行)

花样　全下针

29cm (88针)

口袋花样

口袋

前片衬边　全下针

12cm (48行)

38cm (114针)

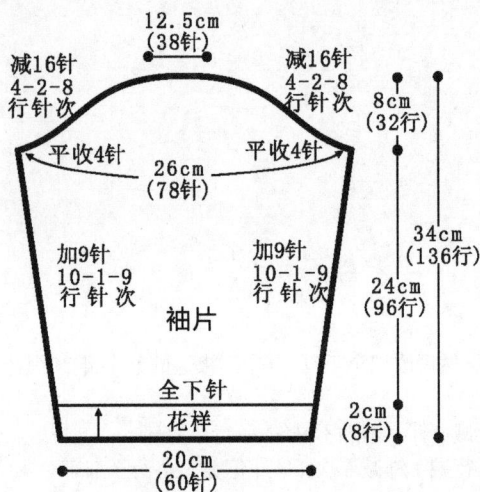

12.5cm
(38针)

减16针
4-2-8
行针次

减16针
4-2-8
行针次

8cm
(32行)

平收4针   平收4针

26cm
(78针)

34cm
(136行)

加9针
10-1-9
行针次

加9针
10-1-9
行针次

袖片

24cm
(96行)

全下针

花样

2cm
(8行)

20cm
(60针)

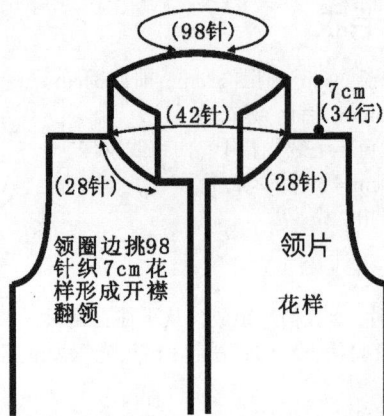

(98针)

(42针)

7cm
(34行)

(28针)   (28针)

领圈边挑98
针织7cm花
样形成开襟
翻领

领片

花样

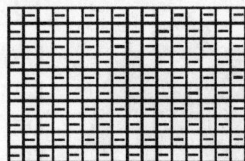

花样

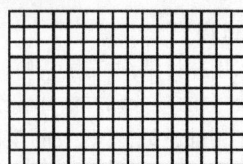

全下针

镂空吊带裙

【成品尺寸】衣长36cm 胸围44cm
【工　　具】可乐钩针5号 缝衣针
【材　　料】粉色棉线若干 白色、粉色线各少许
【密　　度】10cm² = 30针 × 10行
【附　　件】粉色纽扣2枚

【制作过程】
1. 分上下两部分开始钩，先织上半部分，网格起针，34个网格圈钩。
2. 前片钩5行花样，参考前片图解分袖口和领口，后片钩6行花样，分领口袖口。
3. 从反方向钩花样，钩14行。
4. 从起针的地方钩花样B，断线，隔7行继续花样B，最后钩下摆（图解的顺序从上往下）。
5. 按圈边花样钩领口、袖口花边。
6. 钩肩带（注意换线）。
7. 钩装饰花，缝合；在后片缝上纽扣。编织完成。

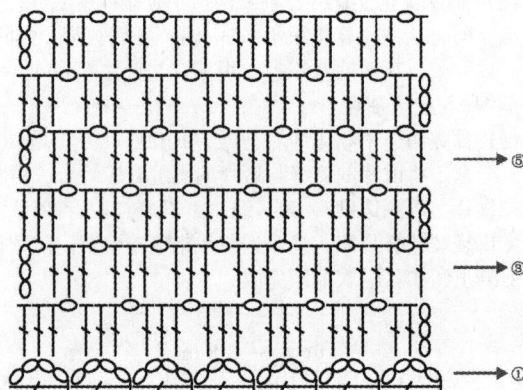

⑤
③
①

花样A：
第1行网格起针（4辫子针1长针）
第2行3长针+1辫子针

花样B：钩3辫子针1珠针1短针，重复

③
①
⑤

肩带：1短针+1狗牙+3短针+1狗牙

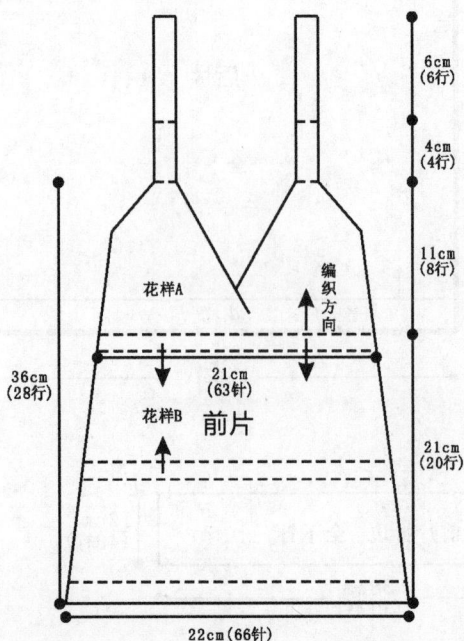

6cm
(6行)

4cm
(4行)

11cm
(8行)

花样A

编织方向

36cm
(28行)

21cm
(63针)

21cm
(20行)

花样B 前片

22cm(66针)

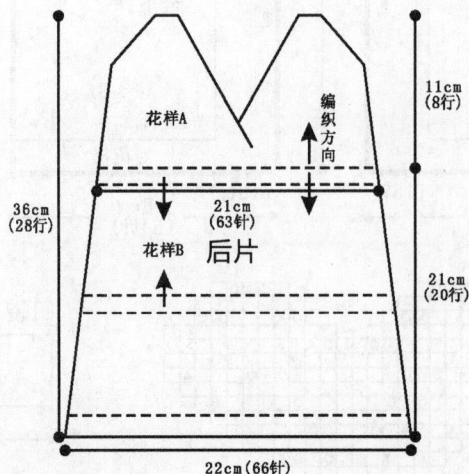

11cm
(8行)

花样A

编织方向

36cm
(28行)

21cm
(63针)

21cm
(20行)

花样B 后片

22cm(66针)

21cm
(20行)

装饰花：
第1圈5个辫子针1引拔针
第2圈1短针2长针1短针

红色蝴蝶开衫

【成品尺寸】 衣长 35cm　胸围 64cm　袖长 29cm

【工　　具】 3.5mm 棒针

【材　　料】 红色棉线若干　白色、灰色棉线各少许　红色、蓝色丝线各少许

【密　　度】 10cm² = 28 针 ×36 行

【附　　件】 纽扣 6 枚

□ 灰色
□ 白色

【制作过程】

1. 后片：白色线起 90 针，织搓板针，织 3cm，改为红色线织全下针，织 16cm 的高度，两侧各平收 4 针，然后按每 2 行减 1 针减 6 次的方法减针织成袖窿，织至 34cm，中间平收 32 针，两侧按每 2 行减 1 针减 2 次的方法后领减针，最后两肩部各余下 17 针，后片共织 35cm 长。

2. 右前片：白色线起 42 针，织搓板针，织 3cm，改为红色线织全下针，织 4cm 的高度，按前片图案所示方法加入白色和灰色线编织图案，织至 19cm 的总高度，左侧平收 4 针，然后按每 2 行减 1 针减 6 次的方法减针织成袖窿，织至 27cm，右侧平收 6 针，然后按每 2 行减 2 针减 2 次，每 2 行减 1 针减 5 次的方法前领减针，织至 35cm 的总长度，最后肩部余下 17 针，收针。同样的方法相反方向织左前片。

3. 袖片：白色线起 62 针，织搓板针，织 3cm，改为红色线织全下针，一边织一边按每 10 行减 1 针减 5 次的方法加针，织至 19cm 的高度，两侧各平收 4 针，然后按每 2 行减 1 针减 18 次的方法减针织成袖山，袖片共织 29cm 长，最后余下 28 针。袖底缝合。

4. 衣襟：白色线沿左右衣襟侧分别挑起 76 针织搓板针，织 3cm 长。

5. 领子：白色线沿领口挑起 90 针织搓板针，织 3cm 长。
编织完成。

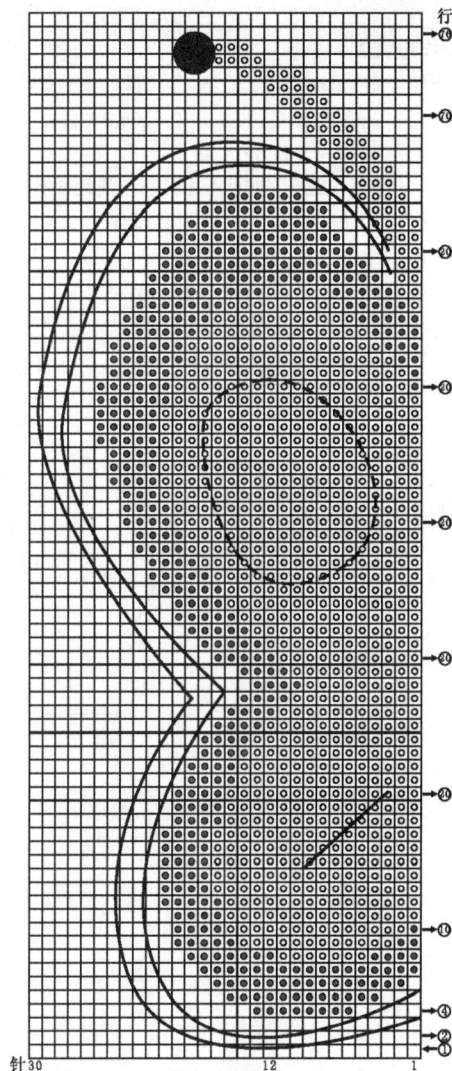

前片图案

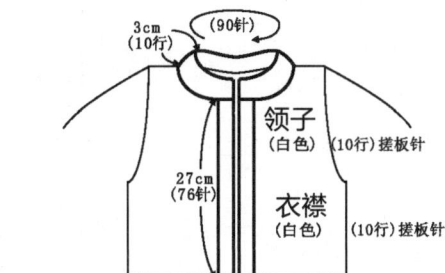

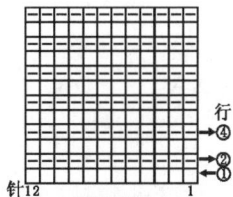

搓板针

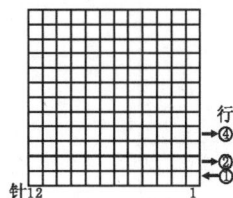

全下针

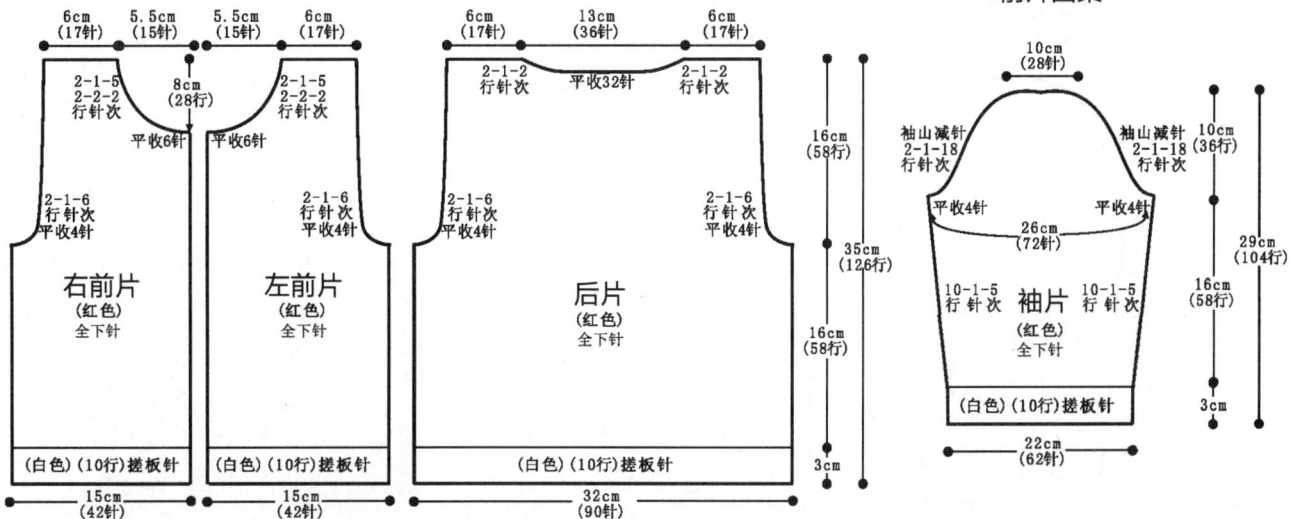

蓝白条纹翻领毛衣

【成品尺寸】 衣长 33cm　下摆宽 30cm　袖长 34cm

【工　　具】 3.5mm 棒针　绣花针

【材　　料】 白色、蓝色羊毛绒线各若干

【密　　度】 10cm² = 28 针 ×38 行

【附　　件】 纽扣 1 枚

【制作过程】

1. 前片：用下针起针法起 84 针，编织 4cm 单罗纹后，改织花样，并配色，侧缝不用加减针，织 17cm 至袖隆。袖隆以上：两边袖隆减针，方法是：每 2 行减 1 针减 9 次，各减 9 针，余下针数不加不减织 12cm 至肩部。同时在中间平收 8 针，然后分两片编织，织至 4cm，两边领窝减针，方法是：每 2 行减 1 针减 15 次，各减 15 针，至肩部余 14 针。

2. 后片：袖隆和袖隆以下编织方法与前片袖隆一样。同时织至袖隆算起 10cm 时，开后领窝，中间平收 32 针，两边领窝减针，方法是：每 2 行减 1 针减 3 次，织至两边肩部余 14 针。

3. 袖片：用下针起针法，起 56 针，织 4cm 单罗纹后，改织花样，并配色，袖下加针，方法是：每 12 行加 1 针加 6 次，织至 21cm 时开始袖山减针，方法是：每 2 行减 2 针减 12 次。至顶部余 20 针。

4. 缝合：将前片的侧缝与后片的侧缝对应缝合。前片的肩部与后片的肩部缝合，两边袖片的袖下缝合后，分别与衣片的袖边缝合。

5. 领片：领圈边至两边门襟，挑 152 针，织 8 行单罗纹后，在门襟以上的翻领加针，方法是：每 2 行加 1 针加 30 次，织 34 行。编织完成。

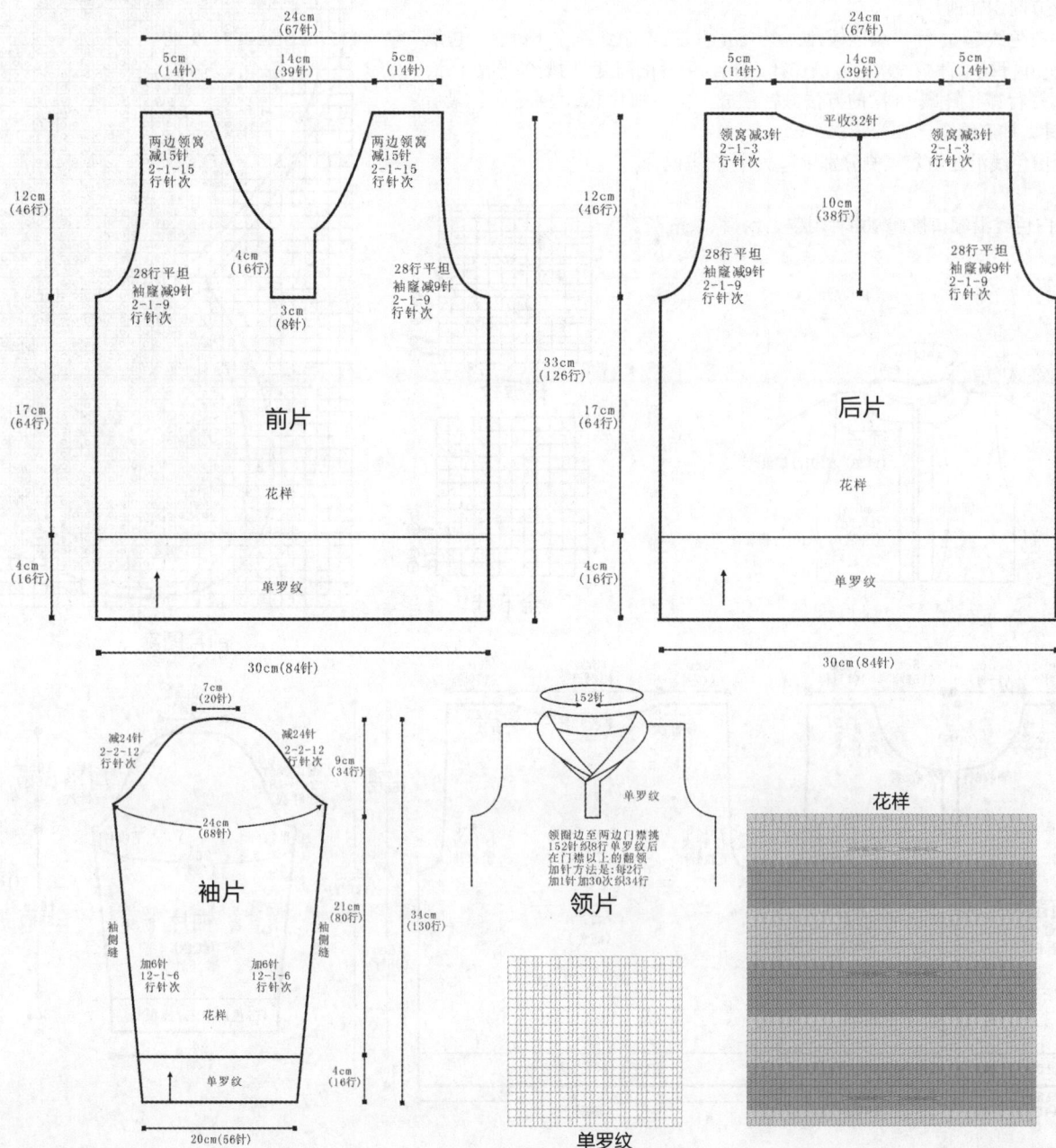

前片

- 24cm（67针）
- 5cm（14针）　14cm（39针）　5cm（14针）
- 两边领窝减15针 2-1-15 行针次
- 12cm（46行）
- 4cm（16针）
- 28行平坦 袖隆减针9针 2-1-9 行针次
- 3cm（8针）
- 17cm（64行）
- 花样
- 4cm（16行）　单罗纹
- 30cm（84针）

后片

- 24cm（67针）
- 5cm（14针）　14cm（39针）　5cm（14针）
- 平收32针
- 领窝减针3 2-1-3 行针次
- 12cm（46行）
- 10cm（38行）
- 28行平坦 袖隆减针9针 2-1-9 行针次
- 33cm（126行）
- 17cm（64行）
- 花样
- 4cm（16行）　单罗纹
- 30cm（84针）

袖片

- 7cm（20针）
- 减24针 2-2-12 行针次
- 9cm（34行）
- 24cm（68针）
- 袖侧缝
- 加6针 12-1-6 行针次
- 21cm（80行）
- 34cm（130行）
- 花样
- 4cm（16行）　单罗纹
- 20cm（56针）

领片

- 152针
- 单罗纹
- 领圈边至两边门襟挑152针织8行单罗纹后在门襟以上的翻领加针方法是：每2行加1针加30次织34行

花样

单罗纹

宽松小开衫

【成品尺寸】衣长 34cm　胸围 66cm　袖长 34cm

【工　　具】3.5mm 棒针　绣花针

【材　　料】浅黄色羊毛绒线若干　黑色羊毛绒线少许

【密　　度】10cm²=26 针 ×38 行

【附　　件】装饰纽扣 1 枚

【制作过程】

1. 前片：用浅黄色线起 86 针，先织双层平针底边，然后用黑色线改织 6cm 全下针，再改用浅黄色线编织，并编入花样图案，织至 12cm 时左右两边平收 4 针，开始按花样减针成插肩袖，同时从插肩袖窿算起，织 9cm 处，在中间留 12 针不织，分成 2 片织 12 行后，各减针 14 针开领窝，方法是：每 2 行减 2 针减 7 次。

2. 后片：插肩袖以下织法与前片一样，领窝的减针：从插肩袖窿算起 14cm 处，在中间平收 34 针后领窝减针，方法是：两边每 2 行减 1 针减 3 次。

3. 袖片：先用浅黄色线起 62 针，先织双层平针狗牙底边，然后用黑色线改织 6cm 全下针，再改用浅黄色线编织，袖下不用加减针，织至 12cm 时，两边平收 4 针后，按花样 A 均匀减针，收成插肩袖山。

4. 编织结束后，将前后片侧缝、袖子对应缝合。

5. 门襟两边用黑色线，各挑 6 针，织 12 行花样 B 后，接着在领边挑 110 针，与门襟 6 针一起织 3cm 花样 B。

6. 装饰：用绣花针缝上装饰纽扣和中间的装饰边。编织完成。

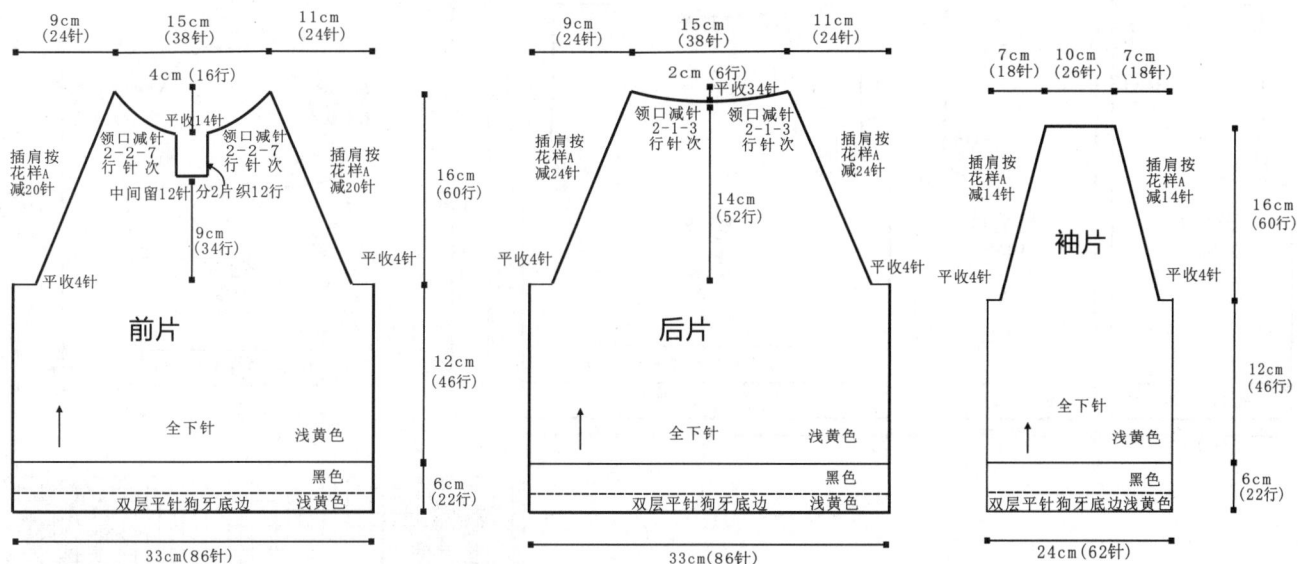

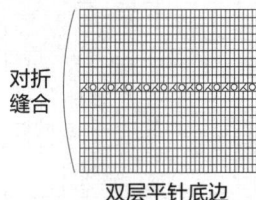

双层平针底边

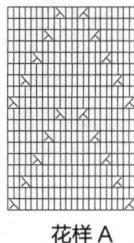

花样 A

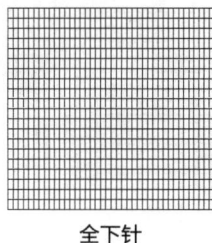

全下针

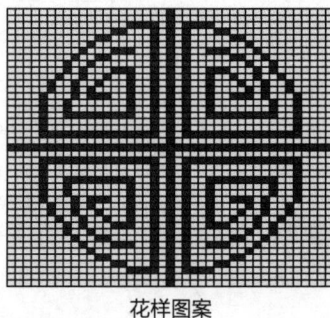

花样图案

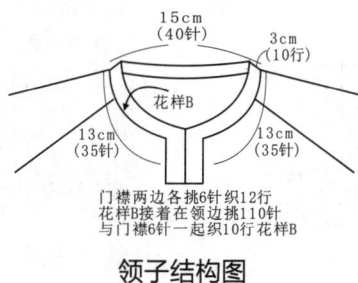

领子结构图

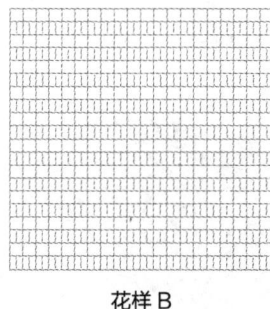

花样 B

可爱蓝色开衫

【成品尺寸】衣长 34cm　胸围 62cm　袖长 28cm
【工　　具】3.5mm 棒针　缝衣针
【材　　料】蓝色棉线若干　白色、咖啡色、红色棉线各少许
【密　　度】10cm²=29 针 ×37 行

【制作过程】

1. 后片：白色线起 90 针，织双罗纹，织 3cm，改织 10 行全下针后，加入蓝色线按图案所示织全下针，织 15.5cm 的高度，两侧各平收 4 针，然后按每 2 行减 1 针减 6 次的方法减针织成袖窿，织至 33cm，中间平收 32 针，两侧按每 2 行减 1 针减 2 次的方法后领减针，最后两肩部各余下 17 针，后片共织 34cm 长。

2. 右前片：白色线起 42 针，织双罗纹，织 3cm，改为蓝色线织全下针，织至 18.5cm 的总高度，右侧平收 4 针，然后按每 2 行减 1 针减 6 次的方法减针织成袖窿，织至 27cm，右侧平收 6 针，然后按每 2 行减 2 针减 2 次，每 2 行减 1 针减 5 次的方法前领减针，织至 34cm 的总长度，最后肩部余下 17 针，收针。用同样的方法相反方向织左前片。

3. 袖片：白色线起 61 针，织双罗纹，织 3cm，改为蓝色线织下针，一边织一边按每 10 行加 1 针加 5 次的方法加针，织至 18.5cm 的高度，两侧各平收 4 针，然后按每 2 行减 1 针减 18 次的方法减针织成袖山，袖片共织 28cm 长，最后余下 28 针。袖底缝合。

4. 衣襟：白色线沿左右衣襟侧分别挑起 76 针织双罗纹，织 3cm 长。

5. 领子：白色线沿领口挑起 90 针织双罗纹，织 3cm 长。

6. 口袋：按图解所示钩织 2 片口袋片，缝合于左右前片衣摆位置。编织完成。

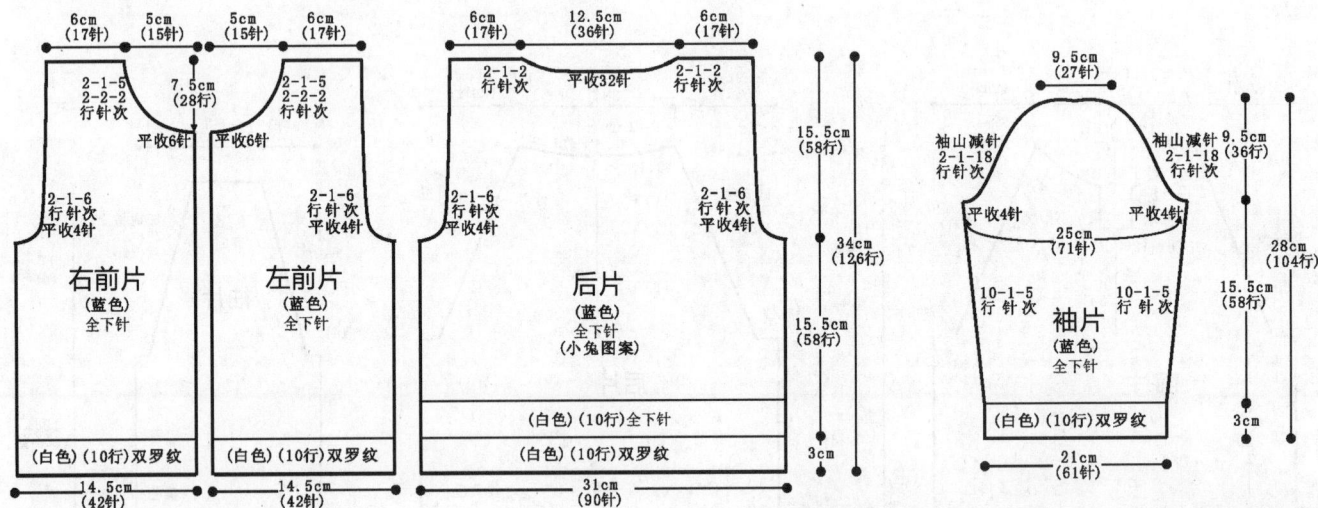

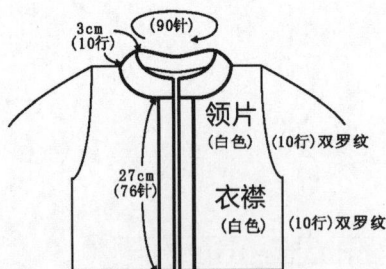

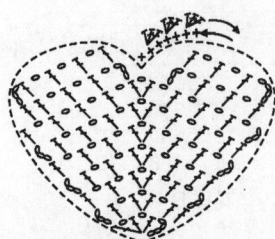

心形口袋

全下针

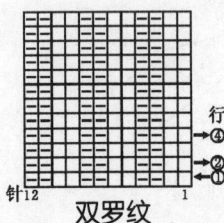

双罗纹

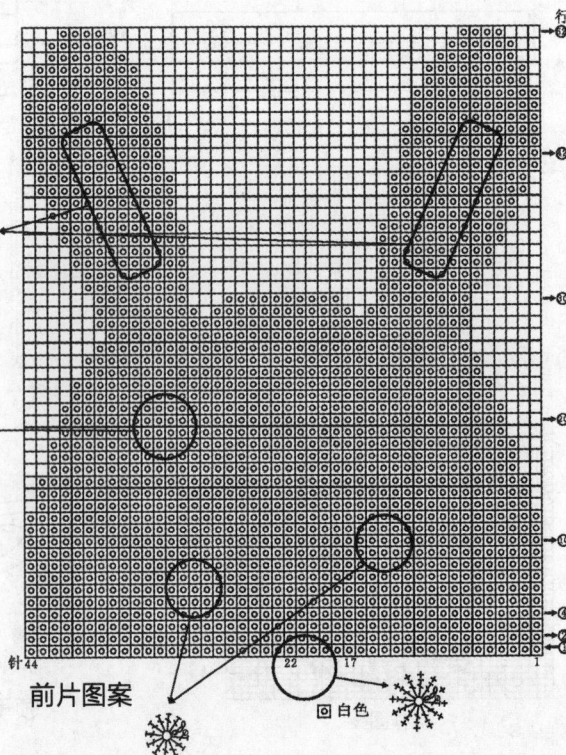

前片图案

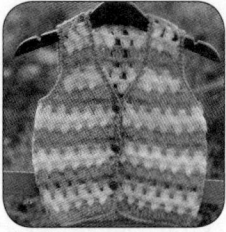

两色拼接镂空小背心

【成品尺寸】衣长 29cm　胸围 26cm
【工　　具】潮州可乐钩针 5 号　缝衣针
【材　　料】蓝色羊毛绒线若干　白色羊毛绒线少许
【密　　度】10cm² =30 针 ×10 行
【附　　件】瓢虫纽扣 3 枚

【制作过程】

1. 分 3 片开始钩，先钩后片，起 78 个辫子针，钩 11 行花样，分袖口（参考后片图解）。
2. 钩左右前片，钩 11 行花样，参考前后片图解分袖口和领口。
3. 缝合前后片，在领口、袖口处钩 1 圈花边（花边图解）。
4. 缝上纽扣。编织完成。

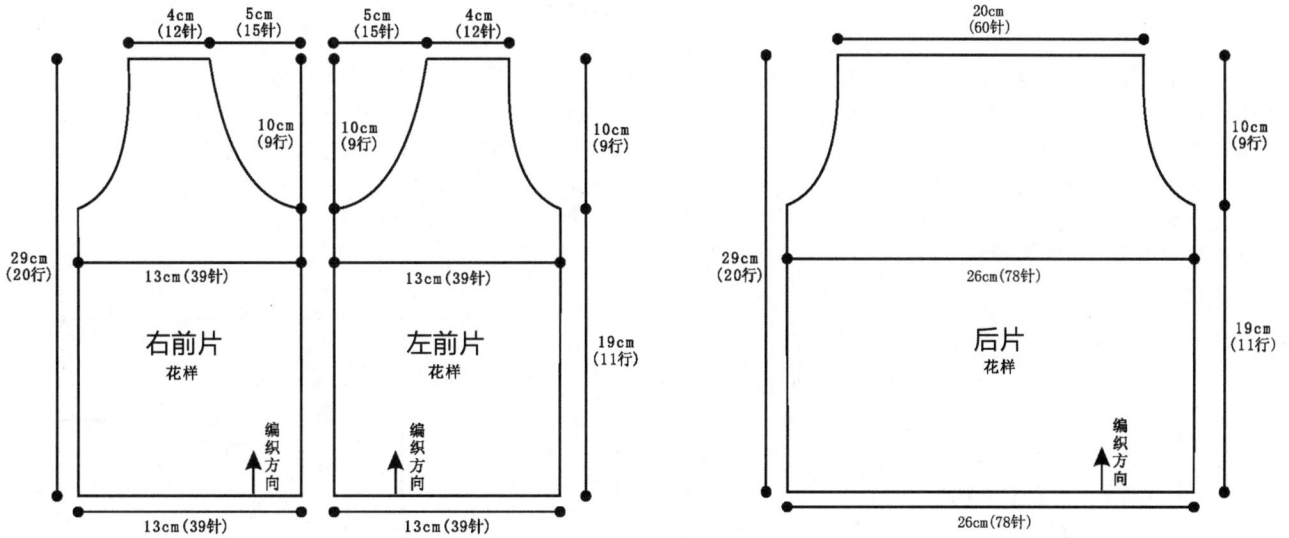

花边：1 圈短针 1 圈引拔针

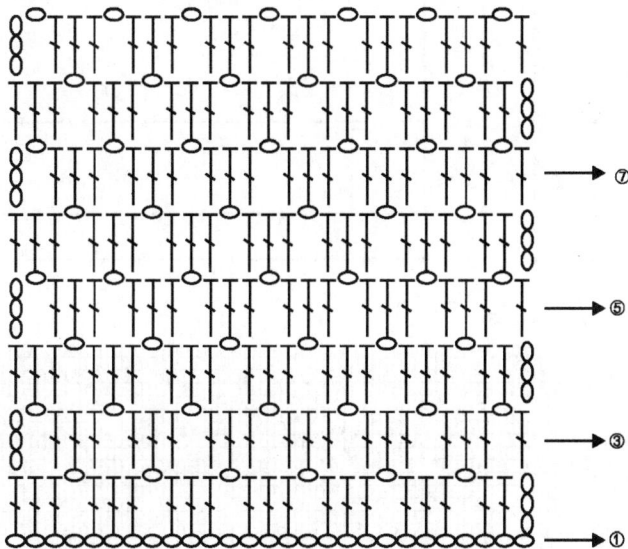

花样：
第 1 行辫子针
第 2 行 3 长针 1 短针网格

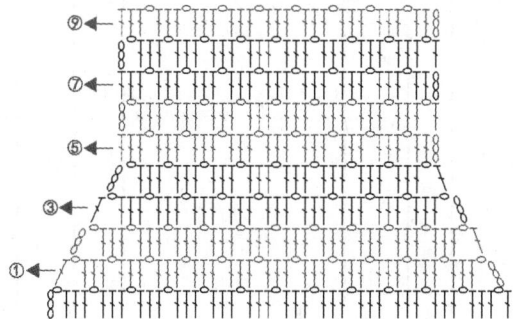

后片花样

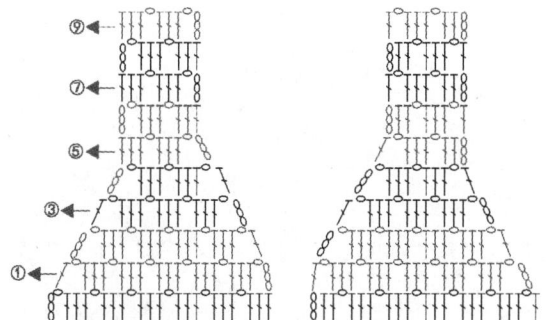

左前片花样　　右前片花样

灰色系带套裙（上衣）

【成品尺寸】 衣长 32cm　胸围 56cm　袖长 10cm

【工　　具】 3.5mm 棒针　缝衣针

【材　　料】 浅灰色羊毛绒线线若干　深灰色线少许

【密　　度】 10cm² = 26 针 ×38 行

【附　　件】 纽扣 4 枚

【制作过程】

1. 前片：分右前片和左前片编织。右前片：用下针起针法，起 36 针，先用深灰色线织 6 行花样 A，再改用浅灰色线继续织完 16 行花样 A 后，改织全下针，侧缝不用加减针，织至 11cm 至袖窿。袖窿以上的编织：右侧袖窿减 8 针，方法是：每织 2 行减 2 针减 4 次，平织 15cm。同时从袖窿算起织至 7cm 时，开始开领窝，先平收 3 针，然后领窝减针，方法是：每 2 行减 1 针减 13 次，平织 4 行织至肩部余 13 针。用相同的方法、相反的方向编织左前片。

2. 后片：用下针起针法，起 72 针，先用深灰色线织 6 行花样 A 后，改用浅灰色线继续织完 16 行花样 A，改织全下针，侧缝不用加减针，织 11cm 至袖窿。袖窿以上编织：袖窿开始减针，方法与前片袖窿一样。从袖窿算起织至 15cm 时，开后领窝，中间平收 26 针，两边各减 3 针，方法是：每 2 行减 1 针减 3 次，织至两边肩部余 13 针。

3. 袖片：从袖口织起，用下针起针法，起 52 针，先用深灰色线织 6 行花样 A 后，改用浅灰色线继续织完 10 行花样 A，开始袖山减针，方法是：两边分别每 2 行减 1 针减 9 次，编织完 6cm 后余 34 针，收针断线。用同样方法编织另一袖片。

4. 缝合：将前片的侧缝与后片的侧缝对应缝合，前后片的肩部对应缝合，再将两袖片的袖山边线与衣身的袖窿边对应缝合。

5. 门襟：两边门襟用深灰色线，分别挑 90 针，织 2cm 花样 B，右片每隔 20 针，均匀地开 1 个纽扣孔，共 3 个。

6. 领子：领圈边用深灰色线，挑 84 针，织 2cm 花样 B，并在前端开 1 个纽扣孔，形成开襟圆领。

7. 用缝衣针缝上纽扣，衣服完成。

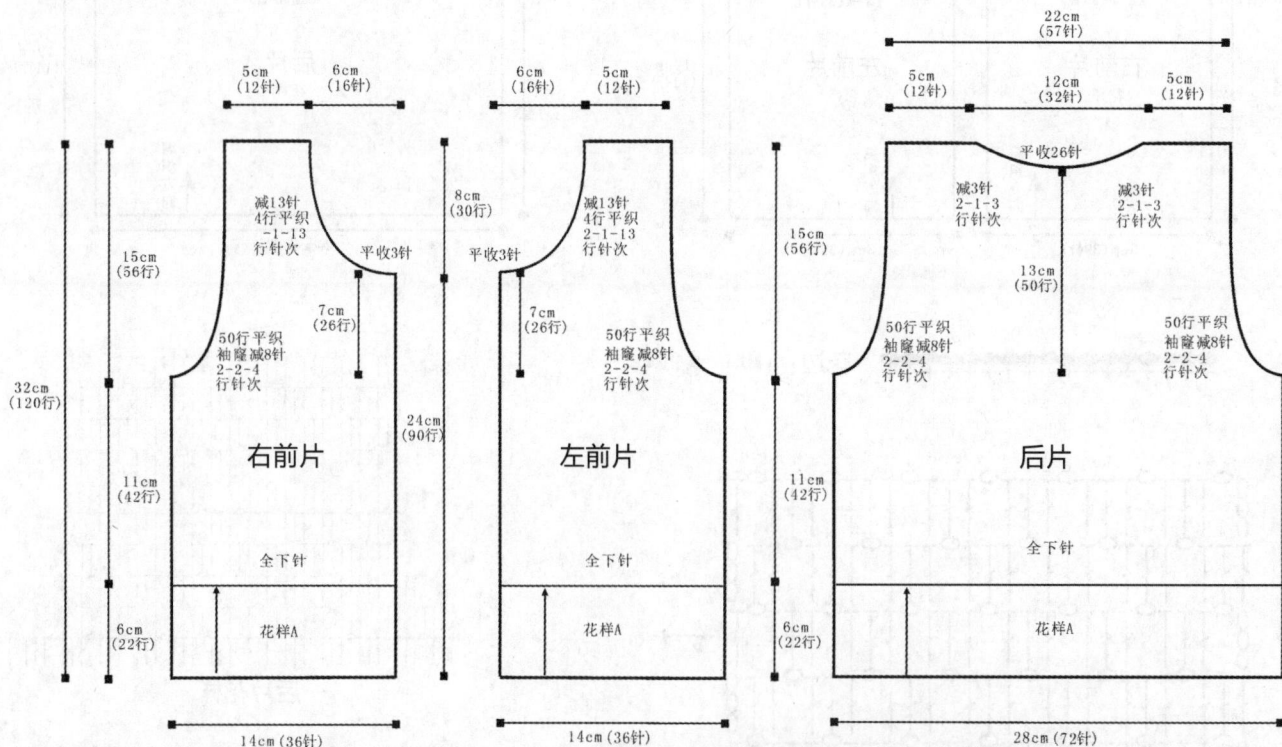

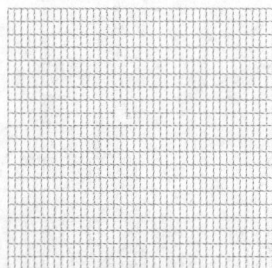

全下针

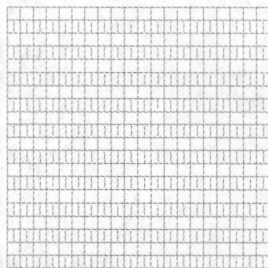

花样 B

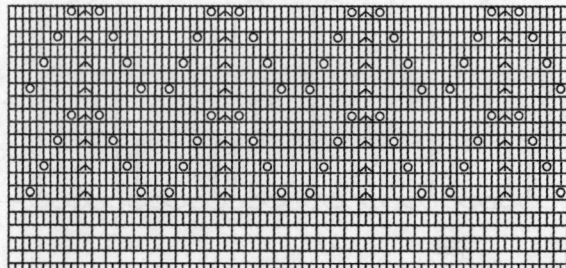

花样 A

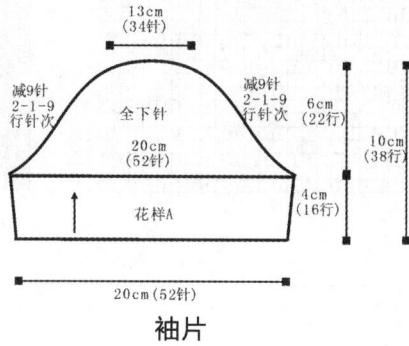

13cm
(34针)

减9针
2-1-9
行针次

全下针

减9针
2-1-9
行针次

6cm
(22行)

10cm
(38行)

20cm
(52针)

4cm
(16行)

花样A

20cm(52针)

袖片

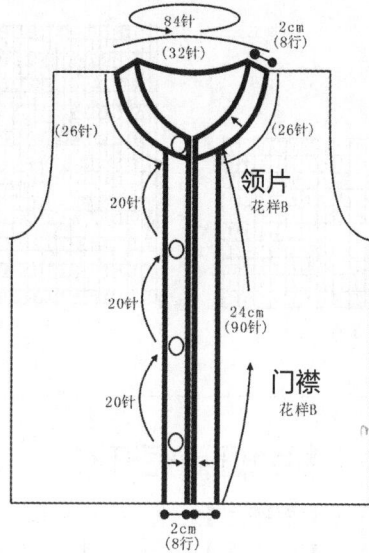

84针
(32针)

2cm
(8行)

(26针)

(26针)

领片
花样B

20针

20针

24cm
(90针)

20针

门襟
花样B

2cm
(8行)

灰色系带套裙（裙子）

【成品尺寸】衣长 30cm　胸围 56cm

【工　　具】3.5mm 棒针　钩针

【材　　料】浅蓝色羊毛绒线若干　灰色线少许

【密　　度】$10cm^2$= 30 针 ×40 行

【附　　件】编织绳子 1 根

【制作过程】

1. 前片：用灰色线，下针起针法，起 84 针，先织 6 行来回全下针，再用浅蓝色线改织花样 B，织至 7cm 时改织全下针，侧缝不用加减针，织至 13cm 时织片分散减 12 针，余 72 针，织 4 行来回全下针后，改织 10cm 花样 A，其中最后织 4 行来回全下针，收针断线。

2. 后片：后片的编织方法与前片一样。

3. 缝合：将前片的侧缝与后片的侧缝对应缝合。

4. 肩带：是 2 个长方形，起 8 针，织 24cm 花样 C，分别与前后片缝合，形成肩带。

5. 装饰：穿上编织绳子。编织完成。

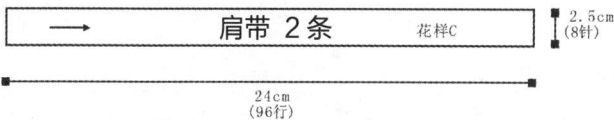

肩带 2 条　　　　花样C

2.5cm
(8针)

24cm
(96行)

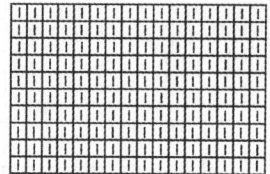

全下针

24cm
(72针)

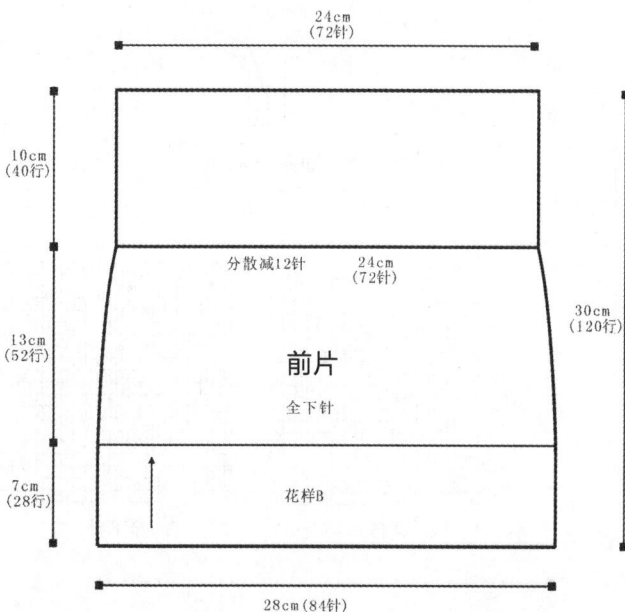

10cm
(40行)

分散减12针　24cm
(72针)

30cm
(120行)

13cm
(52行)

前片

全下针

7cm
(28行)

花样B

28cm(84针)

24cm
(72针)

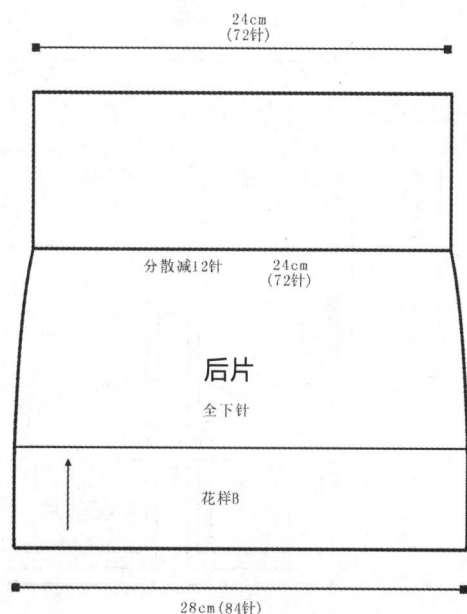

10cm
(40行)

分散减12针　24cm
(72针)

13cm
(52行)

后片

全下针

7cm
(28行)

花样B

28cm(84针)

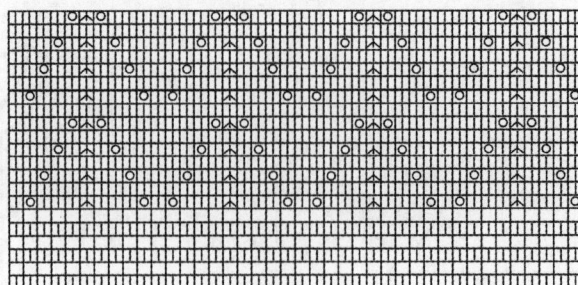

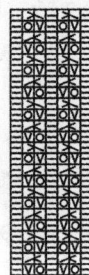

花样 A

花样 B

花样 C

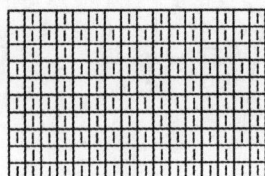

粉色圆点短开衫

【成品尺寸】衣长 35cm　胸围 76cm　连肩袖长 35cm
【工　　具】3.5mm 棒针　缝衣针
【材　　料】粉色羊毛绒线若干
【密　　度】10cm² = 26 针 × 28 行
【附　　件】纽扣 3 枚

【制作过程】

1. 毛衣是从领圈环形片，从上往下编织。

环形片：用下针起针法起 110 针，先织 16 行花样，作为领圈，两边门襟各留 10 针继续织花样，其他针数改织全下针，并分 2 圈加针，织完领圈即进行第 1 圈加针，分散加 84 针，共 194 针继续编织，织至 30 行时进行第 2 圈加针，分散加 86 针，此时针数为 280 针，继续编织 36 行，环形片编织完成，开始分前后片和袖片。

2. 前片：分左右 2 片编织。左前片：分出 40 针，在袖窿平加 10 针，门襟继续织花样，并均匀开纽扣孔，其余继续编织全下针，侧缝不用加减针，织至 10cm 后，改织 6cm 花样。对应编织右前片。

3. 后片：分出 78 针，在两边袖窿各平加 10 针，继续织全下针，侧缝不用加减针，织至 10cm 后，改织 6cm 花样。

4. 袖片：分出 60 针，在两边各平加 10 针，继续织全下针，袖下不用加减针，织至 10cm 后，改织 6cm 花样。用同样方法编织另一袖片。

5. 缝合：把前后片的侧缝对应缝合，2 个袖片的袖下分别缝合。

6. 装饰：做若干枚毛线小球，分散点缀在毛衣上，缝上纽扣。编织完成。

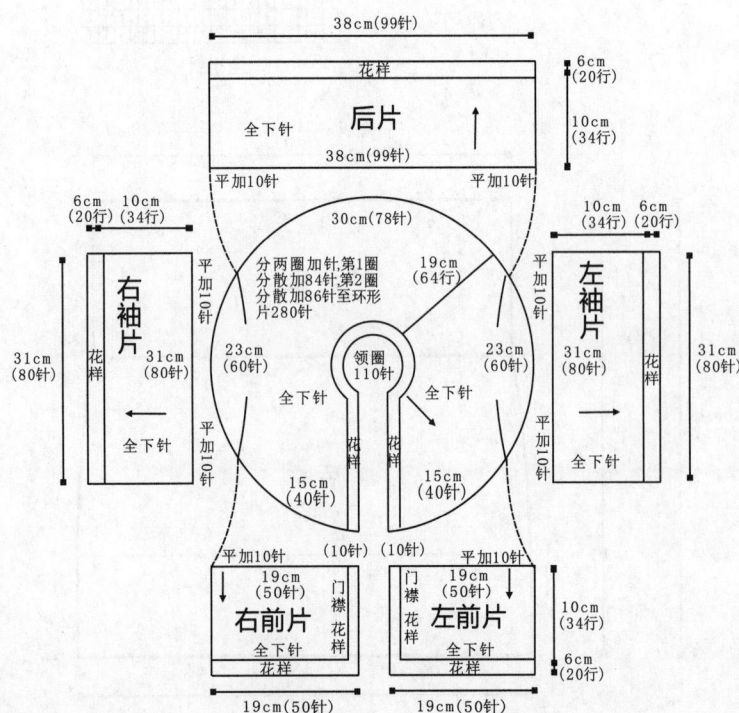

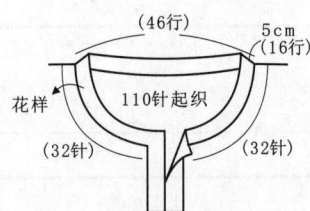

领子结构图

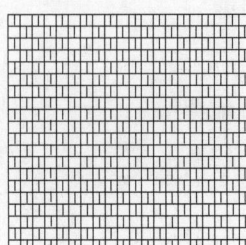

花样

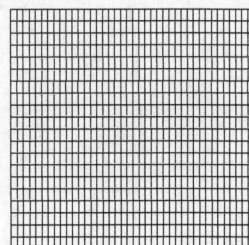

全下针

紫色流苏披肩

【成品尺寸】 衣长 39cm　领圈 42cm
【工　　具】 3.5mm 棒针
【材　　料】 紫色羊毛绒线若干
【密　　度】 10cm² = 20 针 × 28 行
【附　　件】 自编装饰绳子 1 根

【制作过程】

1. 披肩从下往上圈织，起 224 针，在对称的左右两边各留 1 针径，即按针法编织，针法是：1 行下针 1 行上针，重复一次后，织 28 行下针，再织 1 行下针 1 行上针，重复一次后，织 18 行下针，再织 1 行下针 1 行上针，重复一次后，再织 38 行下针。

2. 同时在径的两边减针，每 2 行减 2 针减 35 次，共 70 针，左右两边径共减 140 针。至领圈余 84 针，收针断线。

3. 取 18cm 等长的毛线若干，打结成流苏。

4. 穿上自编的装饰绳子，完成。

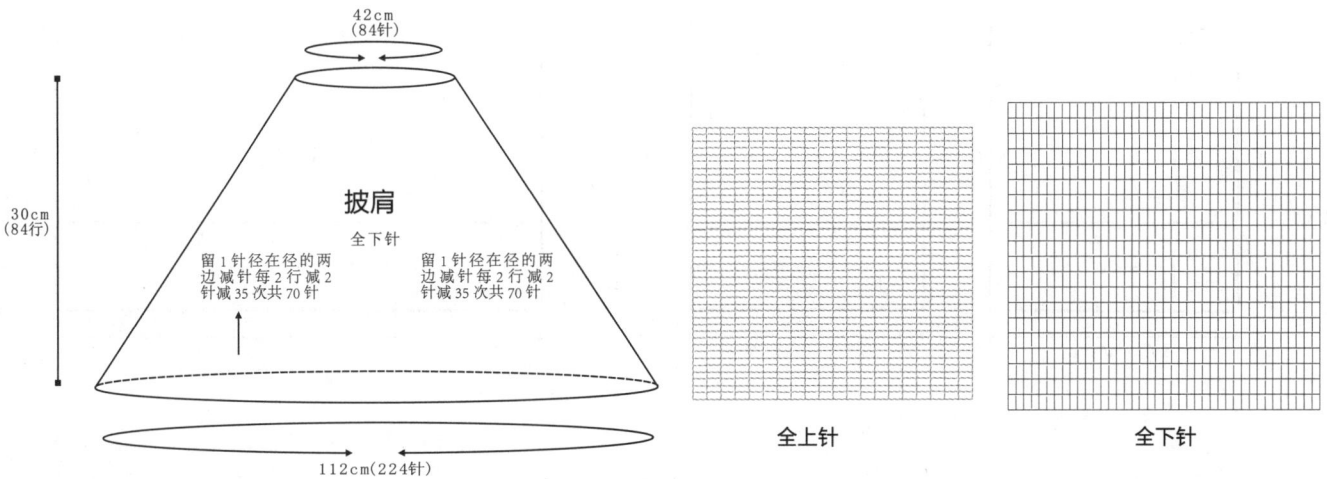

42cm
（84针）

30cm
（84行）

披肩
全下针

留 1 针径在径的两边减针每 2 行减 2 针减 35 次共 70 针　留 1 针径在径的两边减针每 2 行减 2 针减 35 次共 70 针

112cm（224针）

全上针　　　**全下针**

粗麻花纹连帽衫

【成品尺寸】 衣长 48cm　胸围 80cm　袖长 42cm
【工　　具】 3.5mm 棒针　绣花针
【材　　料】 绿色羊毛绒线若干
【密　　度】 10cm² = 20 针 × 28 行
【附　　件】 纽扣 5 枚

【制作过程】

1. 前片：分左右 2 片编织，左前片用机器边起针法起 40 针，织 8cm 单罗纹后，改织花样 A，织至 25cm 时左右两边平收 5 针，开始按图收成袖窿，再织 9cm 开领窝至织完成。用同样方法对应织右前片。

2. 后片：用机器边起针法起 80 针，织 8cm 单罗纹后，改织花样 A，织至 25cm 时左右两边平收 5 针，开始按图收成袖窿，再织 13cm 开领窝至完成。

3. 袖片：用机器边起针法起 48 针，织 8cm 单罗纹后，改织花样 B，袖下按图加针，织至 25cm 时两边各平收 5 针，按图示均匀减针，收成袖山。

4. 编织结束后，将前后片侧缝、肩部、袖片对应缝合，门襟至帽缘挑 244 针，织 5cm 单罗纹。

5. 帽子的两边装饰片另织好，相应缝合。

6. 装饰：用绣花针缝上纽扣。编织完成。

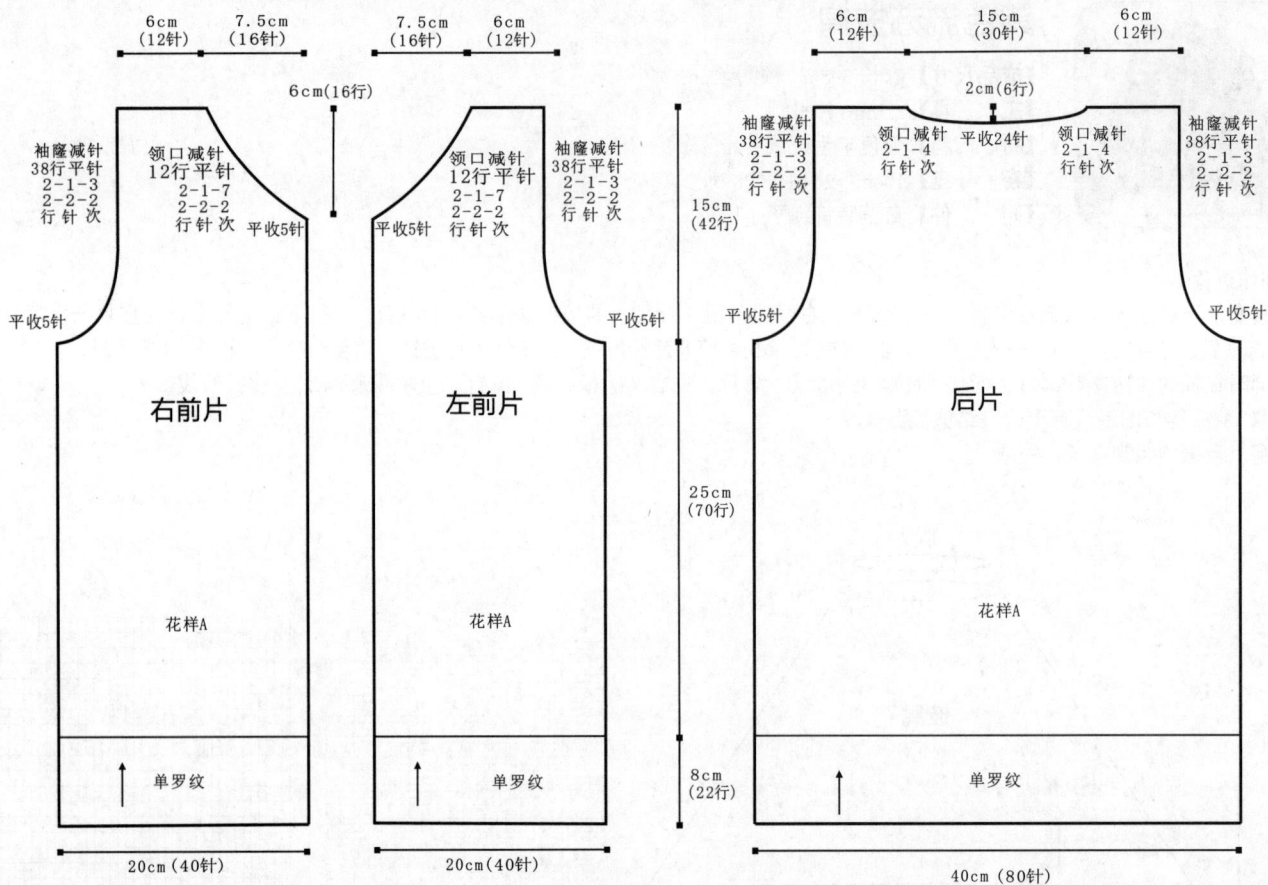

6cm(12针) 7.5cm(16针)　7.5cm(16针) 6cm(12针)

6cm(16行)

袖窿减针
38行平针
2-1-3
2-2-2
行针次

领口减针
12行平针
2-1-7
2-2-2
行针次

平收5针

右前片

花样A

平收5针

单罗纹

20cm(40针)

领口减针
12行平针
2-1-7
2-2-2
行针次

袖窿减针
38行平针
2-1-3
2-2-2
行针次

平收5针

左前片

花样A

单罗纹

20cm(40针)

6cm(12针) 15cm(30针) 6cm(12针)

2cm(6行)

袖窿减针
38行平针
2-1-3
2-2-2
行针次

领口减针
2-1-3
2-2-2
行针次

平收24针

领口减针
2-1-4
行针次

袖窿减针
38行平针
2-1-3
2-2-2
行针次

15cm(42行)

平收5针

平收5针

后片

花样A

25cm(70行)

8cm(22行)

单罗纹

40cm(80针)

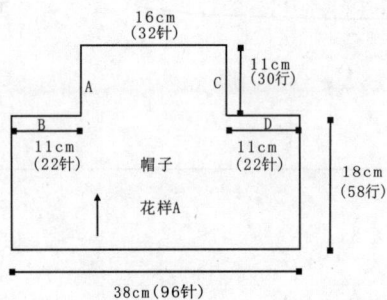

16cm(32针)

11cm(30行)

A　　　C

B　　　D

11cm(22针)　　帽子　　11cm(22针)

花样A

18cm(58行)

38cm(96针)

帽子结构图

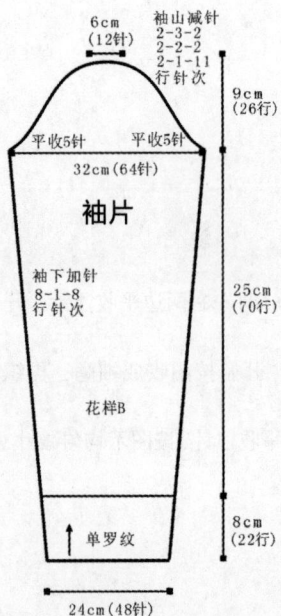

6cm(12针)

袖山减针
2-3-2
2-2-2
2-1-11
行针次

9cm(26行)

平收5针　平收5针

32cm(64针)

袖片

袖下加针
8-1-8
行针次

花样B

25cm(70行)

单罗纹

8cm(22行)

单罗纹

24cm(48针)

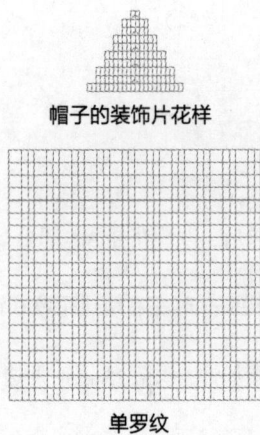

帽子的装饰片花样

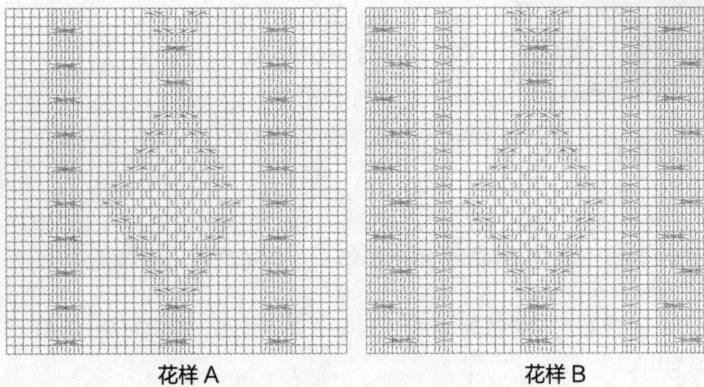

单罗纹　　　　花样A　　　　花样B

碎花镂空背心

【成品尺寸】衣长 42cm 胸围 80cm

【工　　具】3.5mm 棒针　绣花针

【材　　料】蓝色羊毛绒线若干　白色羊毛绒线少许

【密　　度】10cm² = 20 针 × 28 行

【附　　件】纽扣 3 枚

【制作过程】

1. 前片：分左右 2 片编织，右前片按图起 40 针，织 4cm 花样 B 后，改织花样 A，并按图解配色，门襟留 6 针织花样 B，织至 23cm 时右边开始按图收成袖窿，袖窿留 6 针织花样 B，只在内边减针，并同时开领窝，6 针花样 B 始终不变，只在内边减针，直到完成。用同样方法反方向编织左前片。

2. 后片：按图起 80 针，织 4cm 花样 B 后，改织花样 A，并按图配色，织至 23cm 时左右两边开始按图收成袖窿，袖窿留 6 针织花样 B，只在内边减针，领窝不用减针，直到完成。

3. 编织结束后，将前后片侧缝、肩部缝合。

4. 装饰：用绣花针缝上纽扣。编织完成。

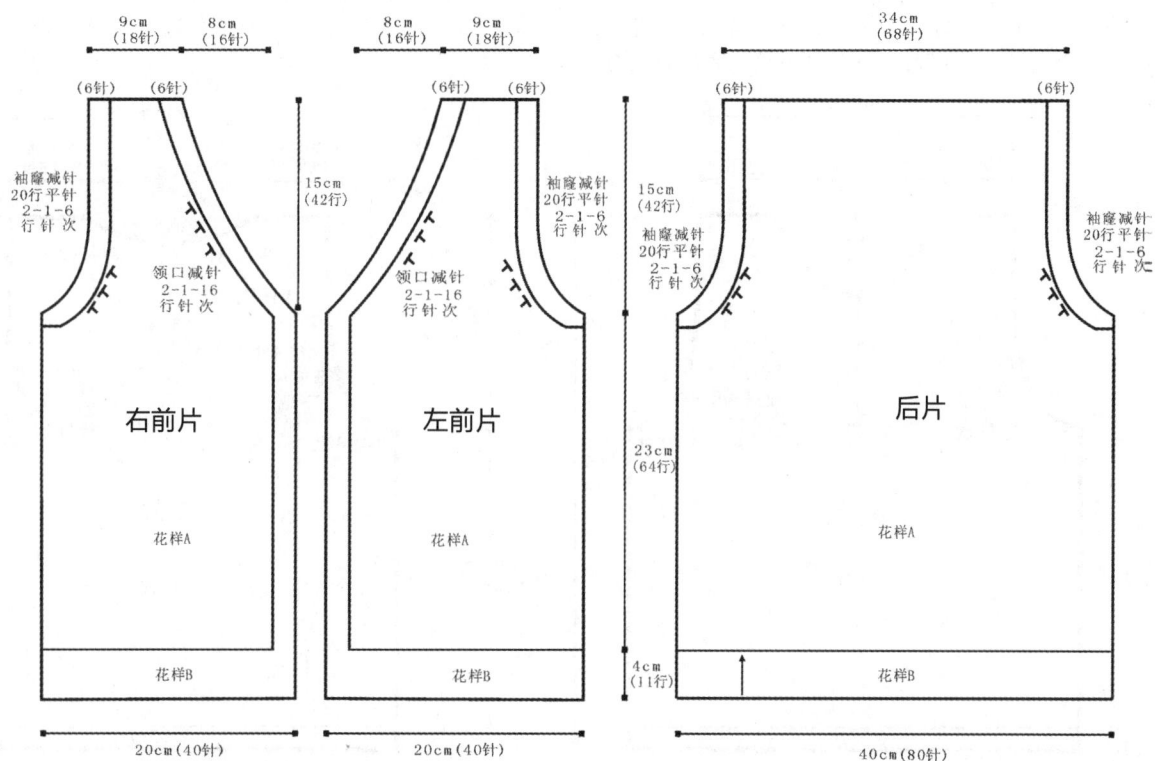

右前片

左前片

后片

花样A

花样A

花样A

花样B

花样B

花样B

9cm（18针）　8cm（16针）

8cm（16针）　9cm（18针）

34cm（68针）

（6针）　（6针）

（6针）　（6针）

（6针）　（6针）

15cm（42行）

15cm（42行）

袖窿减针 20行平针 2-1-6 行针次

领口减针 2-1-16 行针次

领口减针 2-1-16 行针次

袖窿减针 20行平针 2-1-6 行针次

袖窿减针 20行平针 2-1-6 行针次

23cm（64行）

袖窿减针 20行平针 2-1-6 行针次

4cm（11行）

20cm（40针）

20cm（40针）

40cm（80针）

16cm

领圈至门襟与衣片同时编织

领子结构图

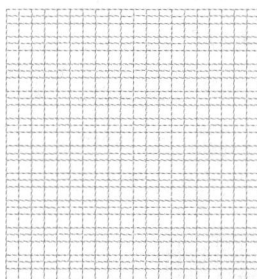

花样 B

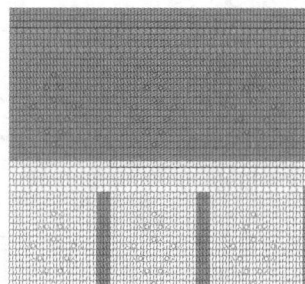

花样 A

条纹翻领背心

【成品尺寸】 衣长 46cm　胸围 60cm

【工　　具】 3.5mm 棒针　缝衣针　钩针

【材　　料】 白色羊毛绒线若干　玫红色线少许

【密　　度】 10cm² = 30 针 × 40 行

【附　　件】 领片钩织花朵 2 朵

【制作过程】

1. 毛衣用棒针编织，由 1 片前片、1 片后片、2 片袖片组成，从下往上编织。

2. 前片：（1）用下针起针法起 90 针，用玫红色线织 2cm 双罗纹后，改用白色线织花样，侧缝不用加减针，织 26cm 至袖窿。

（2）袖窿以上的编织：两边袖窿平收 6 针后减针，方法是：每 2 行减 2 针减 3 次，各减 6 针，不加不减织 66 行至肩部。

（3）同时织至袖窿算起 10cm 时，开始开领窝，以中间为中点，然后两边减针，方法是：每 2 行减 2 针减 6 次，每 2 行减 1 针减 6 次，各减 18 针，不加不减织 8 行至肩部余 15 针。

3. 后片：（1）用下针起针法起 90 针，编织 2cm 双罗纹后，改织花样，侧缝不用加减针，织 26cm 至袖窿。

（2）袖窿以上的编织：两边袖窿平收 6 针后减针，方法是：每 2 行减 2 针减 3 次，各减 6 针，不加不减织 66 行至肩部。

（3）同时织至袖窿算起 16cm 时，开始开领窝，中间平收 28 针，然后两边减针，方法是：每 2 行减 1 针减 4 次，至肩部余 15 针。

4. 袖片：用下针起针法起 48 针，织花样，同时两边袖山减针，方法是：每 2 行减 1 针减 12 次，织 6cm 至顶部余 24 针。

5. 缝合：将前片的侧缝与后片的侧缝对应缝合，前片的肩部与后片的肩部缝合，两边袖片分别与衣片的袖边缝合。

6. 领片：领圈边挑 114 针，以前片中间为中心，片织 7cm 花样，形成套头翻领，并用玫红色线在领片外边挑 186 针，织 8 行双罗纹。

7. 两边袖口用玫红色线挑 64 针，织 8 行双罗纹。毛衣编织完成。

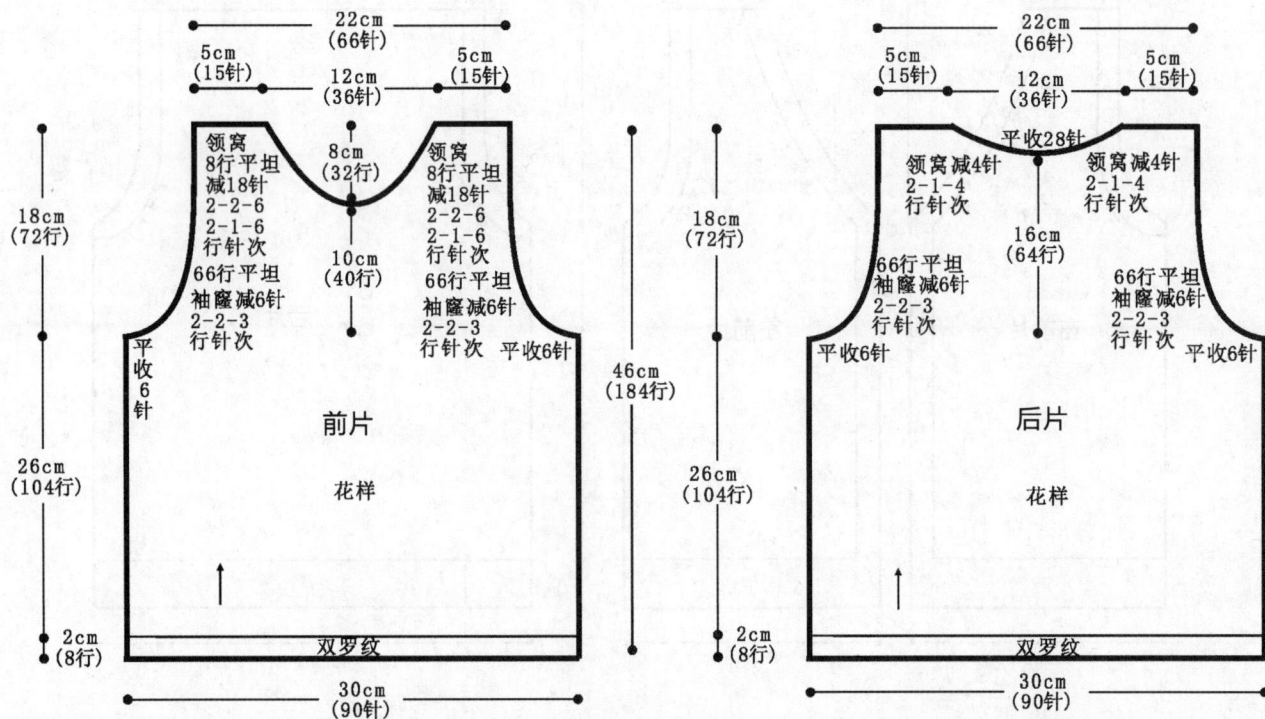

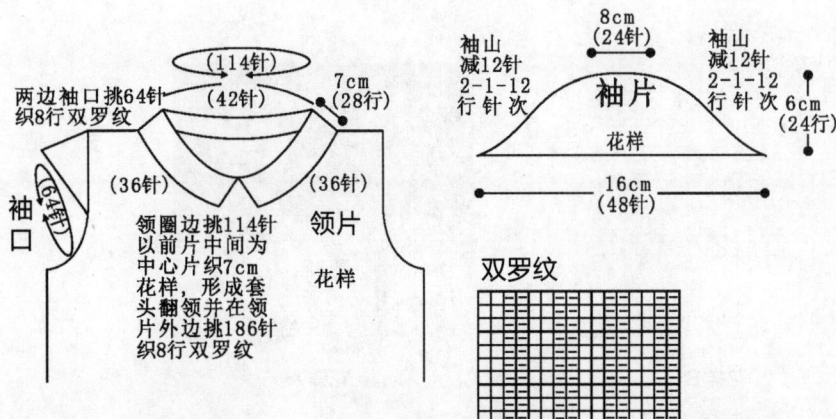

灰色扭花连帽外套

【成品尺寸】 衣长 31cm　胸围 68cm　连肩袖长 28cm

【工　　具】 3.5mm 棒针　绣花针

【材　　料】 粉红色羊毛绒线若干

【密　　度】 10cm² =20 针 × 28 行

【附　　件】 纽扣 3 枚

【制作过程】

1. 前片：分左右 2 片编织。左前片：下针起针法起 40 针，留 6 针织花样 B，作为门襟，34 针织 6cm 双罗纹，然后改织 6cm 花样 A，侧缝不用加减针，全部留针不收待用，对应编织右前片。

2. 后片：下针起针法起 68 针，织 6cm 双罗纹后，改织 6cm 花样 A，侧缝不用加减针，留针不收待用。

3. 袖片：下针起针法起 66 针，先织 3cm 双罗纹后，改织 6cm 花样 A，留针不收待用，用同样方法编织另一袖片。

4. 环形片：把前片、后片和袖片的针数全部合并编织花样 A，门襟继续织花样 B，并在各织片的两边各留 1 针径，在两边减针，形成插肩袖，方法是：每 2 行每径两边各减 1 针，共减 184 针，织 19cm 时至领窝余 56 针，环形片完成。

5. 领窝的 56 针，继续织 19cm 花样 A 的一个长方形作为帽子，帽顶 A 与 B 缝合。

6. 缝合：把前后片的侧缝对应缝合，两个袖片的袖下分别缝合。

7. 装饰：缝上纽扣。编织完成。

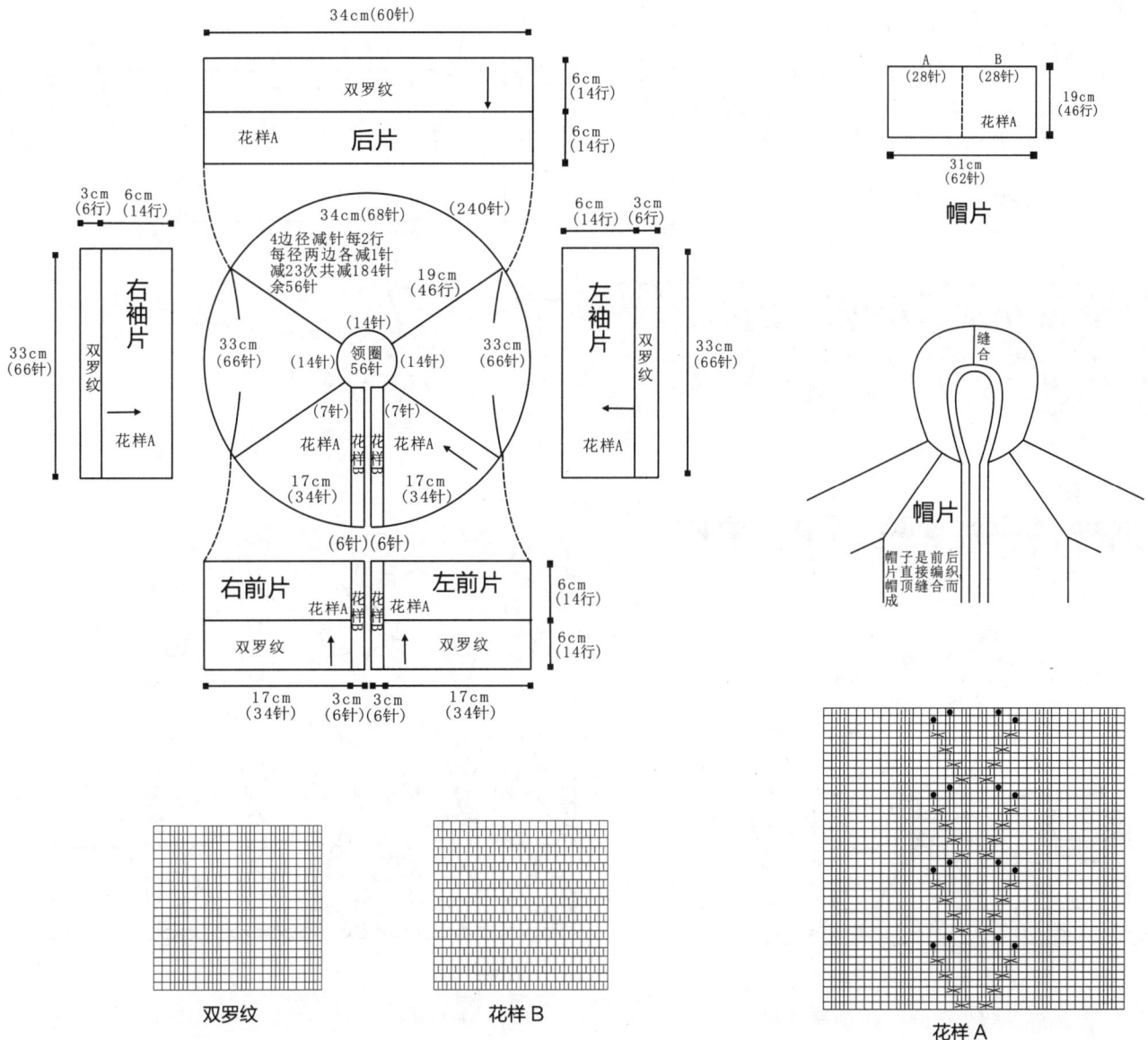

粉色镂空小披肩

【成品尺寸】 衣长 24cm　胸围 54cm
【工　　具】 可乐钩针 5 号　缝衣针
【材　　料】 粉色棉线若干　白色棉线少许
【密　　度】 10cm² = 40 针 × 10 行
【附　　件】 粉色珠子 12 颗

【制作过程】

1. 分 3 片钩，后片起 108 个辫子针（参考后片图解）。
2. 钩单元花 12 朵，所有的单元花最后 1 圈一起钩，6 朵连接在一起，两个连接点（参考左前片图解）。
3. 钩左右前片，用 2 辫子针 1 短针连接单元花（参考左右前片图解）。
4. 缝合前后片，用白色棉线在后片钩花边 1，在袖口处钩花边 2。
5. 编织结束，在左右前片挑针钩系带，在单元花中心缝上珠子。编织完成。
5. 领窝的 56 针，继续织 19cm 花样 A 的一个长方形作为帽子，帽顶 A 与 B 缝合。
6. 缝合：把前后片的侧缝对应缝合，两个袖片的袖下分别缝合。
7. 装饰：缝上纽扣。编织完成。

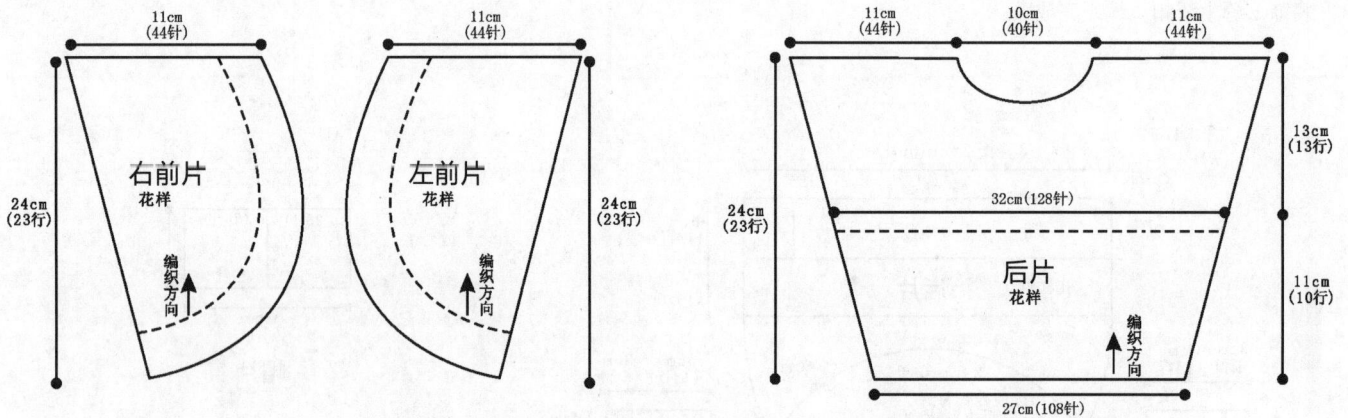

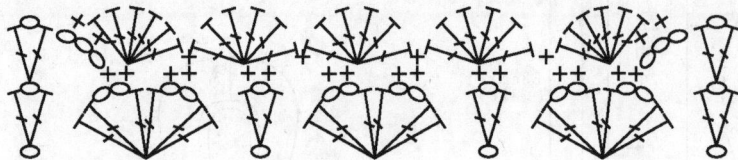

花边 1

系带：
第 1 圈 5 辫子针 1 引拔针
第 2 圈 1 短针 2 长针 1 短针
连接钩辫子针（根据自己的需要定长度）

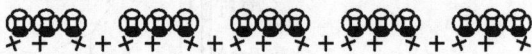

花边 2

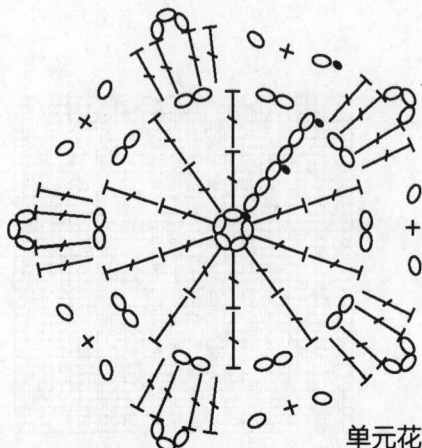

单元花

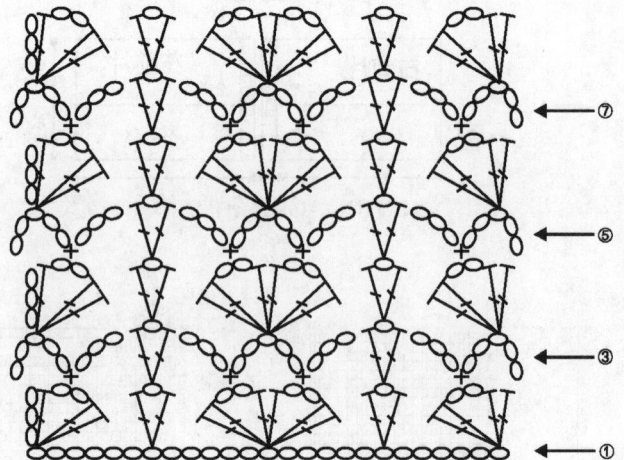

花样：
第 1 行钩辫子针
第 2 行 3 长针 1 辫子针

优雅短袖开衫

【成品尺寸】衣长 42cm　胸围 74cm
【工　　具】3.5mm 棒针　绣花针
【材　　料】紫色羊毛绒线若干
【密　　度】10cm² = 20 针 × 28 行
【附　　件】纽扣 5 枚

【制作过程】

1. 从领圈往下编织，用一般起针法起 92 针，先织 3cm 单罗纹，作为领子，然后开始分前后片和袖片，之间留 3 针，并按花样 C 在 3 针旁边，每 2 行各加 1 针，织至 18cm 时，前片分左右两片编织，和后片一样，织 21cm 花样 A，门襟留 6 针作为织花样 B 的门襟，然后改织 3cm 花样 B 的下摆。袖口挑 67 针，织花样 A。

2. 侧缝缝合。

3. 装饰：用绣花针缝上纽扣。编织完成。

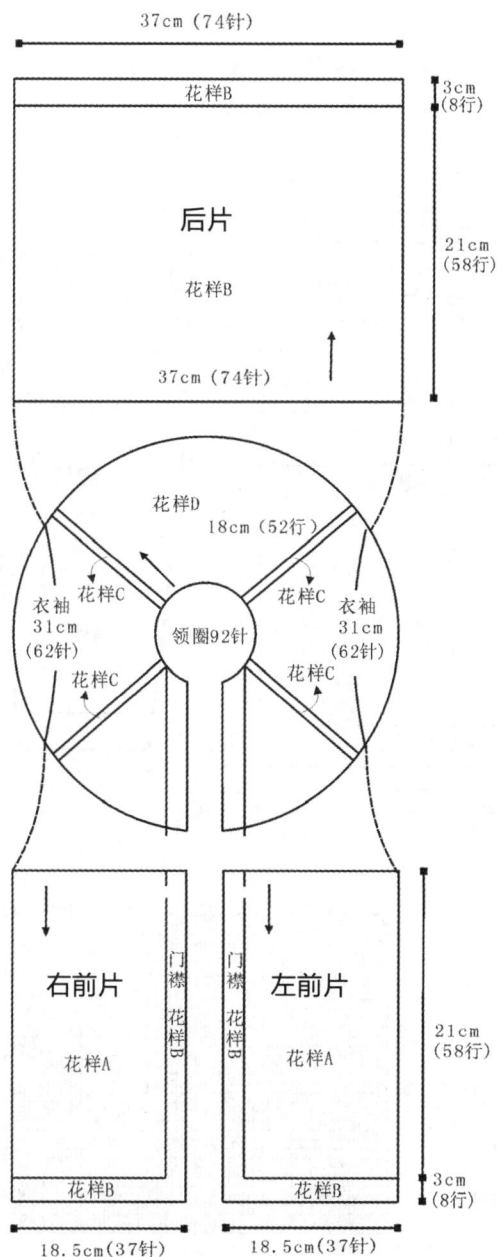

37cm（74针）

花样 B　3cm（8行）

后片
花样 B　21cm（58行）

37cm（74针）

花样D
18cm（52行）

花样C
衣袖 31cm（62针）　花样C　领圈92针　花样C　衣袖 31cm（62针）
花样C　花样C

右前片
花样A

门襟 花样 B　门襟 花样 B

左前片
花样A

21cm（58行）

花样 B　花样 B　3cm（8行）

18.5cm（37针）　18.5cm（37针）

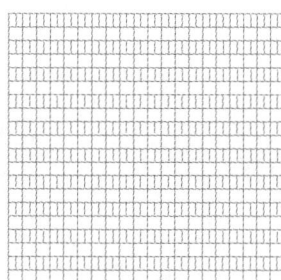

花样 B

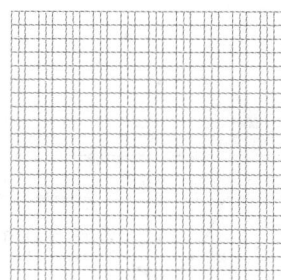

单罗纹

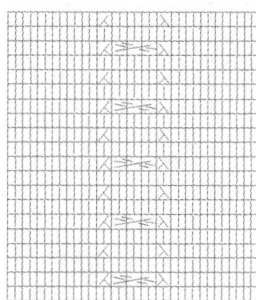

花样 C

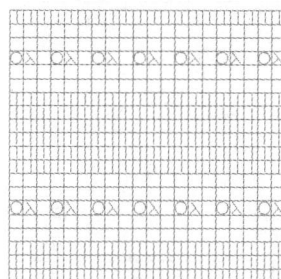

花样 A

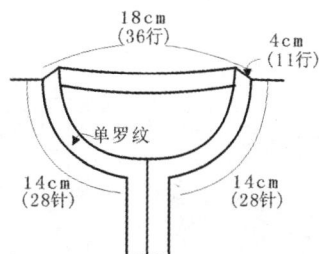

18cm（36行）　4cm（11行）

单罗纹

14cm（28针）　14cm（28针）

领子结构图

圆领套头毛衣

【成品尺寸】衣长 46cm 胸围 64cm 袖长 43cm

【工　　具】3.5mm 棒针

【材　　料】绿色、黑色羊毛绒线各若干

【密　　度】10cm²=22 针 ×28 行

【制作过程】

1. 前片：按图用下针起针法起 71 针，织 3cm 双罗纹后，改织花样，并在两边同时平加 7 针，此时的针数为 70 针，继续编织，侧缝不用加减针，按图配色，织至 26cm 时，开始袖窿以上的编织，两边袖窿按图减针，方法是：每 2 行减 2 针减 1 次，每 2 行减 1 针减 3 次，40 行平织。同时从袖窿算起，织 9cm 时，在中间平收 26 针，两边领窝减针，方法是：每 2 行减 1 针减 3 次，平织 16 行。

2. 后片：袖窿和袖窿以下织法与前片一样。从袖窿算起，织 15cm 时，在中间平收 28 针，两边领窝减针，方法是：每 2 行减 1 针减 2 次，平织 2 行。

3. 袖片：按图用平针起针法起 44 针，织 3cm 双罗纹后，改织花样，袖下按图加针，方法是：每 6 行加 1 针加 13 次，织至 31cm 按图示减针，收成袖山，方法是：每 2 行减 1 针减 6 次，每 2 行减 2 针减 2 次，每 2 行减 3 针减 3 次，每 2 行减 4 针减 1 次，顶部余 23 针。

4. 编织结束后，将前后片侧缝、肩部、袖片对应缝合。

5. 领圈挑 103 针，织 3cm 双罗纹，形成圆领，两边侧缝的下摆挑 50 针，织 3cm 双罗纹。编织完成。

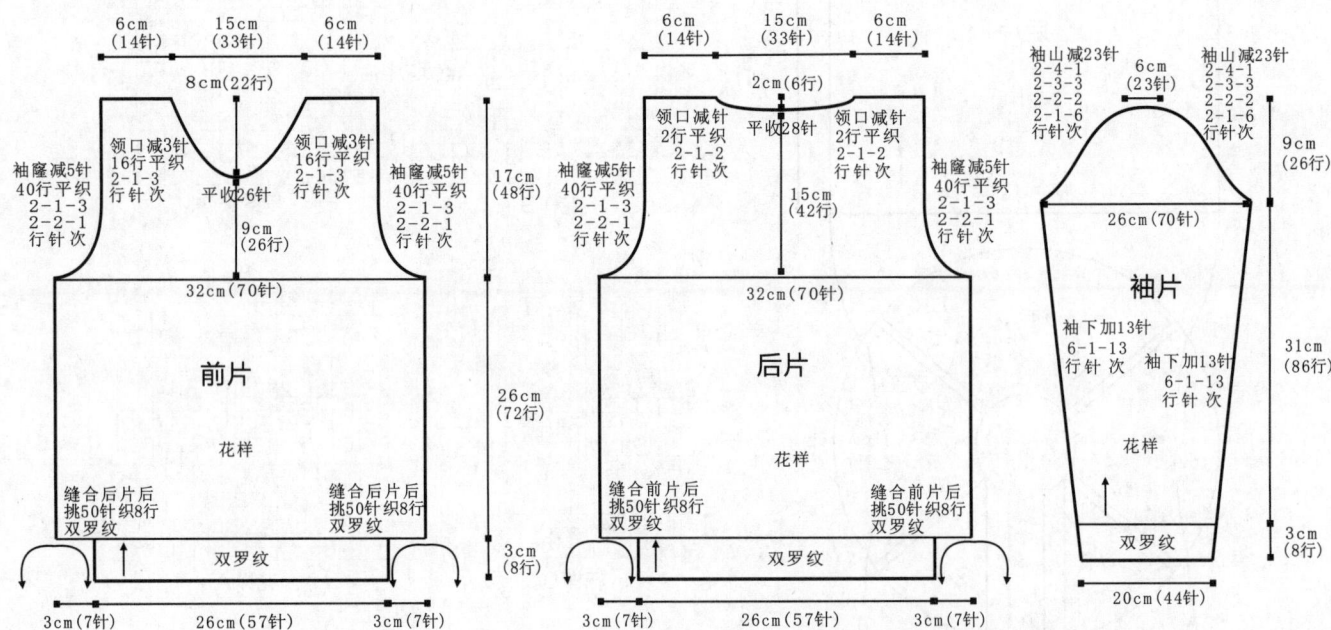

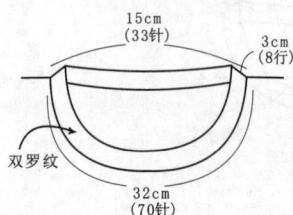

领子结构图

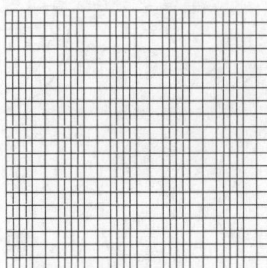

双罗纹

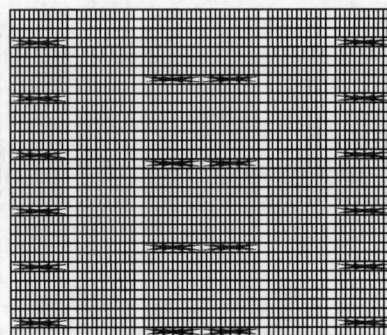

花样

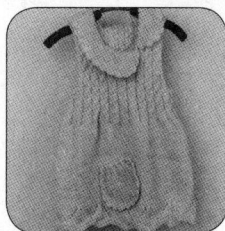

娃娃领公主毛衣

【成品尺寸】衣长 47cm　胸围 80cm
【工　　具】3.5mm 棒针　缝衣针　钩针
【材　　料】粉红色羊毛绒线若干
【密　　度】10cm² = 20 针 ×26 行

【制作过程】
1. 前片：按图平针起针法起 80 针，织 6cm 花样 B 后，改织全下针，侧缝不用加减针，织至 19cm 时，改织花样 A，再织 4cm 开始编织袖窿以上部分，左右两边平收 5 针后，进行两边袖窿减针，方法是：每 2 行减 1 针减 5 次，平织 36 行。同时进行领窝减针，从袖窿算起 12cm 时，在中间平收 20 针，两边领窝减针。方法是：每 2 行减 1 针减 8 次，肩部余 12 针。
2. 后片：袖窿和袖窿以下部分织法与前片一样。领窝减针，从袖窿算起织至 16cm 时，在中间平收 30 针，两边领窝减针，方法是：每 2 行减 1 针减 3 次，至肩部余 12 针。
3. 编织结束后，将前后片侧缝、肩部缝合。
4. 领圈以偏右为中点挑 84 针，织 8cm 花样 C，形成偏右翻领，并用钩针钩织花边。
5. 衣袋：起 24 针，织 11cm 花样 C 后，改织 3cm 双罗纹，用钩针钩织花边后，与前片缝合。编织完成。

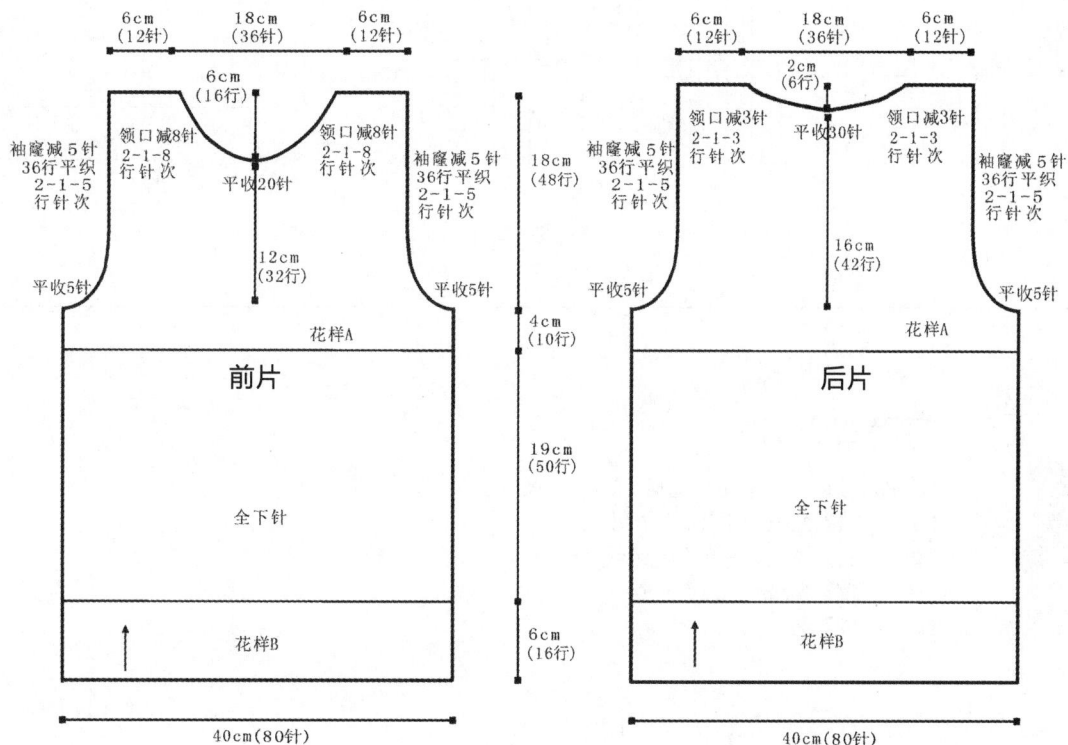

前片

后片

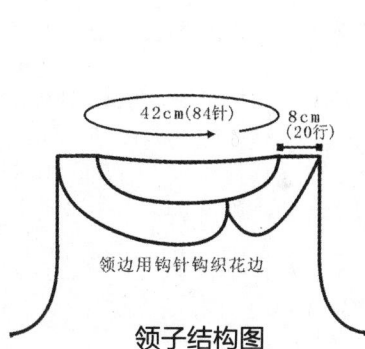

领子结构图

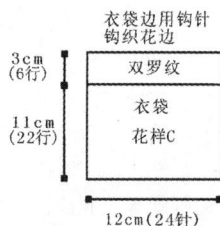

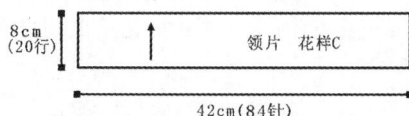

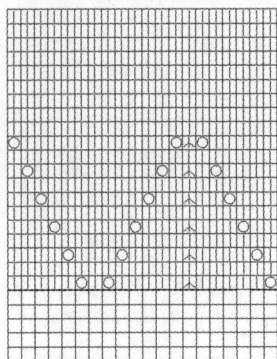

花样 B

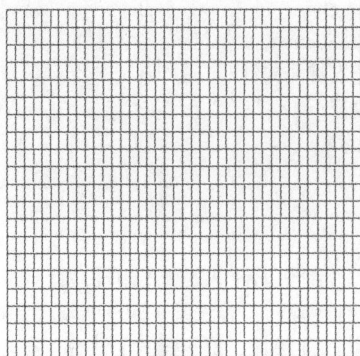

全下针

钩针花边

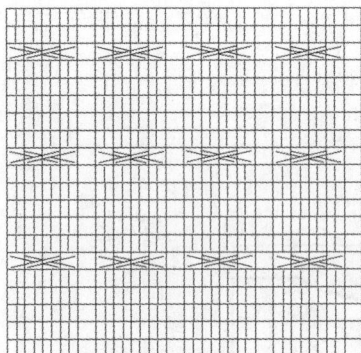

花样 A

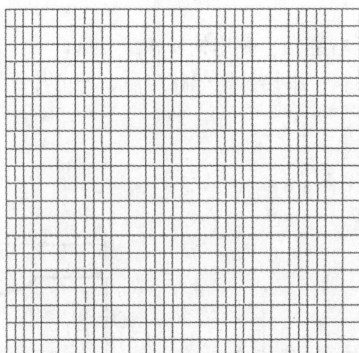

双罗纹

花样 C

可爱背心裙

【成品尺寸】衣长34cm 胸宽44cm 下摆30cm
【工　　具】3.5mm 棒针　缝衣针
【材　　料】黑色、白色羊毛绒线各若干
【密　　度】10cm² = 30 针 ×40 行
【附　　件】纽扣 4 枚

【制作过程】

1. 毛衣用棒针编织，由 1 片前片、1 片后片组成，从下往上编织。

2. 前片：（1）用下针起针法起 90 针，先织 2cm 花样 A 后，改织全下针，侧缝不用加减针，两边留 5 针继续织花样 A，其余改织全下针并配色，织 17cm 至袖窿。

（2）袖窿以上的编织：织片分散减 24 针，此时针数为 66 针，袖窿两边在 5 针花样 A 的内侧减针，方法是：每 2 行减 2 针减 6 次，共减 12 针，余下针数不加不减织 48 行至肩部。

（3）同时从袖窿算起织至 9cm 时，开始领窝减针，中间平收 12 针，两边各减 6 针，方法是：每 4 行减 1 针减 6 次，至肩部余 9 针。

3. 后片：（1）袖窿和袖窿以下的编织方法与前片一样。

（2）同时从袖窿算起织至 11cm 时，开始领窝减针，中间平收 16 针，两边各减 4 针，方法是：每 4 行减 1 针减 4 次，至肩部余 9 针。

4. 缝合：将前片的侧缝与后片的侧缝对应缝合，前后片的肩部对应缝合。

5. 领子：领圈边挑 112 针，织 2cm 花样 A，形成圆领。

6. 两边侧缝衬边另织，起 12 针，织 8cm 花样 B，缝合到侧缝相应的位置上。

7. 口袋：起 18 针，先织 4cm 全下针后，改织 2cm 花样 B，缝合到前片相应的位置上。

8. 缝上纽扣。毛衣编织完成。

前片

14cm（42针）
3cm（9针）　8cm（24针）　3cm（9针）
6cm（24行）
领窝减6针 4-1-6 行针次
平收12针
领窝减6针 4-1-6 行针次
袖窿减12针 48行平坦 2-2-6 行针次
9cm（36行）
袖窿减12针 48行平坦 2-2-6 行针次
22cm（66针）　分散减24针
15cm（60行）
34cm（136行）
全下针
17cm（68行）
2cm（8行）
花样A
5针　30cm（90针）　5针

后片

14cm（42针）
3cm（9针）　8cm（24针）　3cm（9针）
4cm（16行）
领窝减4针 4-1-4 行针次
平收16针
领窝减4针 4-1-4 行针次
袖窿减12针 48行平坦 2-2-6 行针次
11cm（44行）
袖窿减12针 48行平坦 2-2-6 行针次
22cm（66针）　分散减24针
15cm（60行）
17cm（68行）
2cm（8行）
全下针
花样A
5针　30cm（90针）　5针

（112针）　2cm（8行）
（52针）
（60针）
领圈边挑112针织2cm花样A形成圆领

花样B
口袋 全下针
2cm（8行）
4cm（16行）
6cm（18针）

侧缝衬边
4cm（12针）
8cm（32行）

全下针

花样 A

花样 B

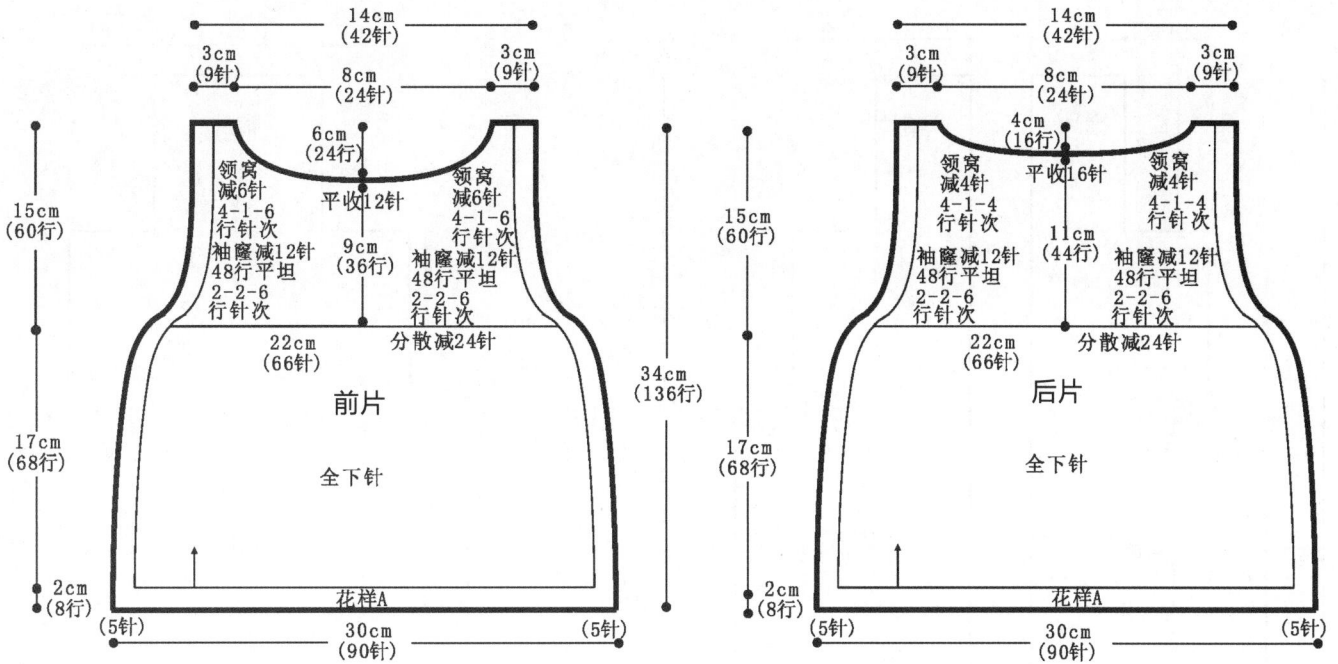

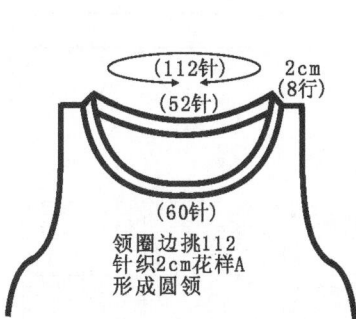

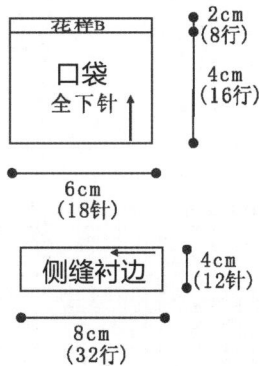

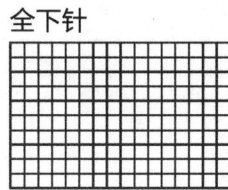

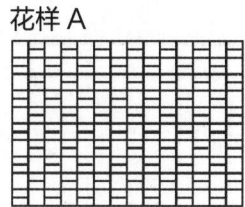

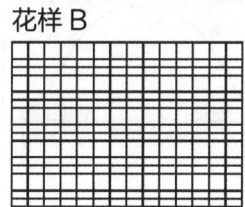

大红色连帽外套

【成品尺寸】衣长 43cm　胸围 92cm　袖长 42cm
【工　　具】3.5mm 棒针　缝衣针
【材　　料】大红色羊毛绒线若干
【密　　度】10cm² = 22 针 × 30 行
【附　　件】纽扣 5 枚

【制作过程】

1. 前片：分左右 2 片编织。左前片：(1) 下针起针法起 50 针，先织 6cm 双罗纹后，改织花样，侧缝不用加减针，织至 25cm 时，两边袖窿平收 5 针后，进行袖窿减针，方法是：每 2 行减 1 针减 9 次，共减 9 针，不加不减织 18 至肩部。

(2) 肩部平收 20 针，门襟余 16 针继续编织帽片，织至 17cm 收针断线。用同样方法编织右前片。

2. 后片：(1) 下针起针法起 100 针，先织 6cm 双罗纹后，改织全下针，侧缝不用加减针，织至 25cm 时，两边袖窿平收 5 针后，进行袖窿减针，方法与前片袖窿一样，不加不减织 18 至肩部。

(2) 两边肩部平收 12 针，中间 32 针继续编织帽片，织至 17cm 收针断线。

3. 袖片编织：起 48 针，先织 6cm 双罗纹后，改织花样，袖下减针，方法是：每 6 行减 1 针减 11 次，织至 24cm 时两边各平收 4 针后，进行袖山减针，方法是：每 2 行减 1 针减 18 次，至顶部余 26 针。

4. 缝合：前后片的侧缝和肩部对应缝合，帽顶对应缝合，袖片的袖下缝合后与身片的袖口缝合。

5. 两边门襟至帽子边挑 384 针，织 16 行双罗纹，左边门襟均匀地开纽扣孔，缝上纽扣。编织完成。

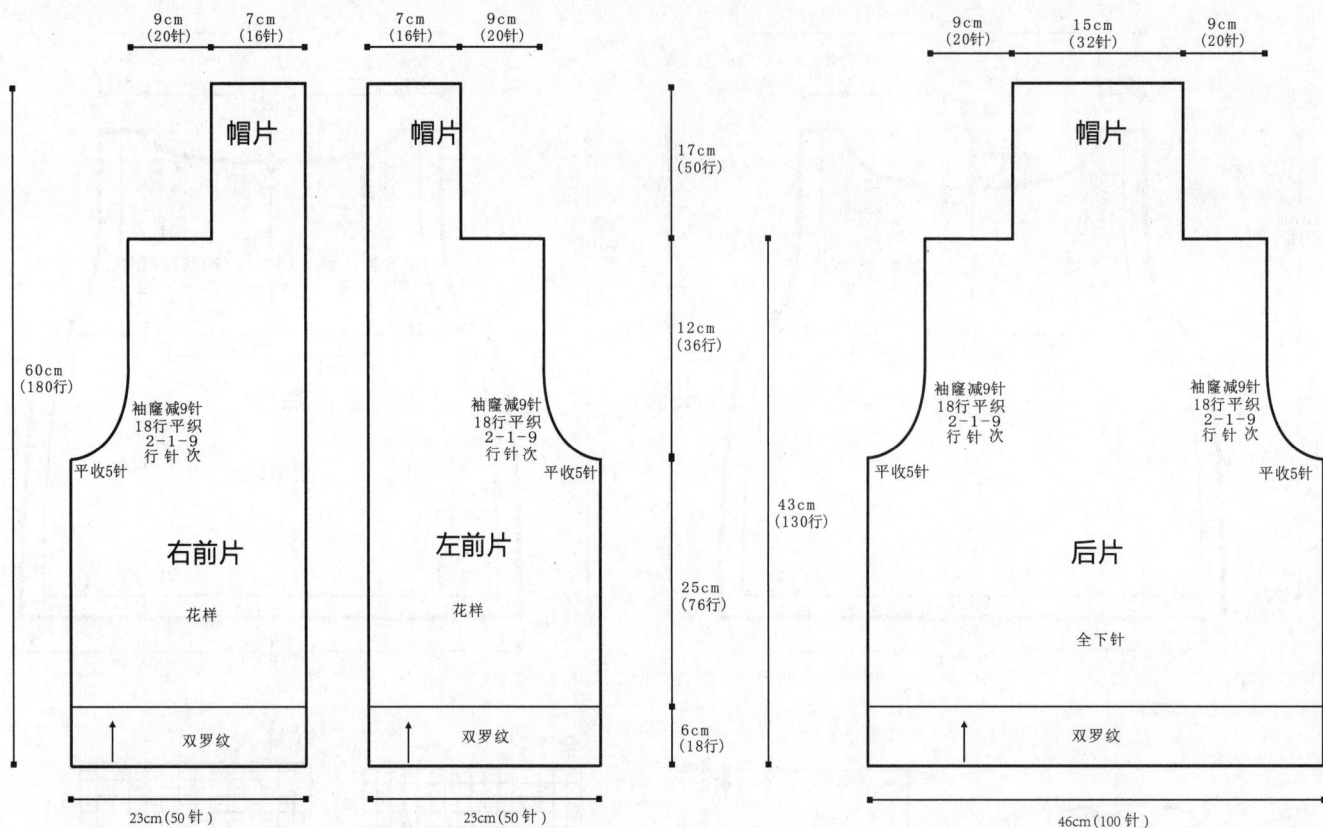

9cm
(20针)
7cm
(16针)

7cm
(16针)
9cm
(20针)

9cm
(20针)
15cm
(32针)
9cm
(20针)

帽片

帽片

帽片

60cm
(180行)

17cm
(50行)

12cm
(36行)

43cm
(130行)

袖窿减9针
18行平织
2-1-9
行 针 次

袖窿减9针
18行平织
2-1-9
行 针 次

袖窿减9针
18行平织
2-1-9
行针次

袖窿减9针
18行平织
2-1-9
行 针 次

平收5针

平收5针

平收5针

平收5针

右前片

左前片

后片

花样

花样

全下针

25cm
(76行)

双罗纹

双罗纹

6cm
(18行)

双罗纹

23cm(50针)

23cm(50针)

46cm(100 针)

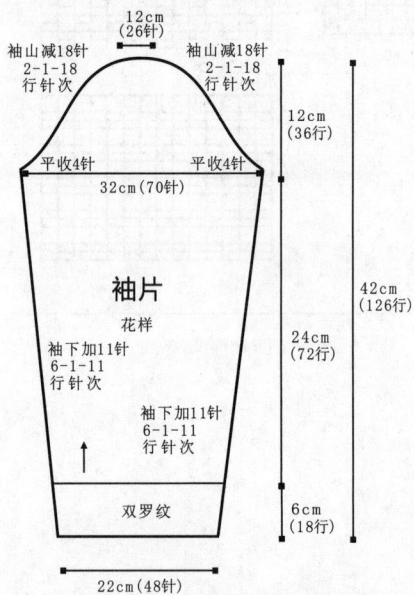

12cm
(26针)

袖山减18针
2-1-18
行针次

袖山减18针
2-1-18
行 针 次

12cm
(36行)

平收4针

平收4针

32cm(70针)

袖片

42cm
(126行)

花样

24cm
(72行)

袖下加11针
6-1-11
行针次

袖下加11针
6-1-11
行 针 次

双罗纹

6cm
(18行)

22cm(48针)

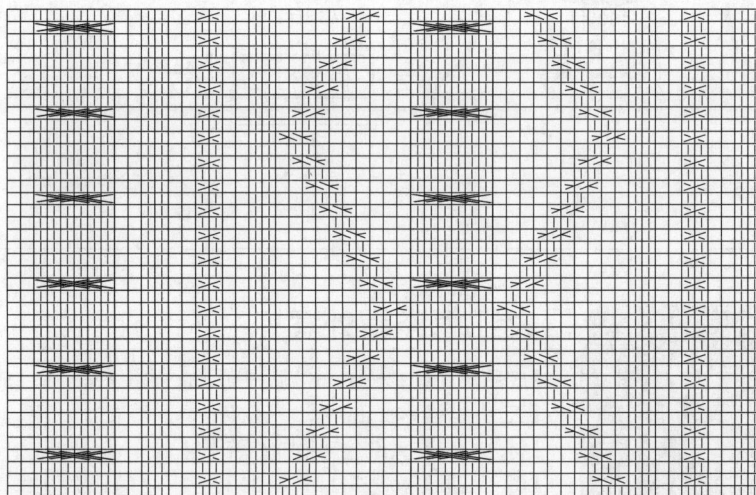

花样

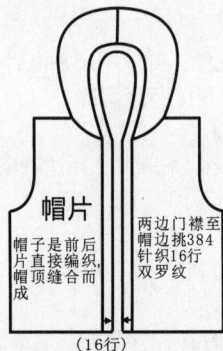

帽片

帽子是前后
片直接编织,
帽顶缝合而
成

两边门襟至
帽边挑384
针织16行
双罗纹

(16行)

帽子结构图

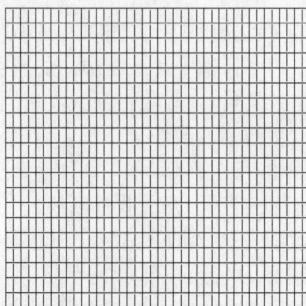

全下针

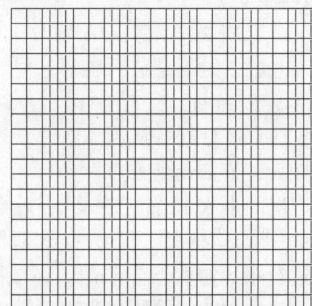

双罗纹

小熊连体裤

【成品尺寸】裤长 63cm　胸宽 46cm
【工　　具】3.5mm 棒针　缝衣针
【材　　料】蓝色、灰色羊毛绒线各若干　白色线少许
【密　　度】10cm² = 28 针 ×36 行
【附　　件】纽扣 11 枚

【制作过程】

1. 前片、右裤腿片：用下针起针法起 22 针，织 4cm 单罗纹后，改织全下针，内侧和外侧同时加针，方法是：每 12 行加 1 针加 6 次，织 23cm 至裤裆加至针数为 40 针。用同样方法编织左裤腿片。

2. 左右裤腿片合并成 1 片编织，并在中间平加 10 针，此时的针数为 90 针，继续往上编织，编入前片图案并配色，侧缝减针，方法是：每 6 行减 1 针减 12 次，织 24cm 后，开始袖窿减针。

3. 袖窿以上：袖窿两边平收 4 针后减针，方法是：每 2 行减 2 针减 2 次，各减 4 针，不加不减织 40 行至顶部余 50 针，收针断线。

4. 后片：编织方法与前片一样，并配色。

5. 缝合：将前片的侧缝与后片的侧缝对应缝合。

6. 沿着左右裤腿的内侧裤裆处，挑 76 针，织 8 行单罗纹，并在相应的位置开纽扣孔。

7. 两边袖窿分别挑 64 针织 4cm 单罗纹。前后片护胸顶部挑 54 针，织 4cm 单罗纹。

8. 后片在两边各留 5cm 继续编织吊带，织 32cm 单罗纹，并在相应的位置织开纽扣孔，形成吊带。

9. 缝上纽扣。编织完成。

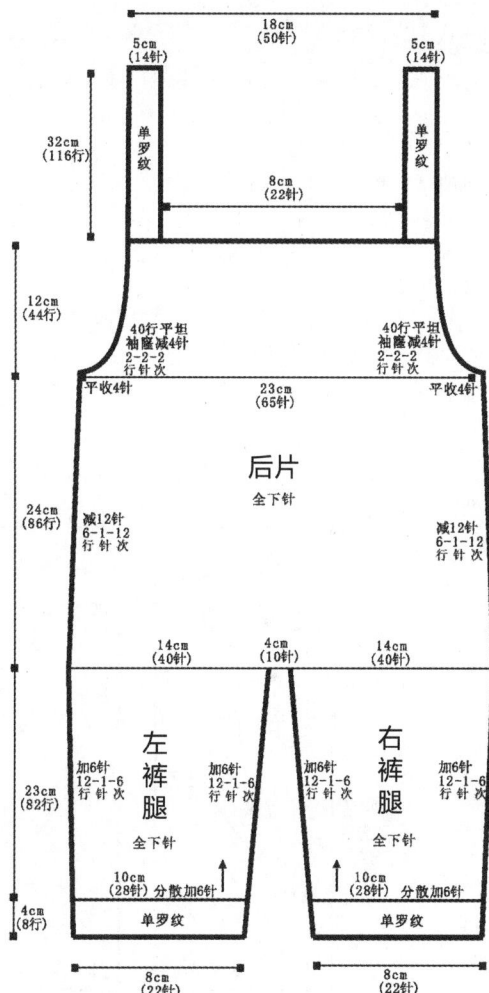

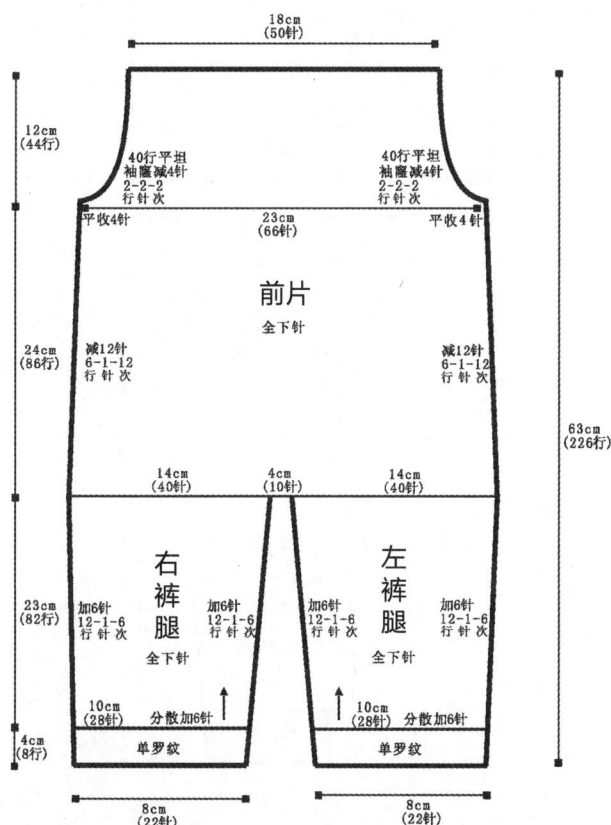

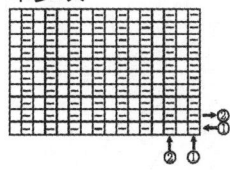

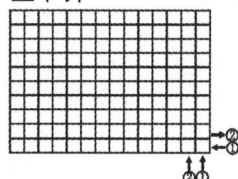

单罗纹　　全下针

前片图案

休闲运动款连帽外套

【成品尺寸】 衣长37cm　胸围72cm　袖长38cm

【工　　具】 3.5mm棒针

【材　　料】 绿色、黄色羊毛绒线各若干　白色羊毛绒线少许

【密　　度】 10cm²= 24针×38行

【附　　件】 拉链1条

【制作过程】

1. 前片：分左右2片编织，右前片用白色线起43针，用白色和绿色线间隔织4cm双罗纹后，用绿色线织花样，织至7cm时，袋口在侧缝处平收16针，并减针：每2行减2针减7次，余13针不减待用，形成袋口，内衣袋用白色线另起30针，织14cm全下针，与待用的13针合并继续编织，左前片织至5cm后，左右两边平收4针，开始减针成插肩袖，方法是：每2行减1针减25次，同时从插肩袖窿算起，织7cm处，平收5针开窝，方法是：每2行减1针减9次，并编花样图案。

2. 后片：用白色线起86针，织4cm双罗纹后，改织全下针，并用绿色和黄色线配色，织至19cm后，左右两边平收4针，开始减针成插肩袖，方法是：每2行减1针减25次。领窝的减针：从插肩袖窿算起12cm处，在中间平收22针开领窝，方法是：两边每2行减1针减3次。

3. 袖片：先用绿色线起48针，先织4cm双罗纹后，改织全下针，并配色，袖下按图加针，方法是：每6行加1针加10次，织至20cm时，两边平收4针，收成插肩袖山，方法是：每2行减1针减20次，肩部余20针。

4. 编织结束后，将前后片侧缝、袖子对应缝合。编织完成。

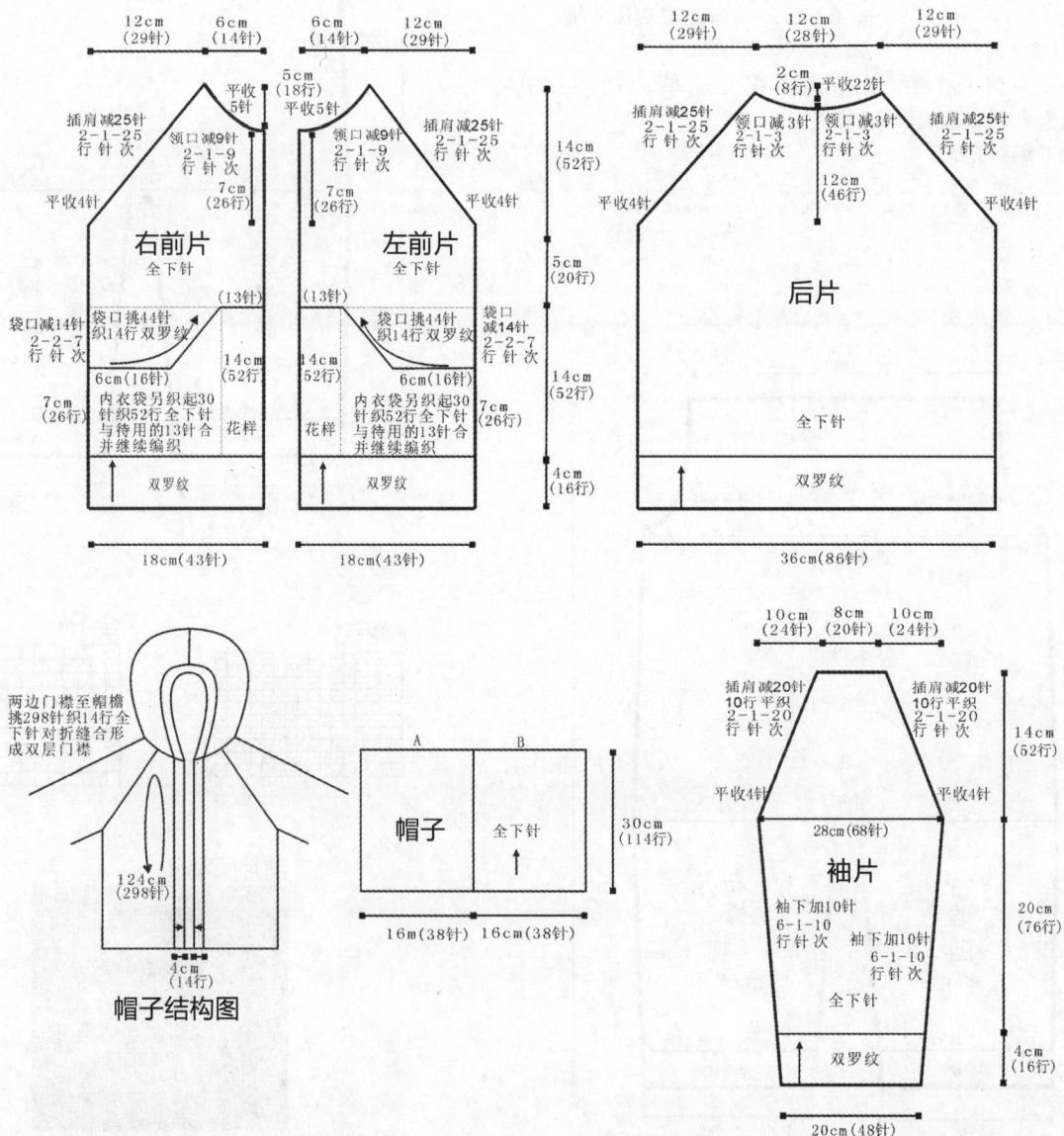

帽子结构图

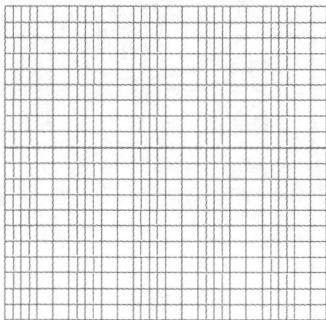

双罗纹

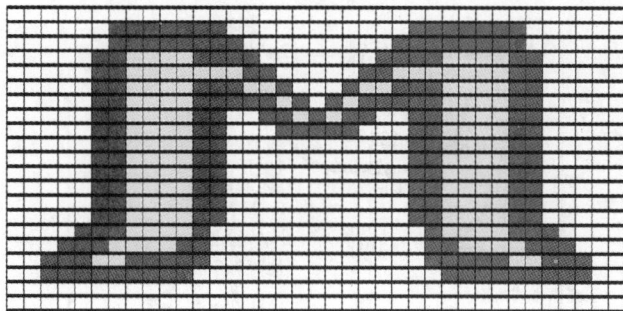

花样图案

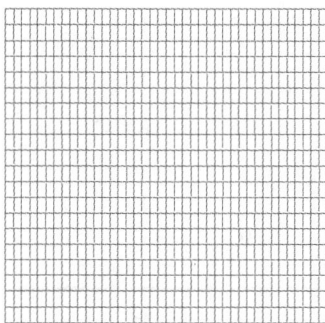

全下针

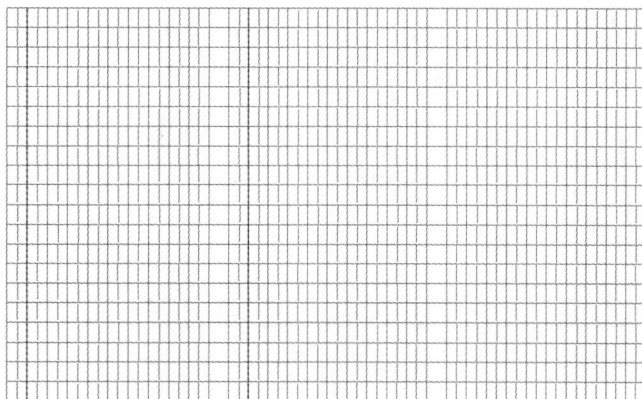

花样

短袖淑女毛线裙

【成品尺寸】衣长 48cm　胸围 62cm　袖长 18cm

【工　　具】3.5mm 棒针　缝衣针

【材　　料】蓝色羊毛绒线若干

【密　　度】$10cm^2$= 30 针 ×40 行

【附　　件】手编腰带 1 根

【制作过程】

1. 毛衣用棒针编织，由 1 片前片、1 片后片、2 片袖片组成，从下往上编织。

2. 前片：（1）用下针起针法起 108 针，先织 2cm 花样 C 后，改织花样 B，侧缝不用加减针，织 16cm 时分散减 16 针，此时针数为 92 针，改织花样 A，继续织 14cm 至袖窿。

（2）袖窿以上的编织：袖窿两边平收 4 针，然后进行袖窿减针，方法是：每 2 行减 1 针减 6 次，各减 6 针，余下针数不加不减织 52 行至肩部。

（3）同时从袖窿算起织至 10cm 时，开始领窝减针，中间平收 20 针，两边各减 14 针，方法是：每 2 行减 2 针减 7 次，至肩部余 12 针。

3. 后片：（1）用下针起针法起 108 针，先织 2cm 花样 C 后，改织花样 B，侧缝不用加减针，织 16cm 时分散减 16 针，此时针数为 92 针，改织花样 A，继续织 14cm 至袖窿。

（2）袖窿以上的编织。袖窿两边平收 4 针，然后进行袖窿减针，方法是：每 2 行减 1 针减 6 次，各减 6 针，余下针数不加不减织 52 行至肩部。

（3）同时从袖窿算起织至 13cm 时，开始领窝减针，中间平收 36 针，两边各减 6 针，方法是：每 2 行减 1 针减 6 次，至肩部余 12 针。

4. 袖片：从袖口织起，用下针起针法起 72 针，织 2cm 花样 C 后，改织花样 A，袖下加针，方法是：每 4 行加 1 针加 6 次，织 6cm 时，两边平收 4 针后，进行袖山减针，方法是：每 2 行减 2 针减 8 次，每 2 行减 1 针减 12 次，织 10cm 至顶部余 20 针。同样方法编织另一袖片。

5. 缝合：将前片的侧缝与后片的侧缝对应缝合，前后片的侧缝缝合，两袖片的袖下缝合后，与衣片的袖窿边缝合。

6. 领子：领圈边挑 106 针，织 2cm 花样 C，形成圆领。

7. 系上手编腰带。毛衣编织完成。

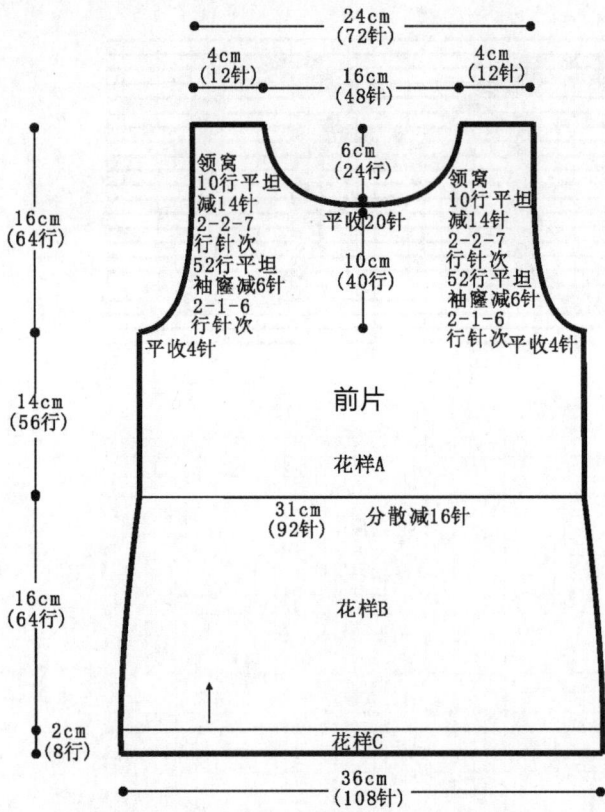

24cm
(72针)
4cm
(12针)
16cm
(48针)
4cm
(12针)
16cm
(64行)
6cm
(24行)
领窝
10行平坦
减14针
2-2-7
行针次
52行平坦
袖窿减6针
2-1-6
行针次
平收4针
平收20针
领窝
10行平坦
减14针
2-2-7
行针次
52行平坦
袖窿减6针
2-1-6
行针次平收4针
10cm
(40行)
48cm
(192行)
前片
花样A
14cm
(56行)
31cm
(92针)
分散减16针
16cm
(64行)
花样B
2cm
(8行)
花样C
36cm
(108针)

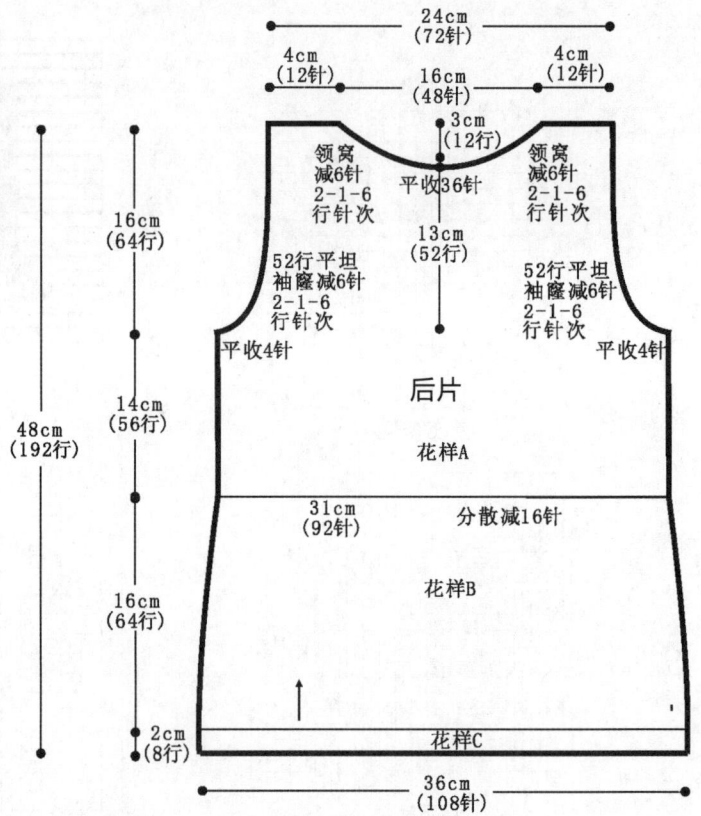

24cm
(72针)
4cm
(12针)
16cm
(48针)
4cm
(12针)
3cm
(12针)
16cm
(64行)
领窝
减6针
2-1-6
行针次
平收36针
领窝
减6针
2-1-6
行针次
52行平坦
袖窿减6针
2-1-6
行针次
52行平坦
袖窿减6针
2-1-6
行针次
平收4针
13cm
(52行)
平收4针
后片
花样A
14cm
(56行)
31cm
(92针)
分散减16针
16cm
(64行)
花样B
2cm
(8行)
花样C
36cm
(108针)

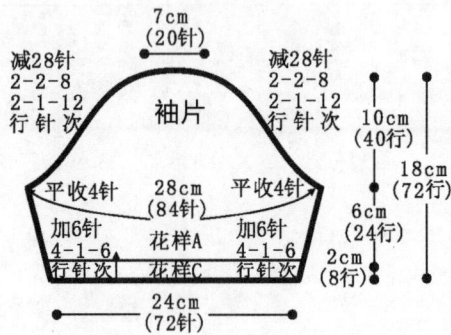

7cm
(20针)
减28针
2-2-8
2-1-12
行针次
减28针
2-2-8
2-1-12
行针次
袖片
10cm
(40行)
18cm
(72行)
平收4针
28cm
(84针)
平收4针
加6针
4-1-6
行针次
花样A
花样C
加6针
4-1-6
行针次
6cm
(24行)
2cm
(8行)
24cm
(72针)

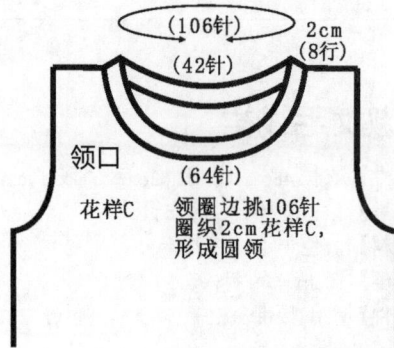

(106针)
(42针)
2cm
(8行)
领口
花样C
(64针)
领圈边挑106针
圈织2cm花样C,
形成圆领

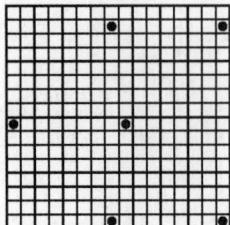

花样 A

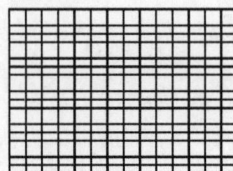

花样 C

花样 B

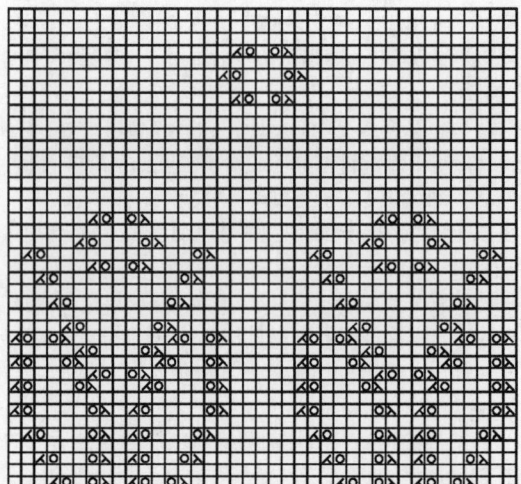

可爱两件套

【成品尺寸】上衣衣长 24cm　胸围 39cm　裙子长 12.5cm　臀围 39cm
【工　　具】可乐钩针 5 号　缝衣针
【材　　料】西瓜红色、翠绿色棉线各若干　白色棉线少许
【密　　度】10cm² = 30 针 × 10 行
【附　　件】黑色纽扣 3 枚

【制作过程】

1. 上衣：起 58 个辫子针，圈钩，钩 10 圈花样 A，换白色线钩 3 圈花样 B，换红色线继续钩 5 圈花样 B，开始减针，分领口和袖口（参考前后片图解）。
2. 缝合肩膀，钩领口花边、袖口花边与下摆花边。
3. 上衣编织结束，缝上纽扣。
4. 裙子：起 58 个辫子针，圈钩，钩 7 圈花样 A，换白色线钩 6 圈花样 B，钩袖口花边花样，用绿色线钩下摆花边。
5. 腰带：起 120 个辫子针，再钩 1 行短针。把腰带穿到裙子上编织完成。

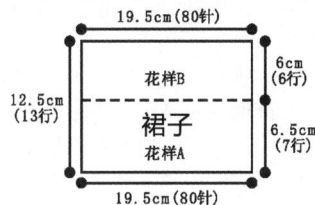

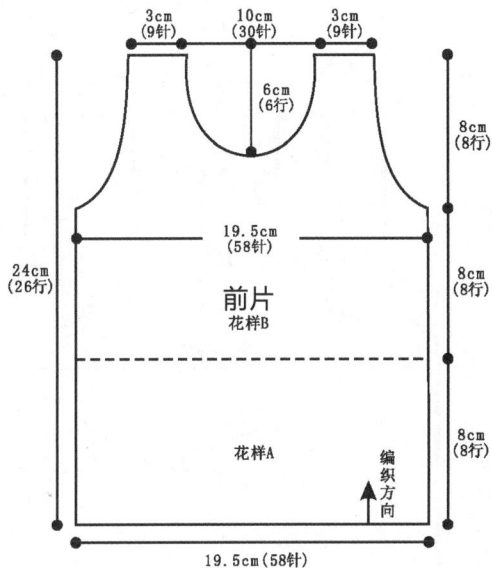

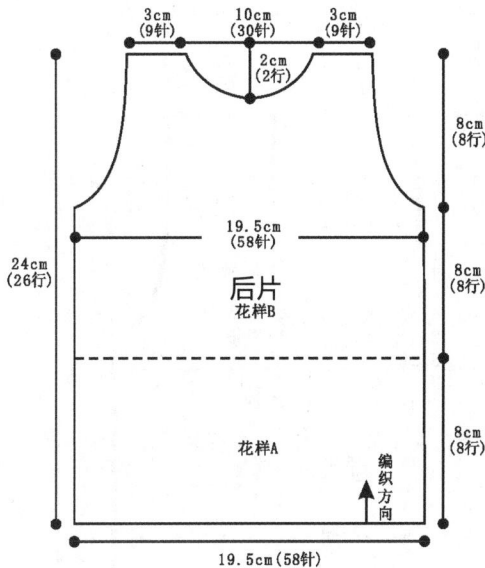

裙子图示：
19.5cm（80针）
花样B
6cm（6行）
12.5cm（13行）
裙子
花样A
6.5cm（7行）
19.5cm（80针）

前片图示：
3cm（9针）　10cm（30针）　3cm（9针）
6cm（6行）
8cm（8行）
19.5cm（58针）
前片 花样B
8cm（8行）
花样A
编织方向
8cm（8行）
24cm（26行）
19.5cm（58针）

后片图示：
3cm（9针）　10cm（30针）　3cm（9针）
2cm（2行）
8cm（8行）
19.5cm（58针）
后片 花样B
8cm（8行）
花样A
编织方向
8cm（8行）
24cm（26行）
19.5cm（58针）

领口花边花样：
1 短针 +1 狗牙 +3 短针 +1 狗牙

袖口花边花样：
钩 3 辫子针 1 珠针

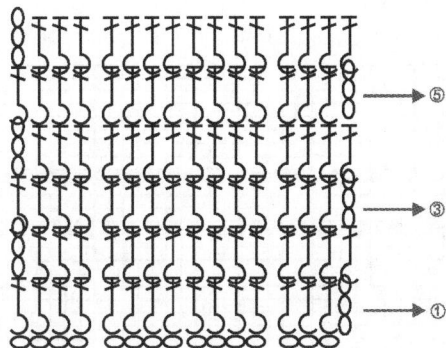

花样 A：
第 1 行钩辫子针
第 2 行 4 长针正浮针 4 长针反浮针针

下摆花边花样

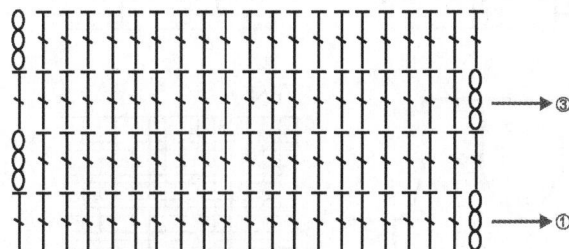

花样 B

双兔背心

【成品尺寸】 衣长 34cm　下摆 58cm

【工　具】 3.5mm 棒针　缝衣针

【材　料】 白色羊毛绒线若干

【密　度】 10cm² = 30 针 × 40 行

【附　件】 装饰亮珠若干

【制作过程】

1. 毛衣用棒针编织，由 1 片前片、1 片后片组成，从下往上编织。

2. 前片：（1）用下针起针法起 88 针，编织 5cm 花样 C 后，改织花样 B，侧缝不用加减针，织 18cm 至袖窿。

（2）袖窿以上的编织：两边袖窿平收 4 针后减针，方法是：每 2 行减 2 针减 3 次，各减 6 针，余下针数不加不减织 38 行至肩部。

（3）同时开始领窝两边减针，方法是：每 2 行减 2 针减 10 次，各减 20 针，不加不减织 24 行织至肩部余 14 针。

3. 后片：（1）袖窿和袖窿以下编织方法与前片袖窿一样。

（2）同时织至袖窿算起 7cm 时，开后领窝，中间平收 40 针，然后不加不减织 4cm，至两边肩部余 14 针。

4. 缝合：将前片的侧缝与后片的侧缝对应缝合，前片的肩部与后片的肩部缝合。

5. 领片和袖口不用编织，前片缝上装饰亮珠。毛衣编织完成。

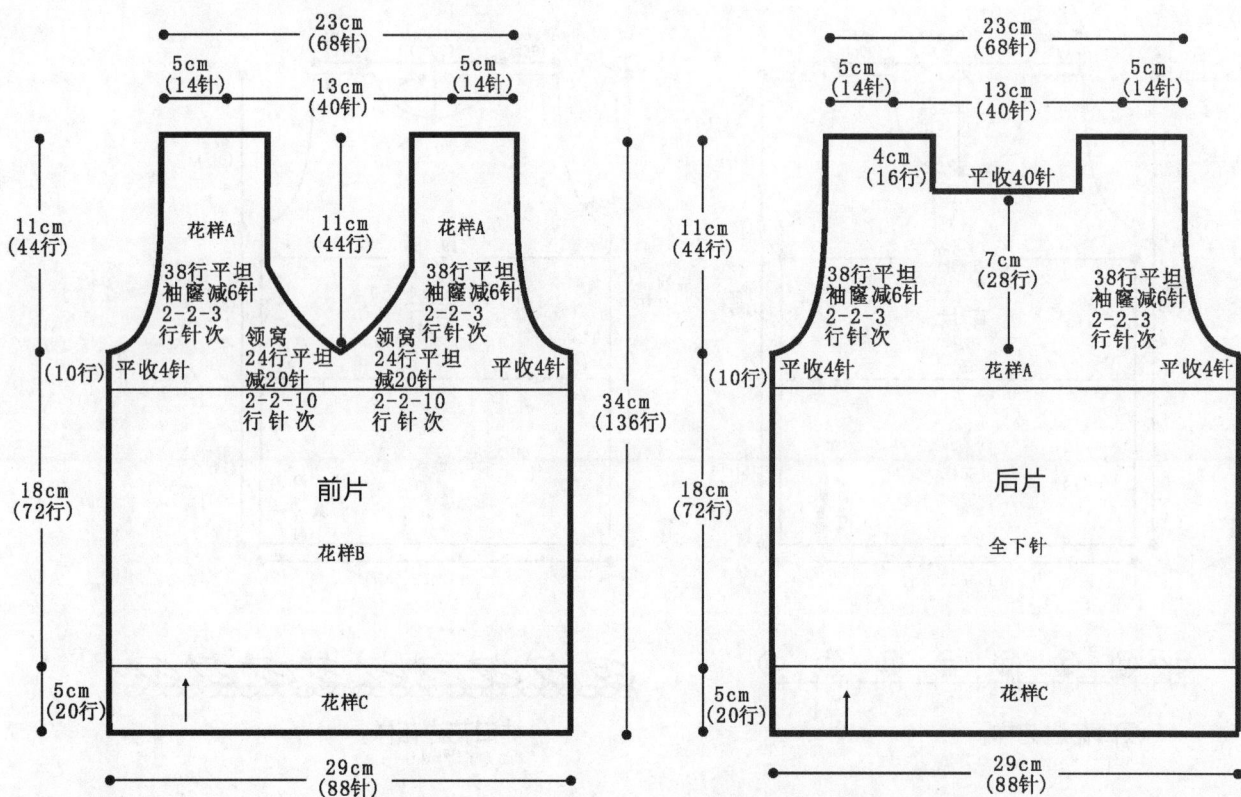

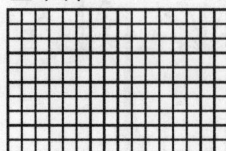

全下针

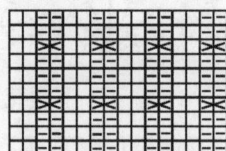

花样 C

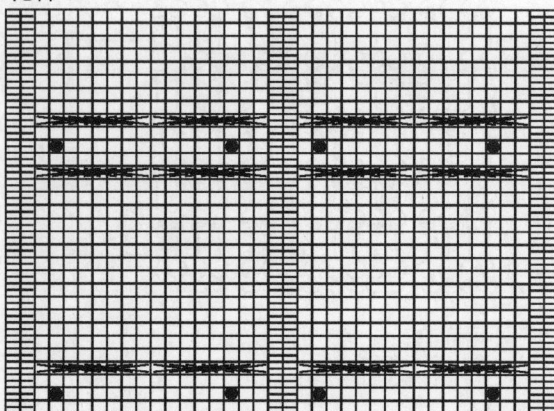

花样 B

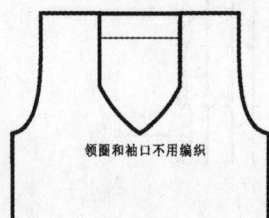

领圈和袖口不用编织

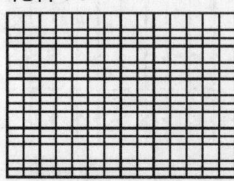

花样 A

卡通连帽开衫

【成品尺寸】衣长 37cm　下摆 64cm　袖长 33cm
【工　　具】3.5mm 棒针　缝衣针
【材　　料】红色、蓝色羊毛绒线各若干　白色线少许
【密　　度】10cm² = 30 针 × 40 行
【附　　件】拉链 1 条　前片图标 1 枚

【制作过程】

1. 前片：分右前片和左前片编织。(1) 左前片：用下针起针法起 48 针，织 4cm 双罗纹后，改织全下针并配色，侧缝不用加减针，织至 18cm 至袖窿。

(2) 袖窿以上的编织：左侧袖窿平收 5 针后减针，方法是：每 2 行减 1 针减 7 次，不加不减至肩部。

(3) 从袖窿算起织至 9cm 时，开始领窝减针，方法是：每 2 行减 2 针减 9 次，共减 18 针，织至肩部余 18 针。

(4) 用相同的方法、相反的方向编织右前片。

2. 后片：(1) 用下针起针法起 96 针，织 4cm 双罗纹后，改织全下针，配色并编入后片图案，侧缝不用加减针，织 18cm 至袖窿。

(2) 袖窿以上的编织：袖窿开始减针，方法与前片袖窿一样。

(3) 织至从袖窿算起 13cm 时，开后领窝，中间平收 30 针，两边各减 3 针，方法是：每 2 行减 1 针减 3 次，织至两边肩部余 18 针。

3. 袖片：从袖口织起，用下针起针法，起 51 针，织 4cm 双罗纹后，改织全下针，配色并编入袖片图案，袖下加 10 针，方法是：每 8 行加 1 针加 10 次，编织 23cm 至袖窿，开始两边平收 5 针，然后袖山减针，方法是：两边分别每 2 行减 2 针减 10 次，共减 20 针，编织完 6cm 后余 21 针，收针断线。同样方法编织另一袖片。

4. 缝合：将前片的侧缝与后片的侧缝对应缝合，前后片的肩部对应缝合，再将两袖片的袖山边线与衣身的袖窿边对应缝合。

5. 帽子：领圈边挑 138 针，织 25cm 全下针，并编入袖片图案，顶部的 A 与 B 缝合，形成帽子。

6. 门襟至帽边的编织：挑 340 针，织 6 行双罗纹，形成拉链边。

7. 两个口袋另织：起 48 针，织全下针，并编入袖片图案，织 8cm 时，在一边袋口平收 12 针，然后减针，方法是：每 2 行减 2 针减 12 次，至 56 行时，余 12 针，收针断线，袋口挑 48 针，织 8 行双罗纹。对称编织另 1 个口袋。分别缝合于左右前片。

8. 在拉链边安装上拉链，缝上前片图标。编织完成。

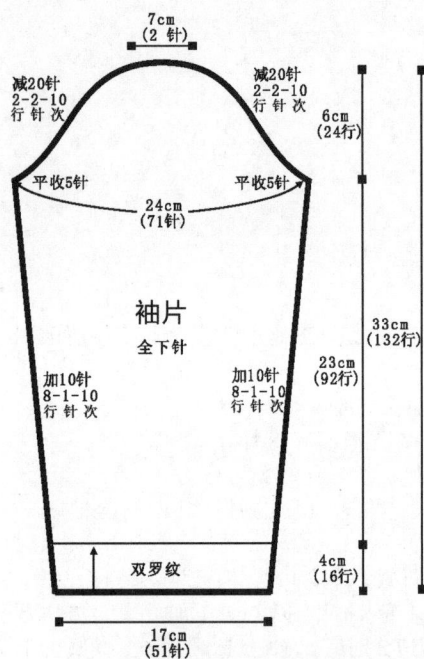

7cm
(2针)

减20针
2-2-10
行针次

减20针
2-2-10
行针次

6cm
(24行)

平收5针   平收5针

24cm
(71针)

袖片
全下针

33cm
(132行)

23cm
(92行)

加10针
8-1-10
行针次

加10针
8-1-10
行针次

双罗纹

4cm
(16行)

17cm
(51针)

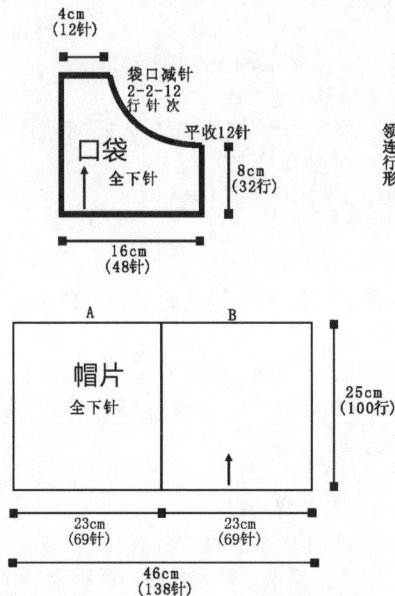

4cm
(12针)

袋口减针
2-2-12
行针次

口袋
全下针

平收12针

8cm
(32行)

16cm
(48针)

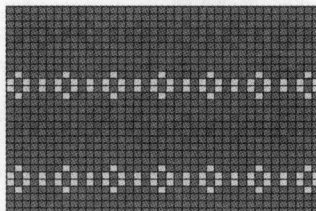

A   B

帽片
全下针

25cm
(100行)

23cm
(69针)   23cm
(69针)

46cm
(138针)

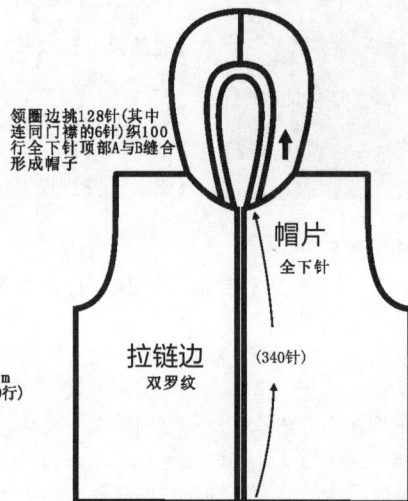

领圈边挑128针(其中
连同门襟的6针)织100
行全下针顶部A与B缝合
形成帽子

帽片
全下针

拉链边
双罗纹

(340针)

双罗纹

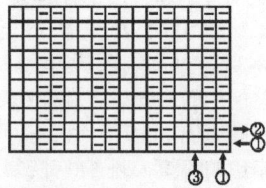

全下针

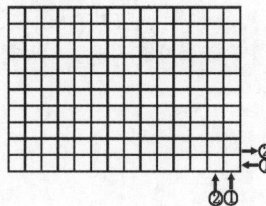

后片图案

袖片图案

淡紫色小花毛衣

【成品尺寸】 衣长 40cm　下摆 56cm　袖长 35cm
【工　　具】 3.5mm 棒针　缝衣针
【材　　料】 浅紫色羊毛绒线若干
【密　　度】 10cm² = 30 针 × 40 行
【附　　件】 纽扣 7 枚　刺绣图案线少许

【制作过程】

1. 毛衣用棒针编织，由 2 片前片、1 片后片、2 片袖片组成，从下往上编织。

2. 前片：分右前片和左前片编织。(1) 左前片：用下针起针法起 42 针，织花样，侧缝不用加减针，织 25cm 至袖窿。

(2) 袖窿以上的编织：左侧袖窿平收 4 针后减针，方法是：每织 2 行减 2 针减 4 次，共减 8 针，不加不减平织 52 行至袖窿。

(3) 同时从袖窿算起织至 9cm 时，开始领窝减针，方法是：每 2 行减 2 针减 6 次，不加不减织 12 行至肩部余 18 针。

(4) 相同的方法、相反的方向编织右前片。右边门襟开纽扣孔。

3. 后片：(1) 用下针起针法起 84 针，织花样，侧缝不用加减针，织 25cm 至袖窿。

(2) 袖窿以上的编织。袖窿开始减针，方法与前片袖窿一样。

(3) 同时织至从袖窿算起 13cm 时，开后领窝，中间平收 16 针，两边各减 4 针，方法是：每 2 行减 1 针减 4 次，织至两边肩部余 18 针。

4. 袖片：从袖口织起，用下针起针法起 54 针，织花样，袖侧缝两边加 8 针，方法是：每 12 行加 1 针加 8 次，编织 27cm 至袖窿。两边平收 4 针后，进行袖山减针，方法是：两边分别每 2 行减 2 针减 10 次，每 2 行减 1 针减 6 次，共减 26 针，编织完 8cm 后余 10 针，收针断线。同样方法编织另一袖片。

5. 缝合：将前片的侧缝与后片的侧缝对应缝合，前后片的肩部对应缝合，再将两袖片的袖下缝合后，袖山边线与衣身的袖窿边对应缝合。

6. 领口不用编织，在织前片时，自然形成开襟圆领。

7. 用缝衣针缝上纽扣和绣上刺绣图案。毛衣编织完成。

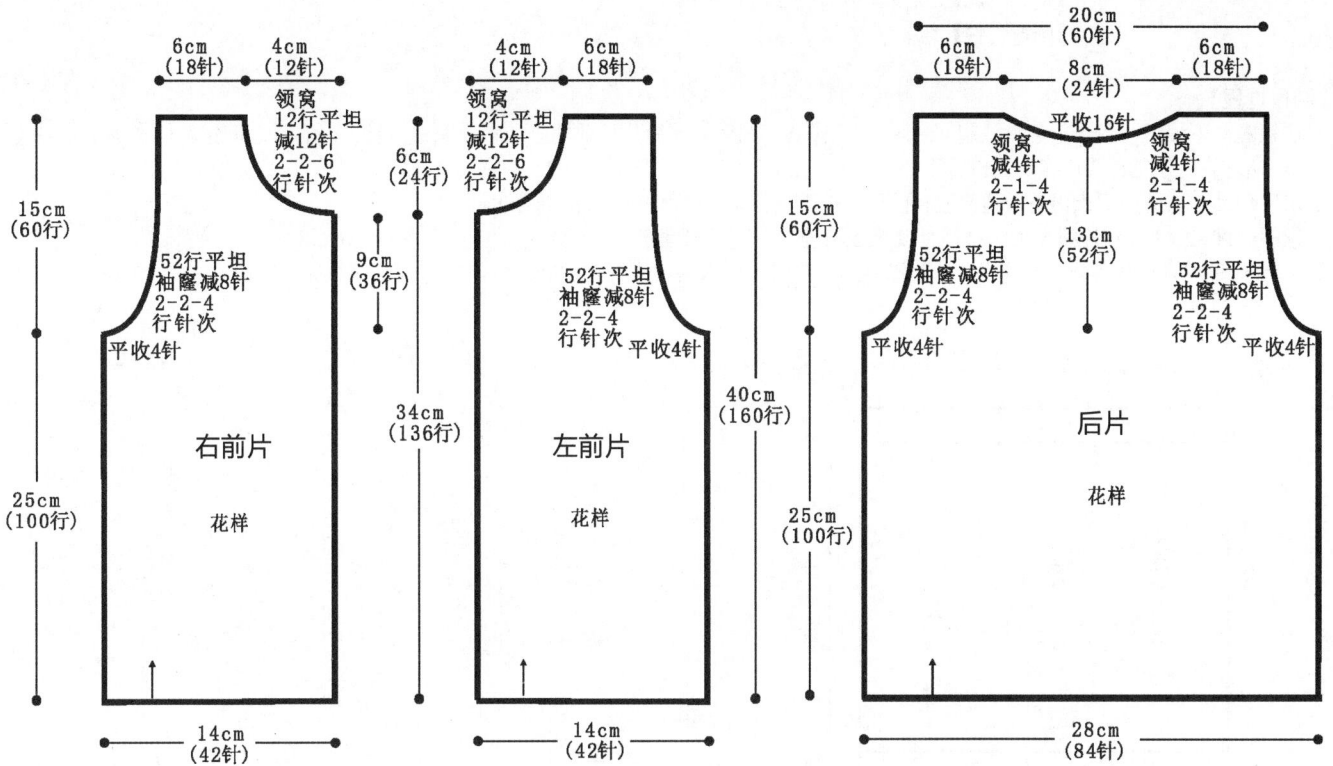

右前片
花样

15cm
(60行)

25cm
(100行)

6cm
(18针)

4cm
(12针)

领窝
12行平坦
减12针
2-2-6
行针次

6cm
(24行)

9cm
(36行)

52行平坦
袖窿减8针
2-2-4
行针次

平收4针

34cm
(136行)

14cm
(42针)

左前片
花样

4cm
(12针)

6cm
(18针)

领窝
12行平坦
减12针
2-2-6
行针次

52行平坦
袖窿减8针
2-2-4
行针次

平收4针

14cm
(42针)

后片
花样

20cm
(60针)

6cm
(18针)

8cm
(24针)

6cm
(18针)

平收16针

领窝
减4针
2-1-4
行针次

领窝
减4针
2-1-4
行针次

13cm
(52行)

52行平坦
袖窿减8针
2-2-4
行针次

52行平坦
袖窿减8针
2-2-4
行针次

平收4针

平收4针

15cm
(60行)

25cm
(100行)

40cm
(160行)

28cm
(84针)

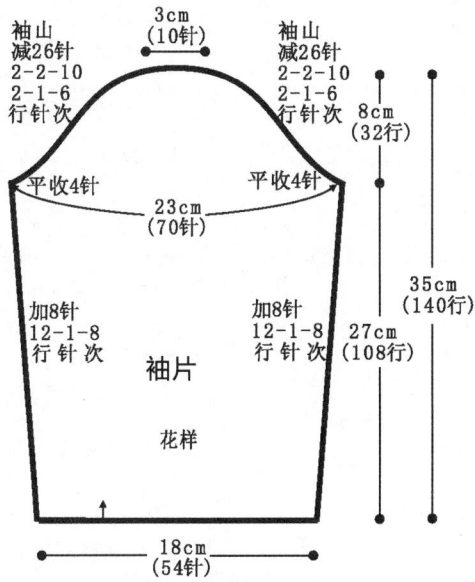

袖山
减26针
2-2-10
2-1-6
行针次

3cm
(10针)

袖山
减26针
2-2-10
2-1-6
行针次

8cm
(32行)

平收4针

平收4针

23cm
(70针)

加8针
12-1-8
行针次

加8针
12-1-8
行针次

袖片
花样

35cm
(140行)

27cm
(108行)

18cm
(54针)

领口

领口不用
编织,在织
前片时,自
然形成圆
领

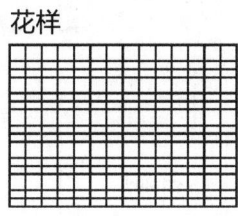

花样

可爱翻领系扣毛衣

【成品尺寸】 衣长 42cm　胸围 74cm

【工　　具】 3.5mm 棒针　绣花针　环形针　钩针

【材　　料】 粉红色羊毛绒线若干

【密　　度】 10cm² = 20 针 × 28 行

【附　　件】 纽扣 7 枚

【制作过程】

1. 从领圈往下编织，用一般起针法起 92 针，织花样 A，然后分前后片，前片分左右片织全下针，左右片之间按花样 D 加针，织至 18cm 时，前片分左右两片编织，和后片一样，织 24cm 全下针。

2. 用环形针，从两边门襟沿着两边侧缝和前后片的下摆挑适合针数，织 3cm 花样 B。

3. 领圈边挑 92 针，先织 8cm 花样 C 后，改织 2cm 全上针，形成翻领。

4. 装饰：在两边侧缝各缝上 2 枚纽扣，门襟缝上 3 枚纽扣。衣袋用钩针钩织好，与前片缝合。编织完成。

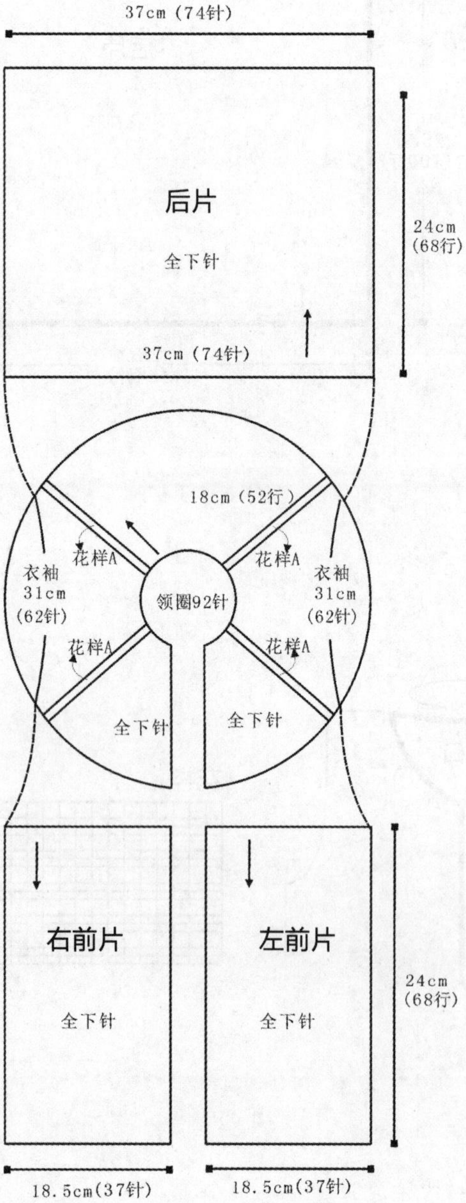

37cm（74针）

后片

全下针

24cm
（68行）

37cm（74针）

全下针

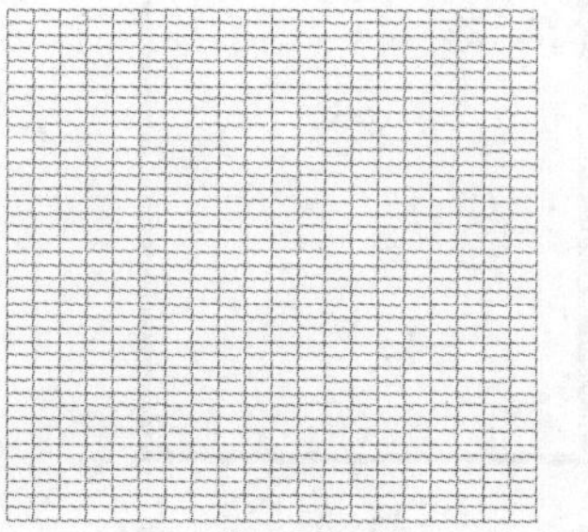

全上针

18cm（52行）

衣袖
31cm
（62针）

花样A

领圈92针

花样A

衣袖
31cm
（62针）

花样A

花样A

全下针

全下针

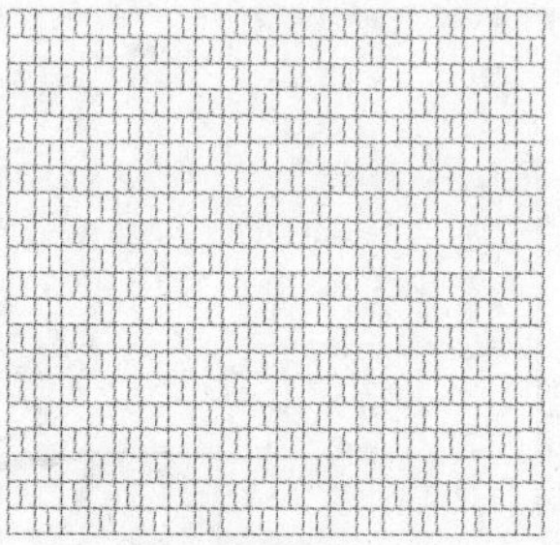

花样 C

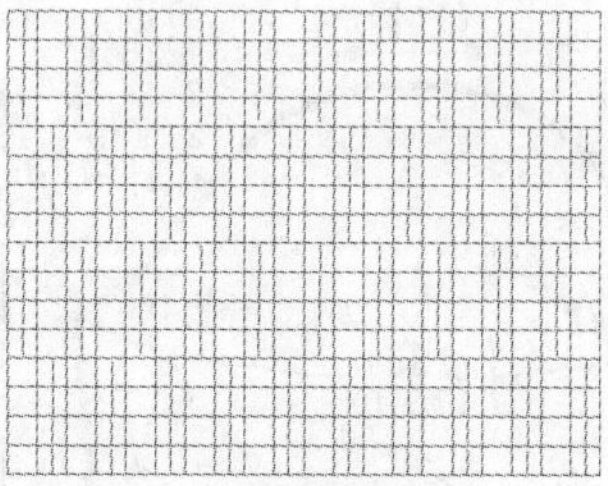

花样 B

右前片

全下针

左前片

全下针

24cm
（68行）

18.5cm（37针）

18.5cm（37针）

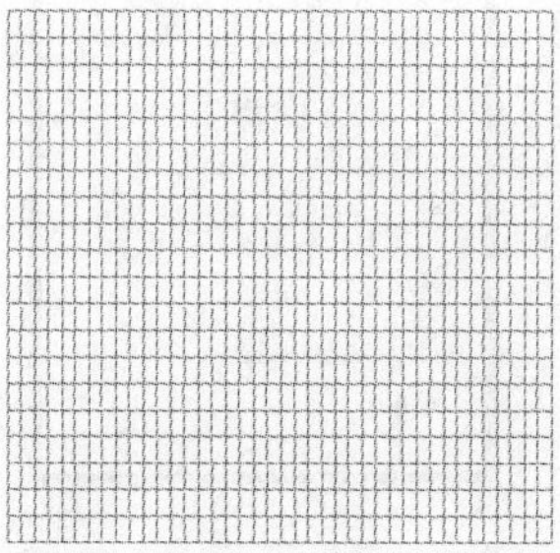

领圈挑92针　先织8cm花样C
领边织2cm全上针

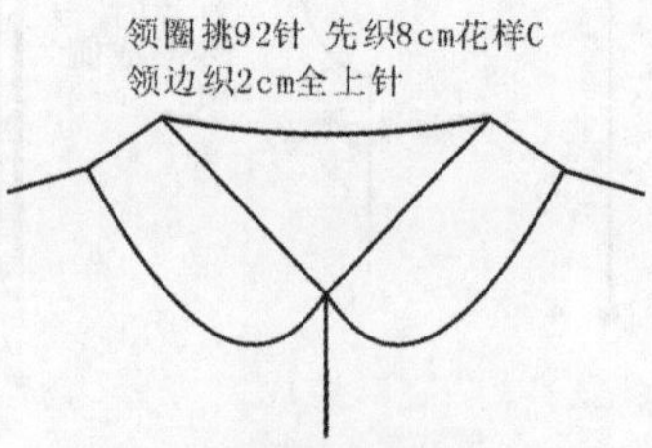

领子结构图

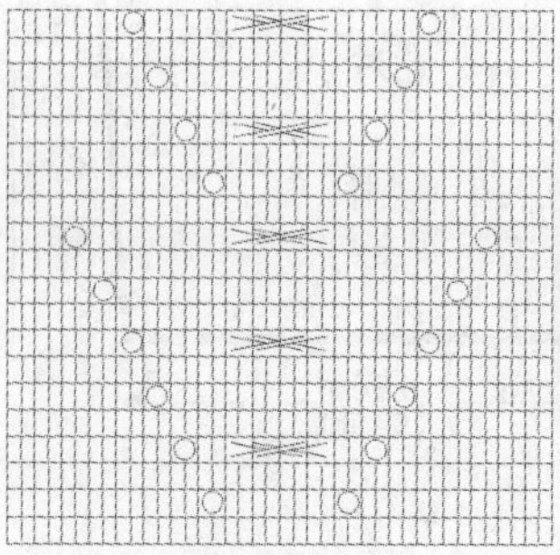

花样 A

花样 D

黑白条纹背心

【成品尺寸】衣长 39cm 胸围 64cm
【工   具】3.5mm 棒针 1.25mm 钩针 缝衣针
【材   料】黑色、白色各若干 杏色棉线少许
【密   度】10cm² = 30 针 ×40 行
【附   件】透明纽扣 6 枚

【制作过程】

1. 后片：黑色线起 96 针，织全下针，织 4cm 后向内与起针合并成双层衣摆，继续织 4 行全下针，改为 4 行黑色与 6 行白色线间隔编织，一边织一边按每 20 行减 1 针减 4 次的方法减针，织至 23cm 的高度，两侧各平收 6 针，然后按每 2 行减 1 针减 6 次的方法减针织成袖窿，织至 36.5cm，中间平收 28 针，两侧按每 2 行减 1 针减 5 次的方法后领减针，最后两肩部各余下 13 针，后片共织 39cm 长。

2. 前片：起织方法与后片相同，织至 30.5cm，中间平收 18 针，两侧按每 2 行减 2 针减 2 次，每 2 行减 1 针减 6 次的方法前领减针，最后两肩部各余下 13 针，前片共织 39cm 长。

3. 袖边：黑色线沿袖窿挑起 100 针，织双罗纹，共织 2cm 长，收针。

4. 领子：黑色线沿领口挑起 100 针，织双罗纹，共织 2cm 长，收针。

5. 绣花：平针绣方式沿衣摆绣图案。

6. 饰花：按图解所示钩织小熊，缝合于前片中央。

7. 缝上纽扣。编织完成。

小熊

绿色连帽无袖裙

【成品尺寸】衣长 55cm　胸围 80cm
【工　　具】3.5mm 棒针
【材　　料】绿色羊毛绒线若干
【密　　度】10cm²=20 针 ×28 行

【制作过程】

1. 前片：按图用下针起针法起 80 针，织 15cm 花样 B 后，改织花样 A，侧缝不用加减针，织至 25cm 时左右两边平收 5 针，开始按图收成袖窿，再织 7cm 时，在中间平分左右两片，不用加减针，一直织至肩部，中间方向留 30 针不用收针待用。

2. 后片：织法与前片一样，织全下针，只需按图开领窝。

3. 编织结束后，将前后片侧缝、肩部对应缝合。

4. 两边门襟留用的 16 针与后片领圈挑 32 针，合并编织 27cm 花样 C，边缘缝合，形成帽子。两边袖口各挑 60 针，织 3cm 双罗纹。编织完成。

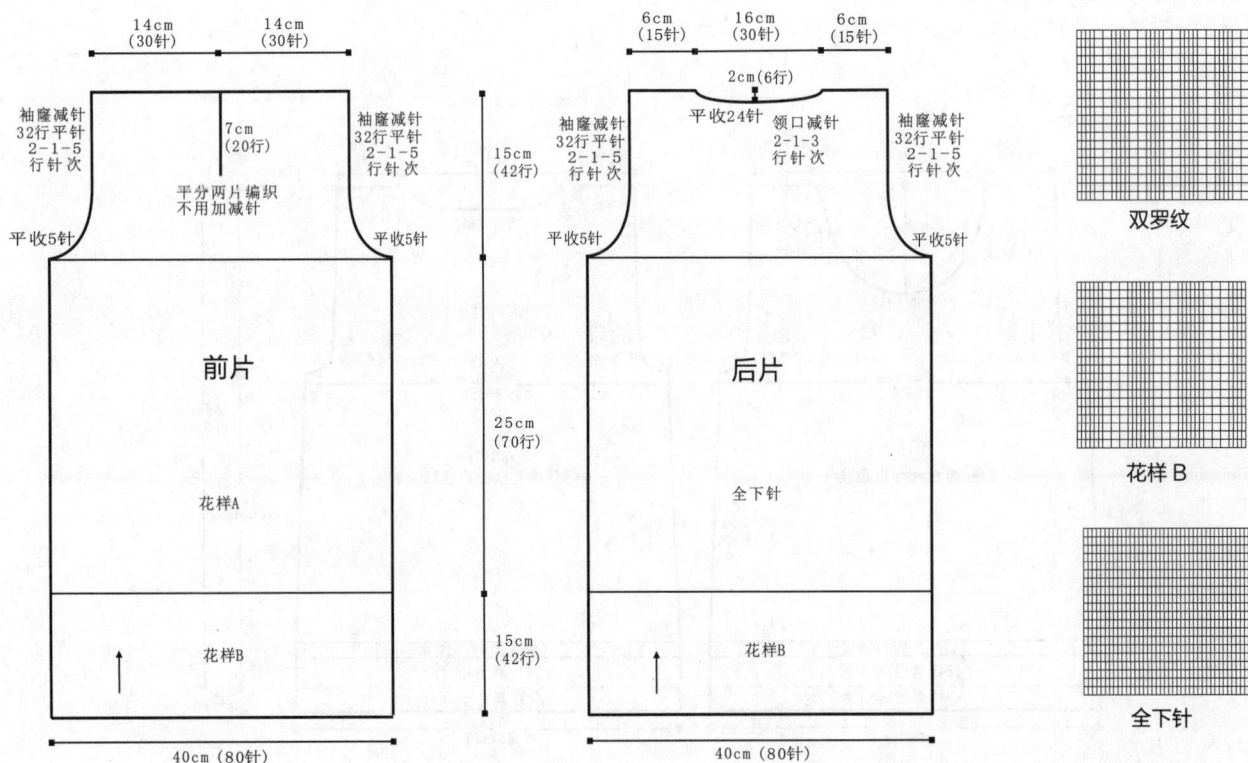

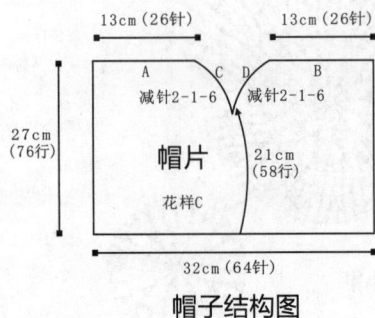

帽子结构图

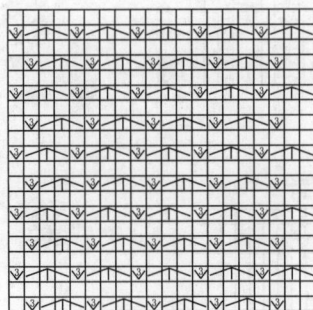

花样 C

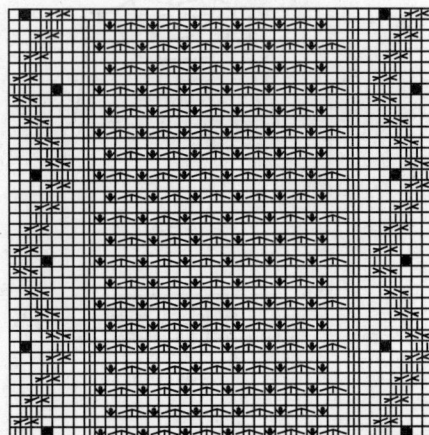

花样 A

蓝白格纹套头衫

【成品尺寸】衣长 37cm　胸围 64cm　袖长 36cm

【工　　具】3.5mm 棒针　绣花针

【材　　料】白色、蓝色羊毛绒线各若干

【密　　度】10cm² = 28 针 ×36 行

【附　　件】纽扣 2 枚

【制作过程】

1. 前片：按图用蓝色线，机器边起针法起 90 针，织 4cm 单罗纹后，改织花样，并用白色线配色，织至 18cm 时左右两边平收 4 针后，进行袖窿减针，方法是：每 2 行减 2 针减 3 次，各减 6 针，不加不减织 48 行。同时织至袖窿算起 5cm 时，中间平收 10 针为门襟，然后分左右前片，继续编织至 5cm 时开始领窝减针，方法是：每 2 行减 2 针减 7 次，各减 14 针，至肩部余 16 针。

2. 后片：按图用蓝色线，机器边起针法起 90 针，织 4cm 单罗纹后，改织花样，并用白色线配色，织至 18cm 时左右两边平收 4 针进行袖窿减针，方法与前片袖窿一样，同时织至袖窿算起 13cm 时领窝减针，中间平收 34 针后两边减针，方法是：每 2 行减 1 针减 2 次，各减 2 针，至肩部余 16 针。

3. 袖片：按图用蓝色线，机器边起针法起 56 针，织 4cm 单罗纹后，改织花样，并用白色线配色，袖下按图加针，方法是：每 6 行加 1 针加 11 次，织至 22cm 时两边同时平收 4 针，开始袖山减针，每 2 行减 2 针减 10 次，每 2 行减 1 针减 8 次，共减 28 针，至顶部余 14 针。

4. 编织结束后，将前后片侧缝、肩部、袖片对应缝合。

5. 门襟两边用蓝色线，分别挑 16 针，织 8 行单罗纹，右边适当的开 2 个纽扣孔，门襟底部叠压缝合。

6. 领圈边用蓝色线，挑 130 针，织 7cm 单罗纹，形成翻领。

7. 缝上纽扣。编织完成。

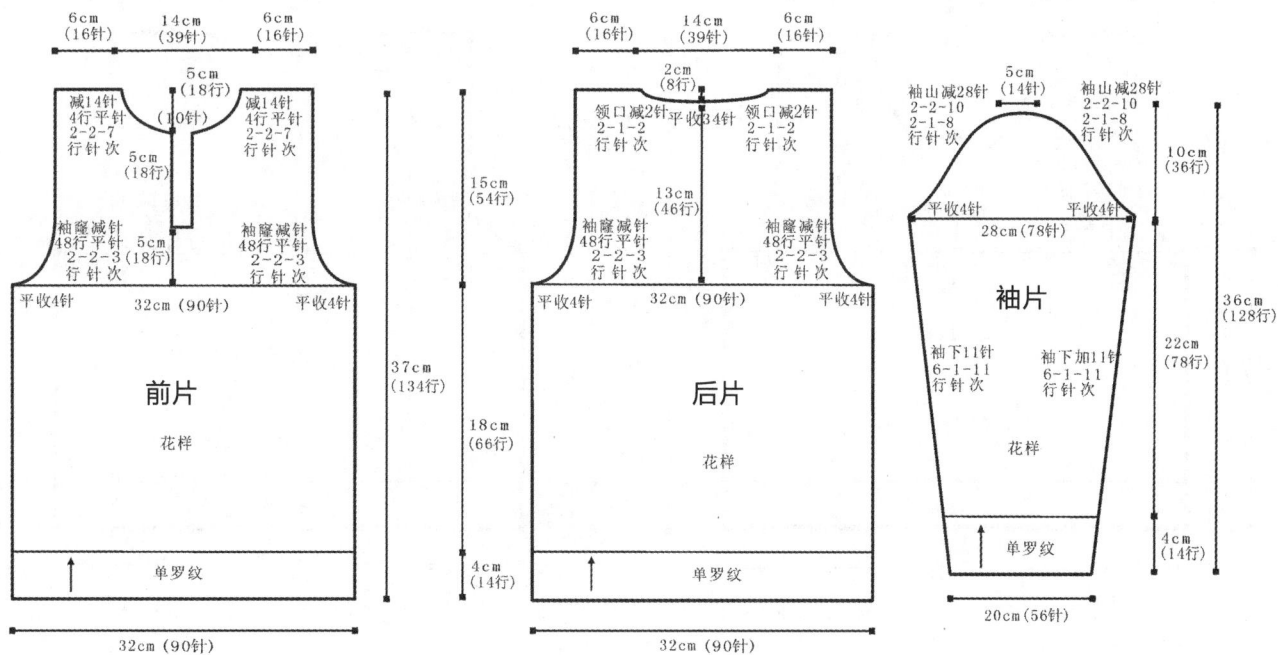

前片

后片

袖片

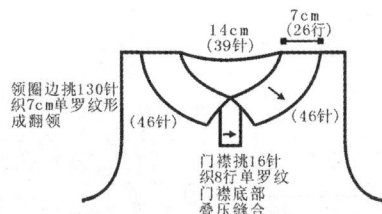

领子结构图

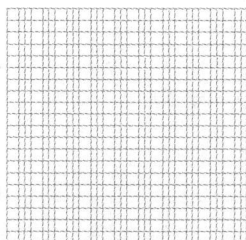

单罗纹

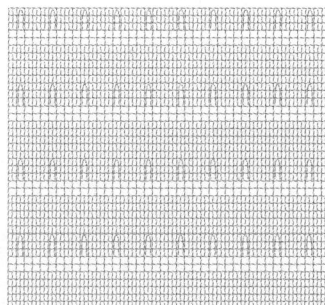

花样

卡通条纹背心

【成品尺寸】衣长 43cm　下摆 78cm
【工　　具】3.5mm 棒针　缝衣针
【材　　料】红色羊毛绒线若干　咖啡色、米色线各少许
【密　　度】10cm² = 24 针 × 32 行
【附　　件】肩部装饰绳子 2 根　前片标识图案 1 枚　钩花 1 枚

【制作过程】

1. 毛衣用棒针编织，由 1 片前片、1 片后片组成，从下往上编织。

2. 前片：（1）用下针起针法起 94 针，先织 4cm 花样 B 后，改织花样 A，侧缝不用加减针，织 23cm 至袖窿。

（2）袖窿以上的编织：两边袖窿平收 6 针后减针，方法是：每 2 行减 2 针减 4 次，各减 8 针，不加不减织 44 行。

（3）同时从袖窿算起织至 8cm 时，开始开领窝，中间平收 22 针，然后两边减针，方法是：每 4 行减 2 针减 5 次各减 10 针，不加不减织 6 行至肩部余 12 针。

3. 后片：（1）袖窿和袖窿以下的编织方法与前片袖窿一样，后片编织全下针。

（2）同时织至从袖窿算起 14cm 时，进行领窝减针，中间平收 34 针，然后两边减针，方法是：每 2 行减 1 针减 4 次，至肩部余 12 针。

4. 缝合：将前片的侧缝与后片的侧缝对应缝合，前片的肩部与后片的肩部缝合。

5. 袖口：两边袖口分别挑 76 针，环织 10 行全下针，对折缝合，形成双层袖口。

6. 领子：领圈边挑 98 针，环织 10 行全下针，对折缝合，形成双层圆领。

7. 缝上前片标识图案和钩花，两边肩部缝上装饰绳子。毛衣编织完成。

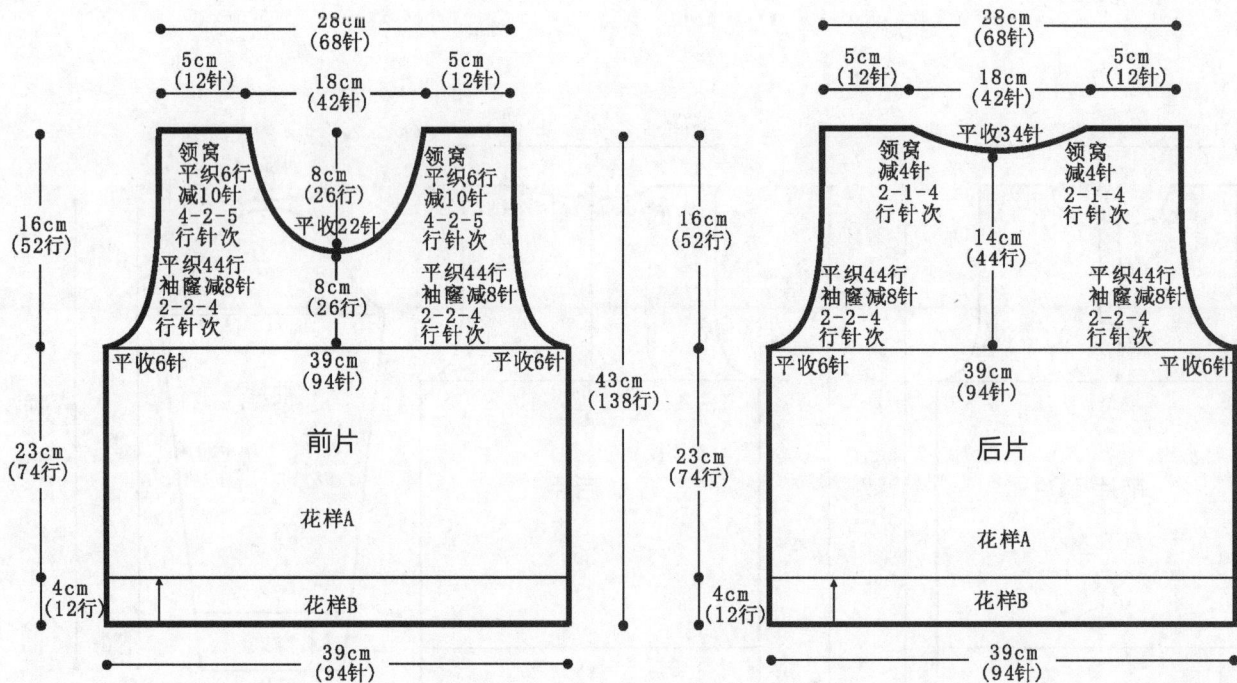

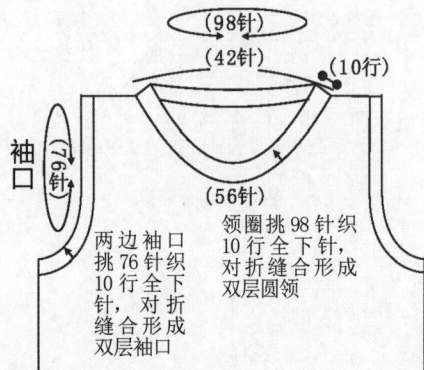

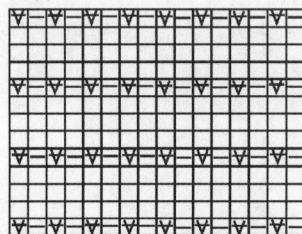

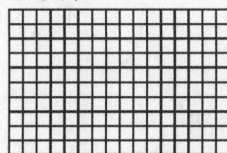

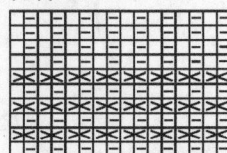

绿色蝙蝠开衫

【成品尺寸】衣长 40cm　衣宽 70cm
【工　　具】3.5mm 棒针
【材　　料】绿色羊毛绒线若干
【密　　度】10cm² = 22 针 ×28 行

【制作过程】

1. 分左右 2 片环形部分组成，是横向编织，先织左片：下针起针法起 48 针，用退引针法织花样 A，方法是：48 针分 3 部分编织，第 1 部分 16 针，第 2 部分 20 针，第 3 部分 12 针，第 1 部分织 1 行，第 2 部分织 2 行，第 3 部分织 4 行，以此类推，循环编织至 80cm，收针断线，环形部分完成。用同样方法编织右片。
2. 中间连接片：起 16 针，织 17cm 花样 B。
3. 左片的 A 与 B 缝合，右片的 C 与 D 缝合，然后在中间与中间连接片缝合。
4. 沿着中间连接片的两端至左右片的边缘挑 278 针织 5cm 花样 C，成为门襟。
5. 两边袖口挑 52 针，圈织 5cm 花样 C。
6. 后面的装饰片另织，与衣服缝合。编织完成。

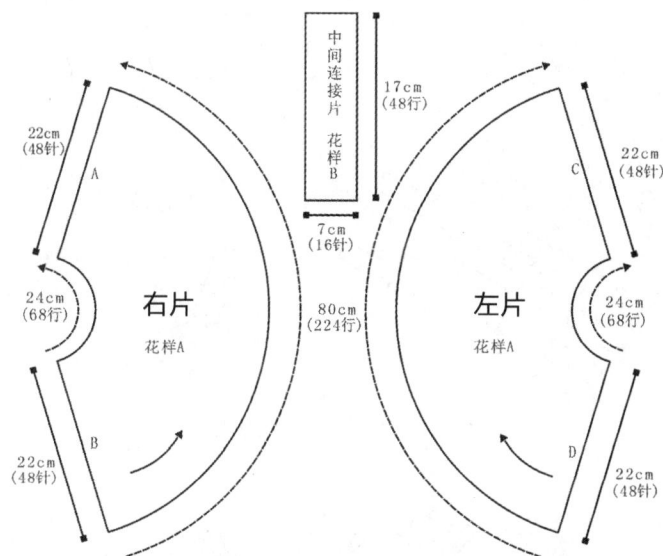

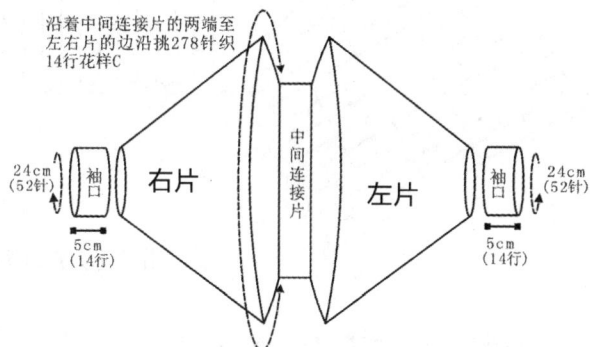

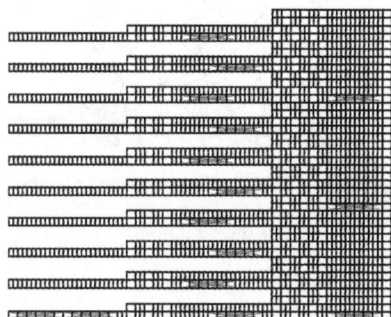
花样 A

花样 B

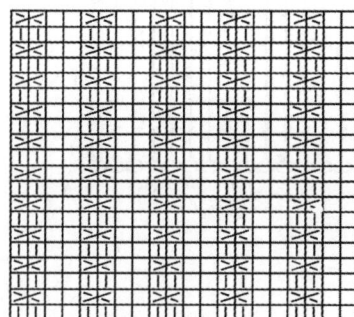
花样 C

镂空背心裙

【成品尺寸】 衣长 33cm 胸围 44cm
【工　具】 可乐钩针 5 号 缝衣针
【材　料】 荧光绿宝宝棉线若干 白色棉线少许
【密　度】 10cm² = 30 针 × 10 行
【附　件】 花色纽扣 2 枚

【制作过程】

1. 起 84 个辫子针，钩 4 行花样，第 5 行袖口的地方连接，圈钩。
2. 钩 11 圈花样 B，换白色线钩 1 圈，再换绿色线钩 1 圈。
3. 钩袖口花边。
4. 钩胸花，在前片缝上胸花，后片领口处缝上纽扣。编织完成。

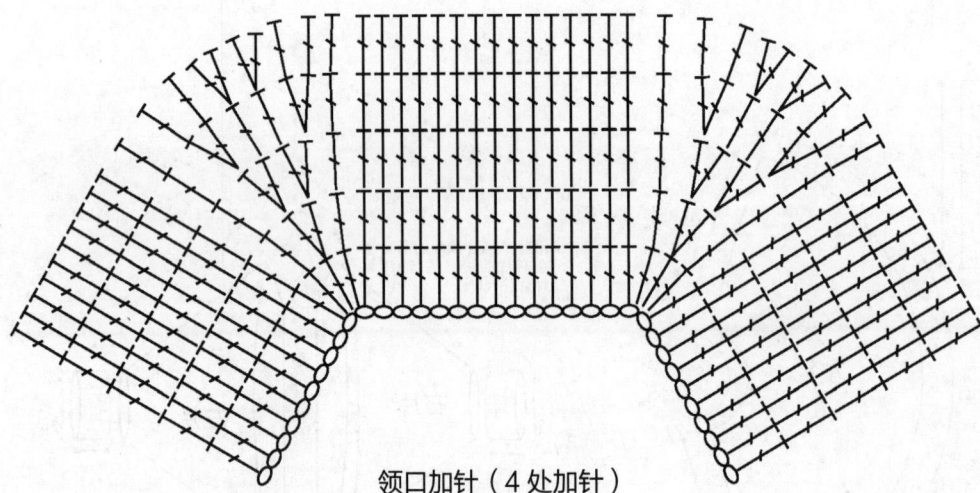

领口加针（4 处加针）

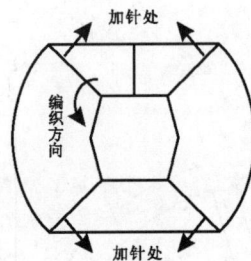

白色部分

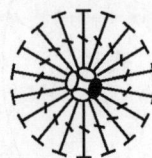

胸花：
钩 2 个单元花，用短针连接

花边：钩 3 辫子针 1 珠针

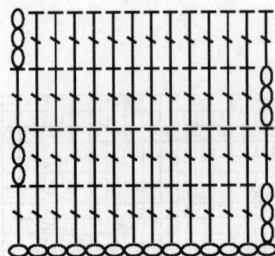

花样 A

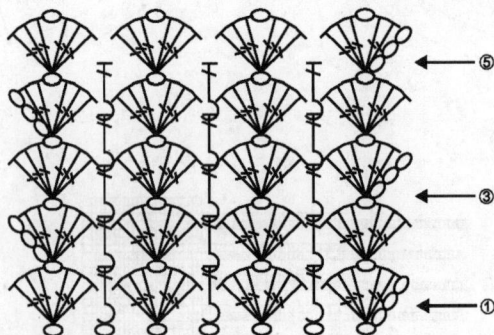

花样 B：
3 长针 +1 短针 +3 长针 +1 长针正浮针

前片图示：
6cm(18针) 8cm(24针) 6cm(18针)
3cm(9针) 编织方向
花样A
13cm(5行)
22cm(72针)
前片
花样B
33cm(18行)
20cm(13行)
28cm(84针)

后片图示：
6cm(18针) 8cm(24针) 6cm(18针)
3cm(9针) 编织方向
花样A
13cm(5行)
22cm(72针)
后片
花样B
33cm(18行)
20cm(13行)
28cm(84针)

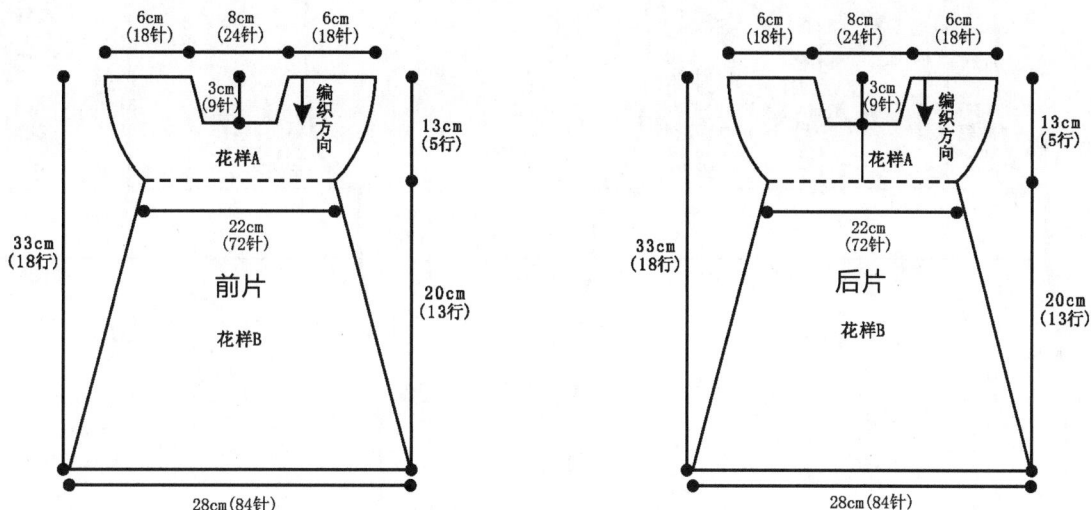

收腰系带毛线裙

【成品尺寸】衣长 46cm 下摆 68cm 袖长 37cm
【工　　具】3.5mm 棒针　缝衣针
【材　　料】天蓝色羊毛绒线若干　白色线少许
【密　　度】10cm² = 30 针 ×40 行
【附　　件】手编绳子 1 根

【制作过程】
1. 毛衣用棒针编织，由 1 片前片、1 片后片、2 片袖片组成，从下往上编织。
2. 前片：（1）用下针起针法起 102 针，先织 3cm 花样 B 后，改织花样 A 并配色，织至 21cm 时，分散减 18 针，此时针数为 84 针，然后改织 6cm 双罗纹至袖窿，侧缝不用加减针。
（2）袖窿以上的编织：改织全下针，两边袖窿平收 4 针后减针，方法是：每 2 行减 1 针减 4 次，各减 4 针，不加不减织 56 行至肩部。
（3）同时织至袖窿算起 8cm 时，开始开领窝，中间平收 18 针，然后两边减针，方法是：每 2 行减 1 针减 10 次，各减 10 针，不加不减织 12 行至肩部余 15 针。
3. 后片：（1）袖窿和袖窿以下的编织方法与前片一样。
（2）同时织至从袖窿算起 14cm 时，开始开窝，中间平收 30 针，然后两边减针，方法是：每 2 行减 1 针减 4 次，至肩部余 15 针。
4. 袖片：用下针起针法起 60 针，织 3cm 花样 B 后，改织全下针，袖下加针，方法是：每 10 行加 1 针加 9 次，织至 11cm 时，改织 4cm 双罗纹，再改织全下针，织 11cm 后，两边平收 4 针，开始袖山减针，方法是：每 2 行减 2 针减 3 次，每 2 行减 1 针减 12 次，各减 18 针，至顶部余 34 针。
5. 缝合：将前片的侧缝与后片的侧缝对应缝合，前片的肩部与后片的肩部缝合，两边袖片的袖下缝合后，分别与衣片的袖边缝合。
6. 领片：领片分左右 2 片编织，分别起 56 针，织 34 行花样 B 并配色，形成翻领。毛衣编织完成。

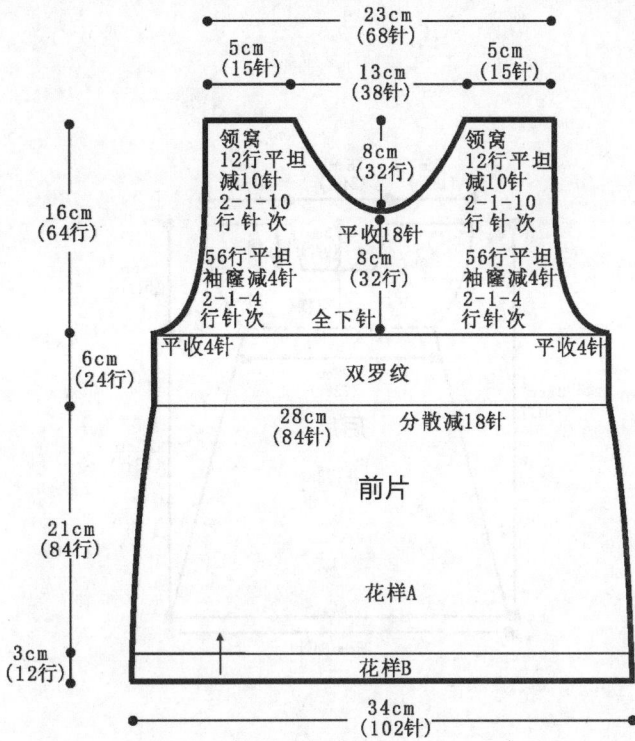

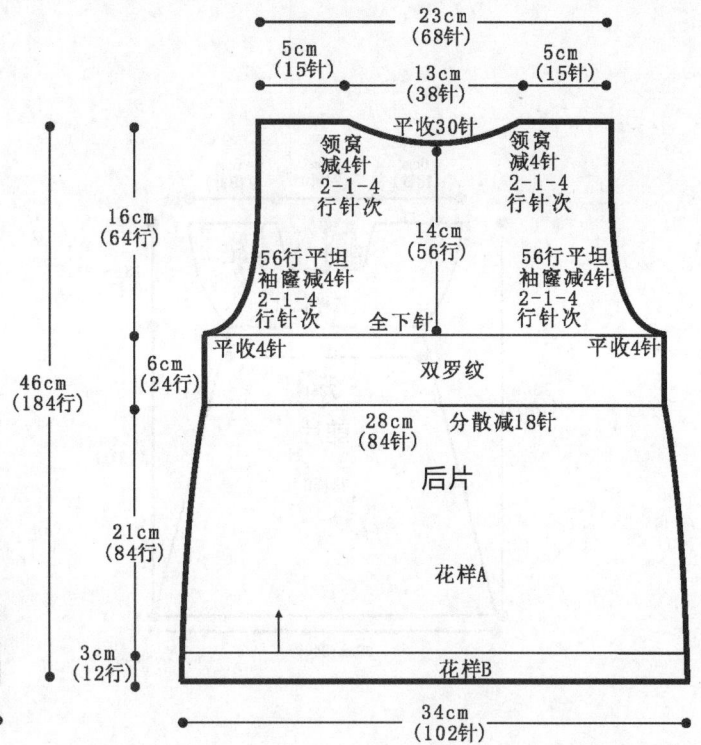

23cm
(68针)
5cm
(15针)
13cm
(38针)
5cm
(15针)

领窝
12行平坦
减10针
2-1-10
行针次

8cm
(32行)

领窝
12行平坦
减10针
2-1-10
行针次

16cm
(64行)

平收18针
8cm
(32行)

56行平坦
袖窿减4针
2-1-4
行针次

全下针

56行平坦
袖窿减4针
2-1-4
行针次

6cm
(24行)

平收4针

双罗纹

平收4针

46cm
(184行)

28cm
(84针)　分散减18针

前片

21cm
(84行)

花样A

3cm
(12行)

花样B

34cm
(102针)

平收30针

领窝
减4针
2-1-4
行针次

领窝
减4针
2-1-4
行针次

14cm
(56行)

56行平坦
袖窿减4针
2-1-4
行针次

全下针

56行平坦
袖窿减4针
2-1-4
行针次

平收4针

双罗纹

平收4针

28cm
(84针)　分散减18针

后片

花样A

花样B

34cm
(102针)

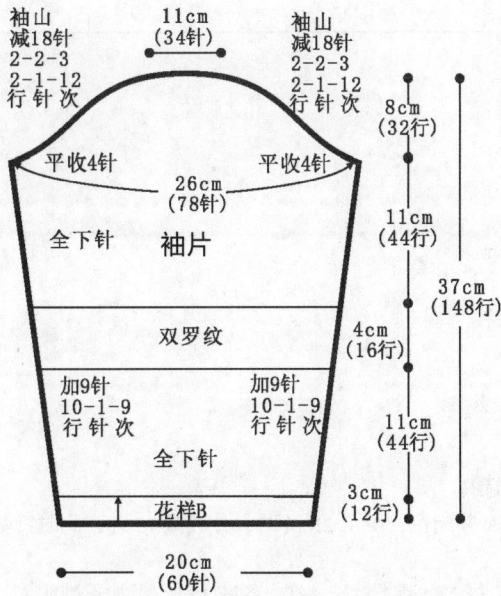

袖山
减18针
2-2-3
2-1-12
行针次

11cm
(34针)

袖山
减18针
2-2-3
2-1-12
行针次

平收4针

26cm
(78针)

平收4针

8cm
(32行)

全下针　袖片

11cm
(44行)

双罗纹

37cm
(148行)

4cm
(16行)

加9针
10-1-9
行针次

加9针
10-1-9
行针次

全下针

11cm
(44行)

花样B

3cm
(12行)

20cm
(60针)

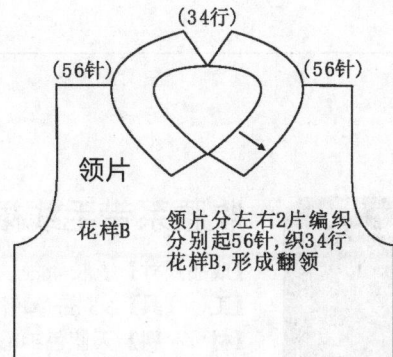

(34行)

(56针)

(56针)

领片

花样B

领片分左右2片编织
分别起56针,织34行
花样B,形成翻领

全下针

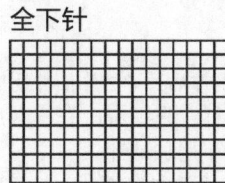

双罗纹

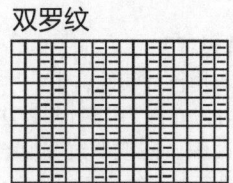

花样 A

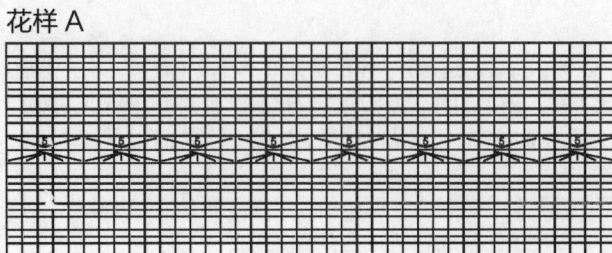

花样 B

圆领小披肩

【成品尺寸】衣长 29cm 胸围 64cm 连肩袖长 19cm
【工　　具】可乐钩针 5 号
【材　　料】绿色牛奶棉线若干 白色棉线少许
【密　　度】10cm²=30 针 ×10 行

【制作过程】

1. 起 96 个辫子针,钩 17 行花样 (第 1 行花钩 1 行长针),第 2 行花的时候开始加 4 组(32 针)花,第 3 行加 8 组(64 针),第 4 行不加(加针参考图解)。

2. 在袖口位置挑针钩袖子,钩 6 行花样,钩 1 圈花边花样。

3. 在起针的位置反方向钩领子,钩 3 行花样 (第 1 行要减针,减到 48 针),钩第 4 行的时候连着钩门襟,一直钩到下摆再绕回领子,不断线,继续钩 1 圈花边花样。

4. 编织结束,钩 2 个小球,用短针连接,系在门襟位置。编织完成。

右前片 花样
左前片 花样
后片 花样

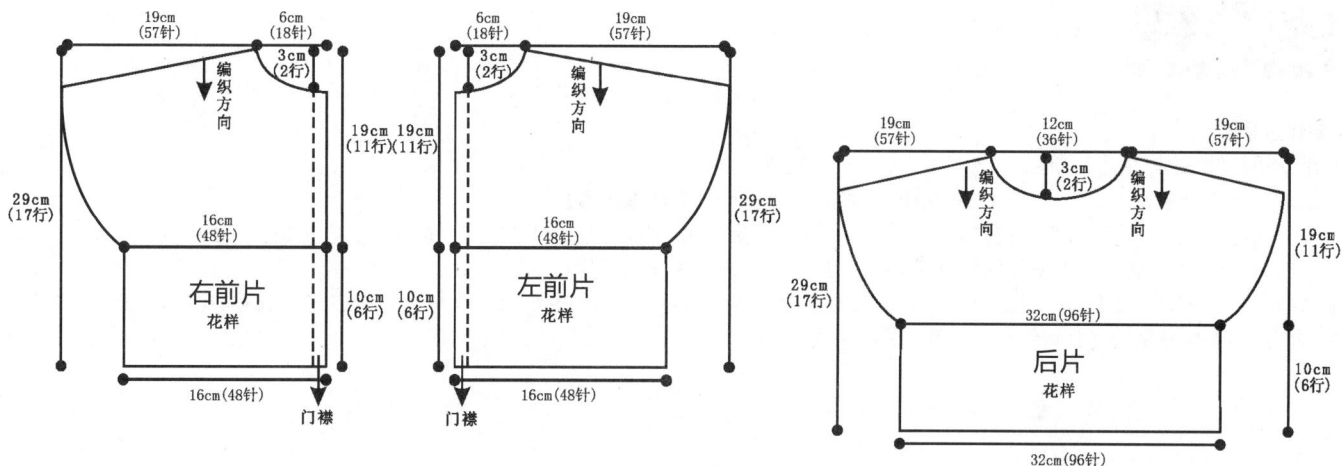

花边花样: 钩 3 辫子针 1 珠针 1 短针

花样: 两行长针
　　　第 3 行 1 短针 +9 长针 +1 短针
　　　第 4 行 3 辫子针起立,3 辫子针 +1 短针
　　　+3 辫子针 +1 长针 +1 短针 +1 长针

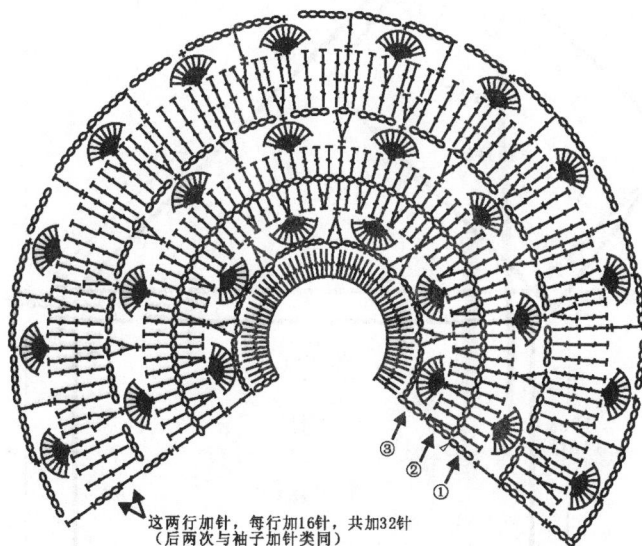

这两行加针,每行加 16 针,共加 32 针
(后两次与袖子加针类同)

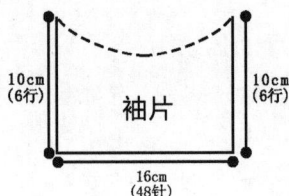

10cm
(6行)   10cm
(6行)

16cm
(48针)

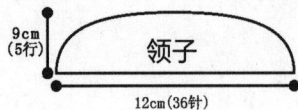

9cm
(5行)   领子

12cm(36针)

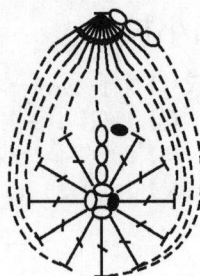

小球   第1圈 3 辫子针 +1 引拔针
第2圈 12 长针
第3圈 12 针并 1 长针

短袖蝙蝠衫

【成品尺寸】衣长 26cm　下摆 54cm
【工　　具】3.5mm 棒针　缝衣针　钩针
【材　　料】绿色羊毛绒线若干
【密　　度】10cm² = 30 针 × 36 行

【制作过程】

1. 毛衣用棒针编织，由 1 片前片、1 片后片、2 片肩片组成。
2. 前片：下针起针法起 82 针，织 12cm 花样 B，收针断线。同样方法编织后片。
3. 左右肩片：左肩片：下针起针法按编织方向起 50 针，织花样 A，织至 23cm 时开始在一边减针，方法是：每 2 行减 2 针减 10 次，每 2 行减 1 针减 30 次，织 21cm 时针数全部减完。同样方法对称编织右肩片。
4. 缝合：左右肩片分别按结构图缝合，其中 A 与 B 缝合、C 与 D 缝合、E 与 F 缝合、G 与 H 缝合，形成衣服的整体形状。
5. 领圈边和下摆分别用钩针钩织花边。毛衣编织完成。

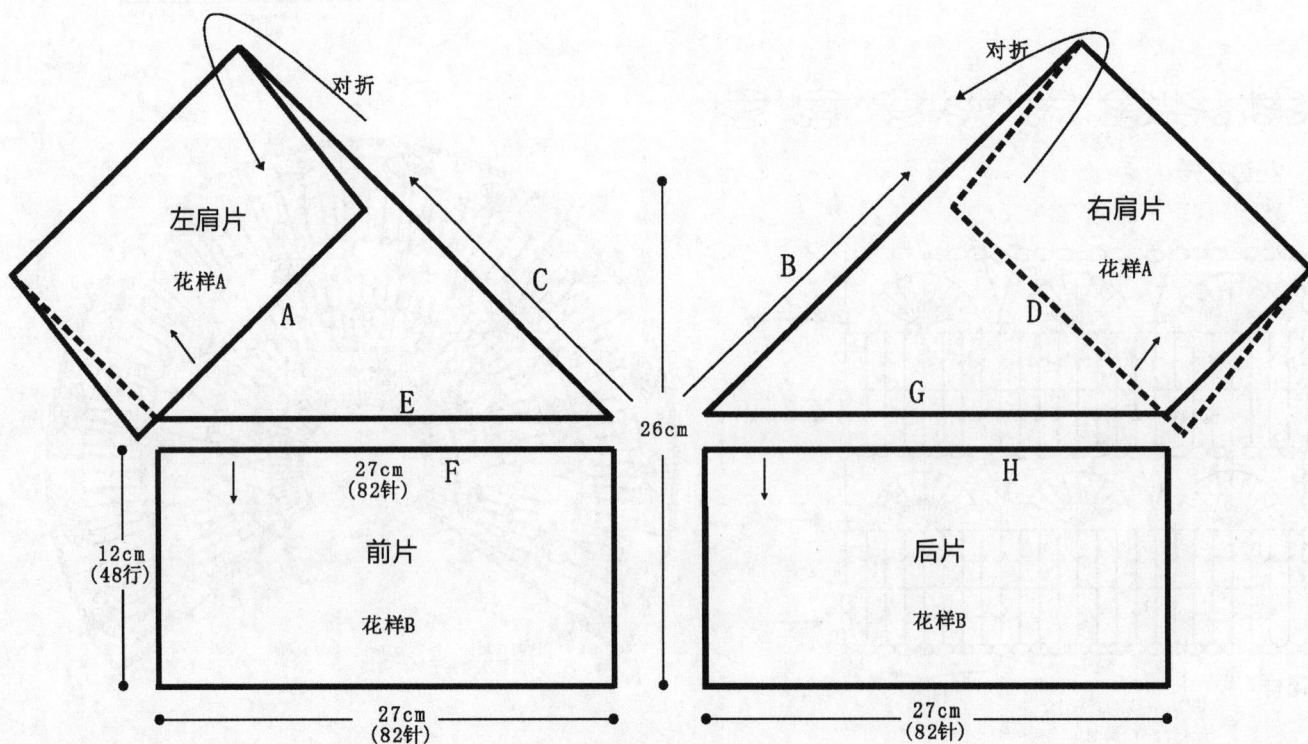

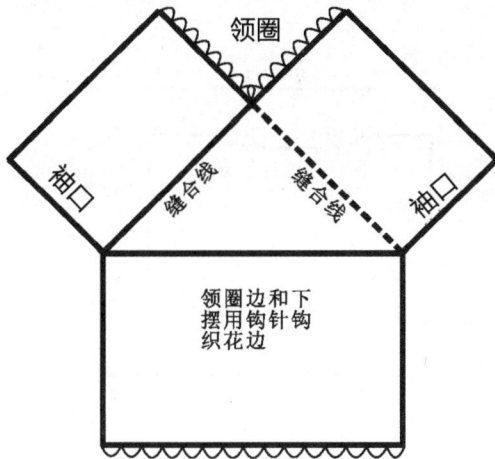

领圈

袖口 缝合线 缝合线 袖口

领圈边和下
摆用钩针钩
织花边

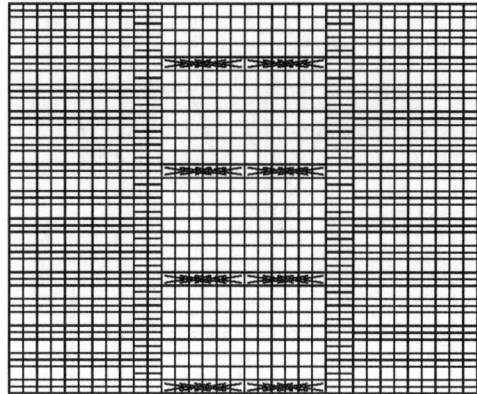

花样 A

44cm
(176行)

左 / 右肩片

17cm
(50针)

减50针
2-2-10
2-1-30
行针次

花样A

21cm
(84行)

23cm
(92行)

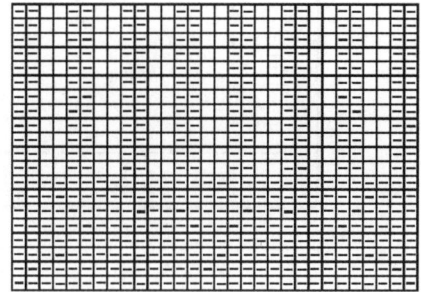

花样 B

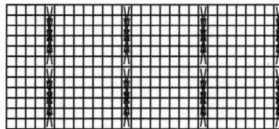

花边

无袖连衣裙

【成品尺寸】衣长 45cm　胸围 74cm

【工　　具】3.5mm 棒针

【材　　料】蓝色羊毛绒线若干　白色线少许

【密　　度】10cm² = 20 针 ×28 行

【制作过程】

1. 前片：先用白色线，按图用下针起针法起 74 针，织 4cm 花样 C 后，改用蓝色线织花样 B，织至 22cm 时，再改织花样 A，织至 4cm 时左右两边平收 5 针，开始按图收成袖窿，再织 6cm 中间平收 16 针，开领窝，左右肩分别编织直到完成。

2. 后片：织法与前片一样，只需按图开领窝。

3. 编织结束后，将前后片侧缝、肩部对应缝合。

4. 领圈用白色线，挑 78 针，织 3cm 花样 C，形成圆领。两边袖口挑适合针数，织 3cm 花样 C。编织完成。

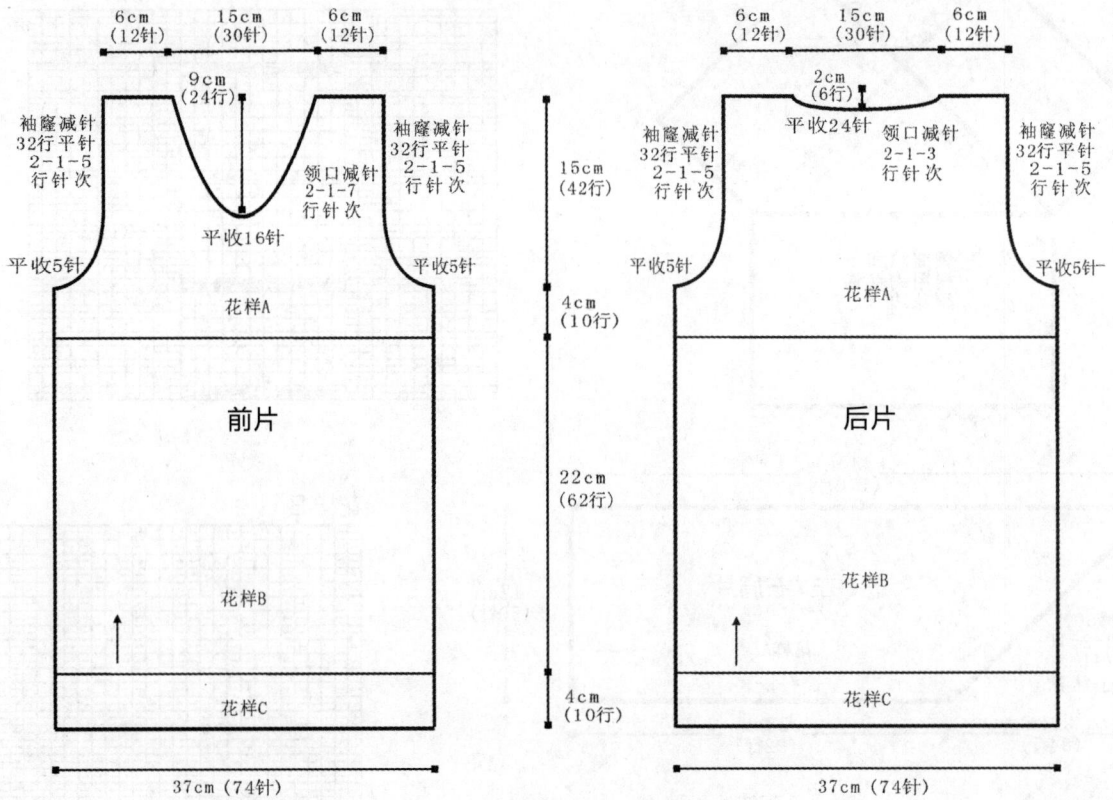

前片

6cm
(12针)
15cm
(30针)
6cm
(12针)

9cm
(24行)

袖窿减针
32行平针
2-1-5
行针次

领口减针
2-1-7
行针次

平收16针

平收5针

平收5针

花样A

花样B

花样C

37cm（74针）

后片

6cm
(12针)
15cm
(30针)
6cm
(12针)

2cm
(6行)

平收24针

袖窿减针
32行平针
2-1-5
行针次

领口减针
2-1-3
行针次

袖窿减针
32行平针
2-1-5
行针次

平收5针

平收5针

花样A

花样B

花样C

37cm（74针）

15cm
(42行)

4cm
(10行)

22cm
(62行)

4cm
(10行)

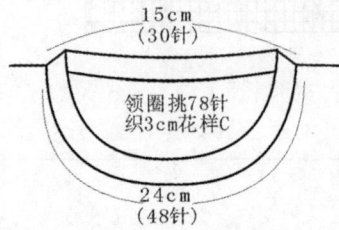

15cm
(30针)

领圈挑78针
织3cm花样C

24cm
(48针)

领子结构图

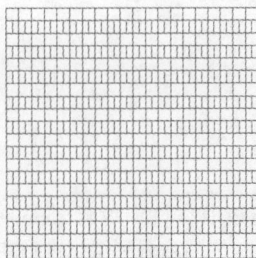

花样C

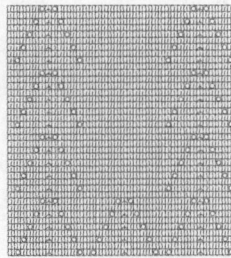

花样B

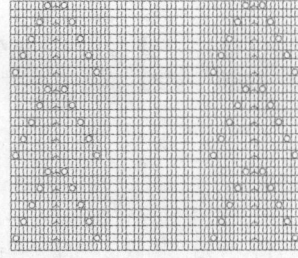

花样A

七彩花朵镂空开衫

【成品尺寸】衣长 35cm 胸围 70cm
【工　　具】可乐钩针 5 号
【材　　料】粉色棉线若干 黄色、绿色、白色、深粉色棉线各少许
【密　　度】10cm² = 40 针 × 10 行

【制作过程】

1. 钩单元花 12 朵。
2. 起 128 针辫子针，钩单元花连接图解，连接 12 朵单元花，分前后片接着钩 3 行长针，第 2 行、第 3 行袖口两边各加 2 针，第 3 行袖口处连接，形成袖口。
3. 接着钩花样，钩袖口、领口与门襟花边。
4. 钩系带。编织完成。

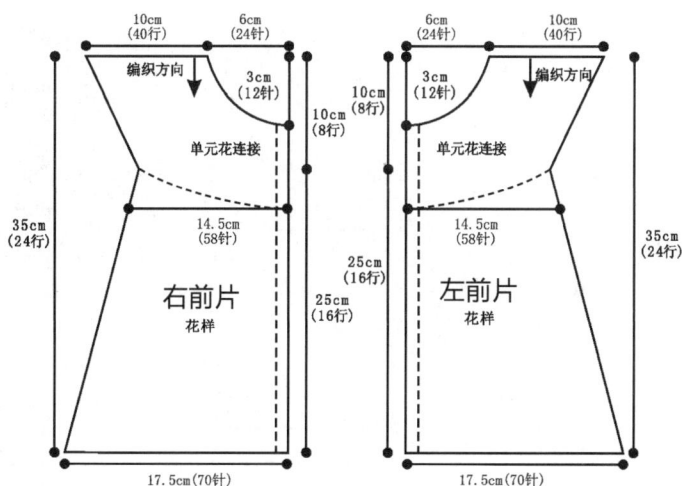

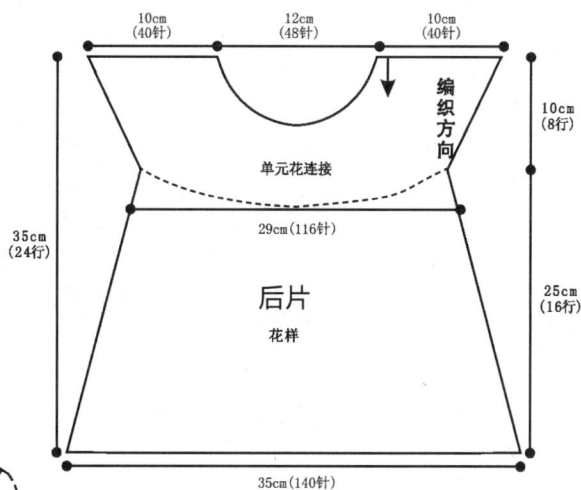

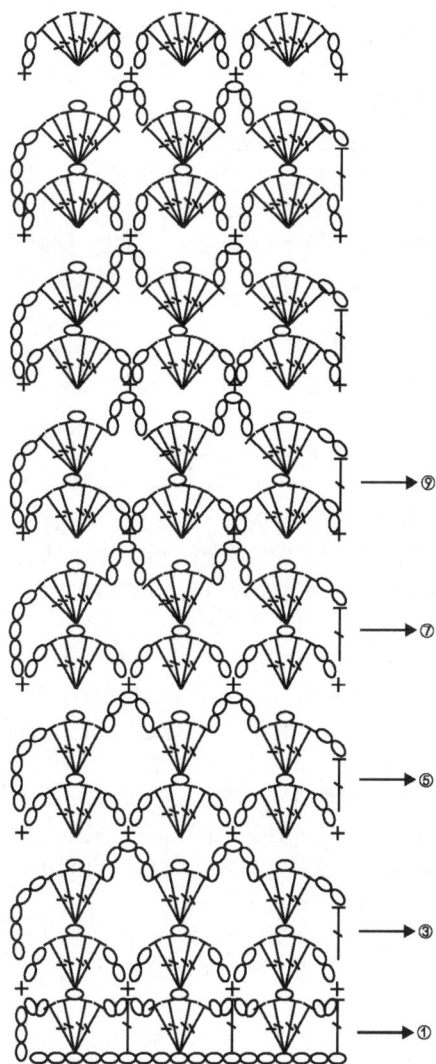

右前片 花样
左前片 花样
后片 花样

10cm (40行) 6cm (24针)
编织方向
3cm (12针)
10cm (8行)
单元花连接
35cm (24行)
14.5cm (58针)
25cm (16行)
25cm (16行)
17.5cm (70针)

6cm (24针) 10cm (40行)
3cm (12针)
编织方向
单元花连接
35cm (24行)
14.5cm (58针)

10cm (40针) 12cm (48针) 10cm (40针)
编织方向
10cm (8行)
单元花连接
35cm (24行)
29cm (116针)
25cm (16行)
35cm (140针)

花：
第 1 圈 3 辫子针 1 引拔针
第 2 圈 短针
第 3 圈 1 短针 3 长针 1 短针
连接处 3 引拔针 到中间的长针处
第 4 圈 1 短针 4 辫子针
第 5 圈 1 短针 3 长针 1 短针

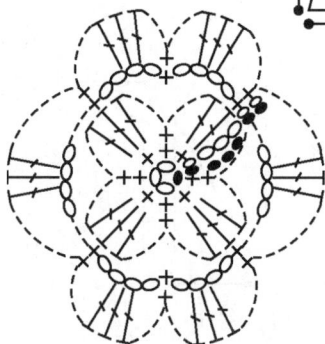

门襟领口袖口花边：
第 1 行 短针
第 2 行 1 短针 2 辫子针 3 中长针
加狗牙 2 辫子针

花样：
第 1 行钩 5 辫子针 2 长针 1 短针 2 辫子针 2 短针 1 长针
第 2 行 1 短针 2 辫子针 2 长针 1 短针 2 辫子针 2 辫子针
第 3 ～ 6 行重复第 1、2 行
第 7 行钩 5 辫子针 3 长针 2 短针 2 辫子针 2 短针 1 长针
第 8 行 1 短针 2 辫子针 2 长针 1 短针 3 长针 2 辫子针
第 9 行重复第 7、8 行
第 10 行钩 5 辫子针 3 长针 1 短针 3 长针 2 短针 1 长针
第 11 行 1 短针 2 辫子针 3 长针 1 短针 3 长针 2 辫子针
第 12 行重复第 10 行
第 13 行 1 短针 2 辫子针 3 长针 3 长针 2 辫子针

⑨
⑦
⑤
③
①

白色花朵套头衫

【成品尺寸】衣长 39cm　胸围 56cm　连肩袖长 37cm
【工　　具】3.5mm 棒针
【材　　料】白色羊毛绒线若干
【密　　度】10cm²=20 针 ×28 行

【制作过程】

1. 毛衣由 6 个六边形织片组成，其中前片和后片的六边形多织 4 圈。

2. 前片六边形编织：在中间起 24 针，按 5 根针编织说明编织花样，用同样方法编织后片。

3. 袖片编织：袖片由 4 个六边形组成，织法与前后片一样。

4. 缝合：图中相同颜色对应缝合，侧缝在袖窿处挑起 2 针，织双罗纹，并边织边在前后片的两边挑针，织至 34 行后，已经挑完 36 针，同样方法织另一边侧缝。

5. 领圈边挑 104 针，织 10 行双罗纹，并在每个织片的缝合处减针至 96 针。编织完成。

花样的五根针织法的编织说明：

首先用线在手指上绕 2 圈，在圈上起 24 针,不收放平针织 2 圈。

第 3 圈织 4 针平针放 1 针（用扭针）……共放 6 针。

第 4 圈织 4 针平针 1 针上针……（上一圈放的织上针）

第 5 圈织 4 针平针放 1 针（用扭针）织 1 针上针放 1 针（用扭针）……

第 6 圈织 4 针平针 3 针上针……

第 7 圈织 4 针平针放 1 针（用扭针）织 3 针上针放 1 针（用扭针）……

第 8 圈织 4 针平针 5 针上针……

第 9 圈织 2 针平针放 1 针织 2 针平针放 1 针（用扭针）织 5 针上针放 1 针（用扭针）……

第 10 圈织 2 针平针 1 针上针 2 针平针 7 针上针……

第 11 圈织 2 针平针放 1 针 1 针上针放 1 针 2 针平针 7 针上针……

第 12 圈织 2 平针 3 上针 2 平针 7 上针……

第 13 圈起至 29 圈逢单圈 2 平针在上针两边各加 1 针上针 2 针平针共放 9 次（后面 7 针上针处不加）……

第 14 圈至 30 圈逢双圈对应上圈织上下针，加针处织上针……

第 31 圈 2 针平针在上针两边继续加 1 针 1 平针 2 针并 1 针 5 针上针 2 针并 1 针 1 平针……

第 32 圈对应上一圈织上下针（加针处织上针）……

第 33 圈 1 平针在上针两边继续各加 1 针 1 平针 2 针并 1 针 3 上针 2 针并 1 针 1 平针……

第 34 圈对应上一圈织上下针（加针处织上针）……

第 35 圈 1 平针在上针两边继续各加 1 针 1 针平针 2 针并 1 针 1 上针 2 针并 1 针 1 平针……

第 36 圈对应上圈织上下针（加针处织上针），2 个并针中间这针改织下针……

第 37 圈 1 平针在上针两边继续各加 1 针 1 平针 3 针并 1 针 1 平针……

第 38 圈对应上圈织上下针（加针处织上针）……

第 39 圈 1 针平针在上针两边继续各加 1 针 3 针并 1 针……

第 40 圈对应上圈织上下针（加针处织上针）……

最后织 1 圈上针、1 圈下针各织 3 圈。

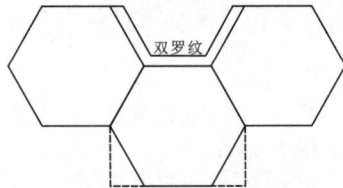

领圈挑104针织10行双罗纹并在每个织片的缝合处减针至96针

双罗纹

领子结构图

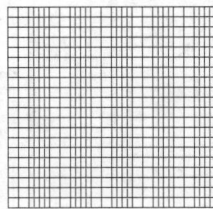

双罗纹

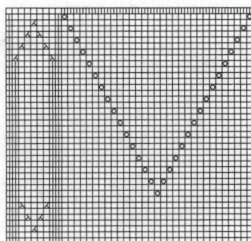

花样

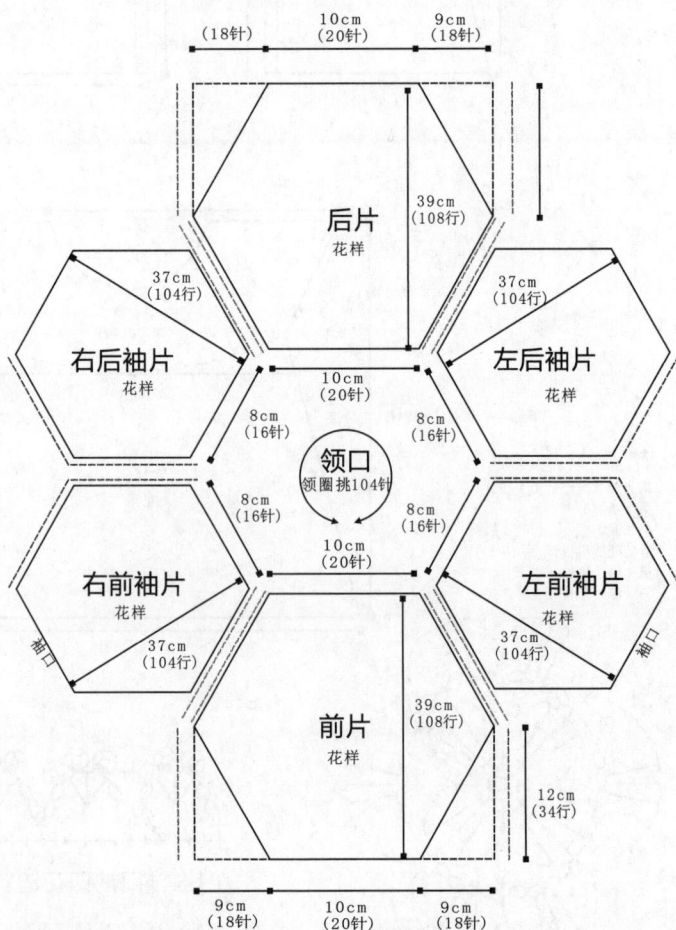

无袖连衣裙

【成品尺寸】 衣长 44cm　胸围 56cm

【工　　具】 3.5mm 棒针

【材　　料】 红色羊毛绒线若干　紫色线少许

【密　　度】 10cm²=26 针 ×36 行

【制作过程】

1. 前片：用下针起针法起 72 针，织 8cm 花样后改织全下针，侧缝不用加减针，织至 16cm 时，分散减 6 针，再织 4cm 后进行袖窿以上的编织，两边各平收 4 针后，进行袖窿减针，方法是：每 2 行减 1 针减 8 次，各减 8 针，平织 42 行至肩部。同时在袖窿算起 7cm 时，中间平收 14 针后，进行领窝减针，方法是：每 2 行减 2 针减 3 次，平织 26 行，至肩部余 8 针。

2. 后片：袖窿以下和袖窿减针的织法与前片一样。领窝的织法：在袖窿算起 14cm 时，平收 20 针，进行领窝减针，方法是：每 2 行减 1 针减 3 次，至肩部余 8 针。

3. 编织结束后，将前后片侧缝 肩部对应缝合。

4. 领圈边用钩针钩织花边，形成钩边圆领。两袖口边分别用钩针钩织花边。

5. 口袋：起 48 针，织全下针，先用紫色线织 2cm，改用红色线织 4cm，袋口用辫子绳子索紧，并在紫色线和红色线之间的位置与前片缝合，形成卷边口袋。腰间系上钩织的绳子。编织完成。

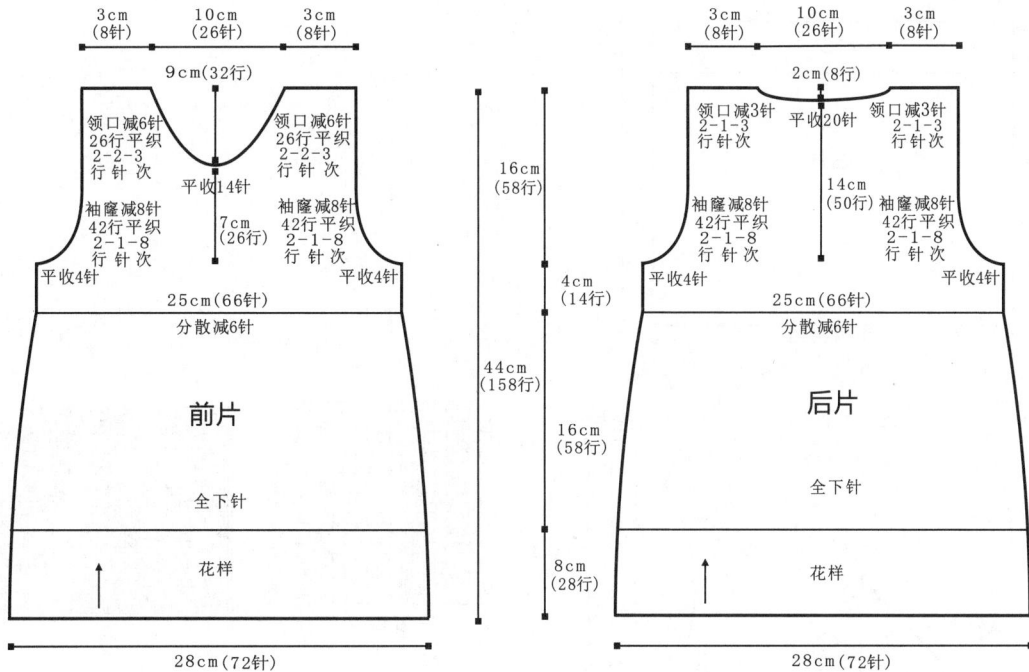

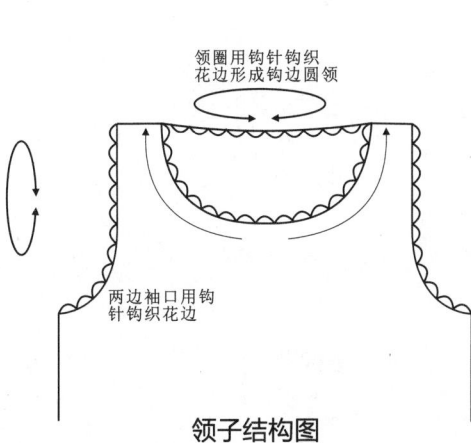

领子结构图

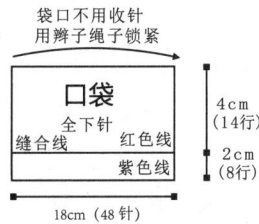

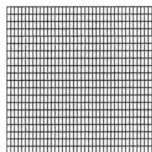

全下针

钩针花边

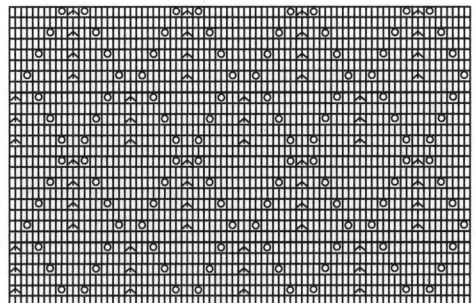

花样

短袖镂空毛衣

【成品尺寸】 衣长 33cm 胸围 60cm 袖长 13cm
【工　　具】 3.5mm 棒针
【材　　料】 紫色羊毛绒线若干 白色线少许
【密　　度】 10cm² = 24 针 ×32 行

【制作过程】

1. 从领圈往下编织，按编织方向，用一般起针法起 84 针，先织 4 行全下针后，再织 6 行双罗纹，作为领子，然后继续织花样 A，并按花样 A 加针，织至 10cm 时，针数加至为 256 针，分片编织时，在每片的两边直加 2 针至 272 针。
2. 后片：分出 72 针，继续织 20cm 全下针后，侧缝不用加减针，改织 3cm 花样 B，收针。
3. 前片：分出 72 针，织法与后片一样。
4. 袖片：两袖片各分出 56 针，织 6 行双罗纹后，改织 4 行全下针。
5. 前片和后片对应缝合，袖口和领圈边用白色线绕边。编织完成。

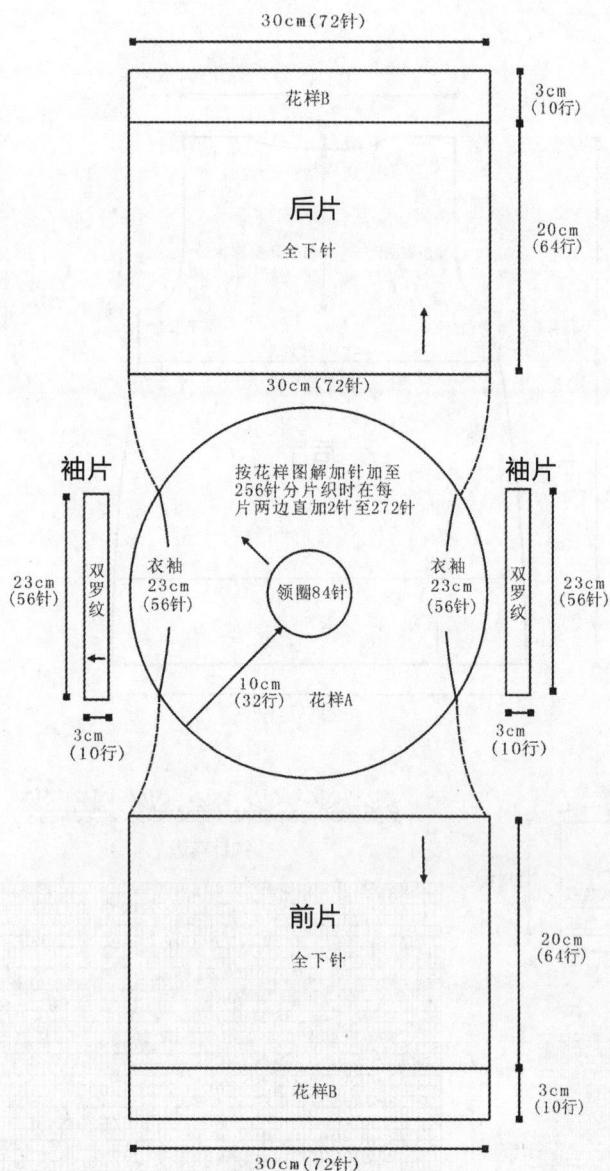

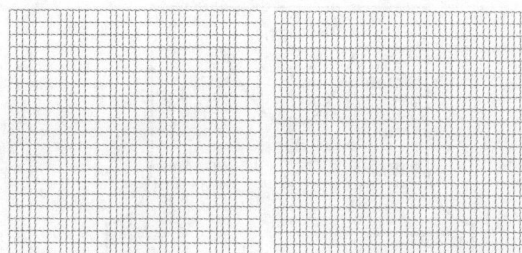

双罗纹　　　　全下针

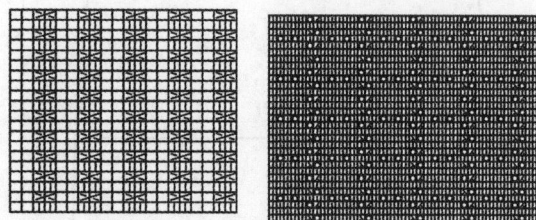

花样 B　　　　花样 A

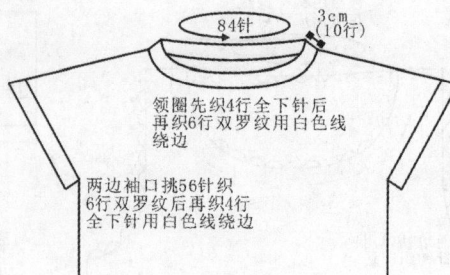

领子结构图

蓝色两色毛线裙

【成品尺寸】 衣长 35cm　胸围 52cm

【工　　具】 可乐钩针 5 号　缝衣针

【材　　料】 蓝色、白色棉线各若干

【密　　度】 10cm²=30 针 ×10 行

【制作过程】

1. 分上下两部分开始钩，先织上半部分，起 63 个辫子针，圈钩。

2. 钩 6 圈花样 A，开始减针（参考前后片图解）。

3. 从反方向开始钩花样 B（参考前后片图解）。

4. 缝合肩膀，用蓝色棉线在领口与袖口处钩 1 圈短针（参考图示）。

5. 钩装饰花 3 朵，按图示缝上装饰花。编织完成。

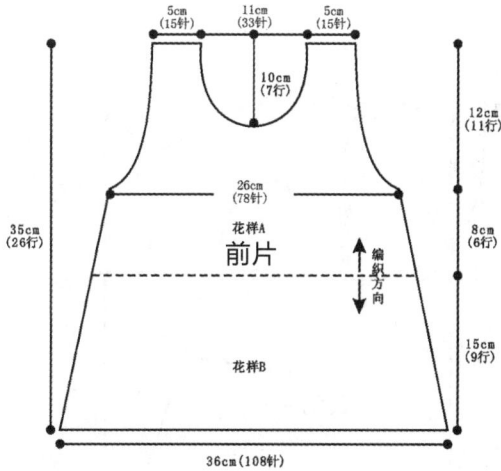

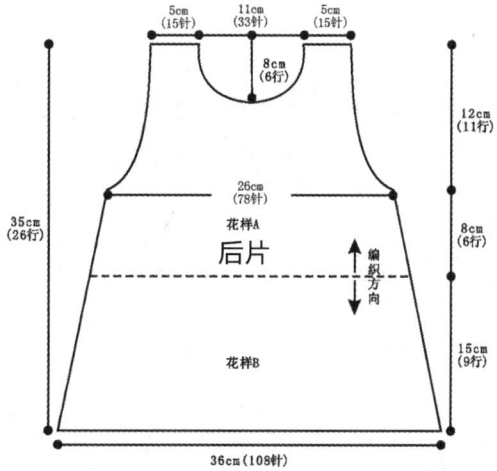

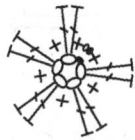

装饰花：
第 1 圈 5 个辫子针 1 引拔针
第 2 圈 1 短针 2 长针 1 短针，
重复 5 次

领口袖口边：
1 个辫子针上 3 短针

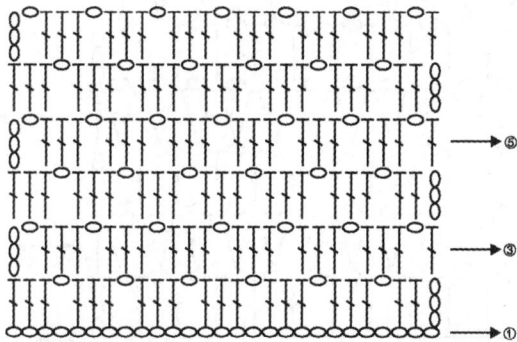

花样 A：
第 1 行钩辫子针
第 2 行 3 长针 1 辫子针

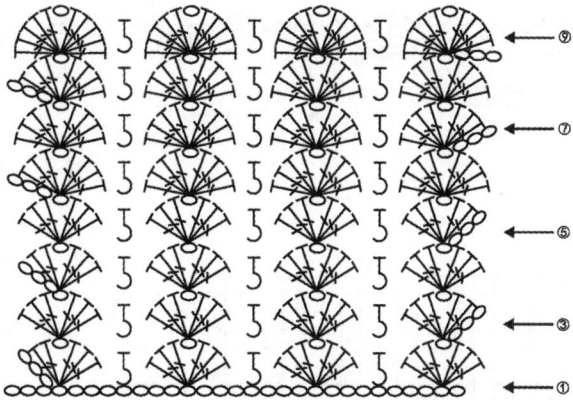

花样 B：
第 1 行钩辫子针
第 2 行 3 长针 1 辫子针 3 长针 1 长针正浮针，重复，钩 4 行
第 6 行 4 长针 1 辫子针 4 长针 1 长针正浮针
第 7 行 5 长针 1 辫子针 5 长针 1 长针正浮针

双排扣毛线背心

【成品尺寸】衣长 34cm 胸围 52cm
【工　　具】可乐钩针 5 号 缝衣针
【材　　料】宝宝红色棉线若干
【密　　度】上半部分 10cm²=30 针 ×30 行 下半部分 10cm²=30 针 ×10 行
【附　　件】红色纽扣 4 枚

【制作过程】
1. 分上下两部分开始钩，先钩上半部分，起 162 个辫子针。
2. 右前片：钩 4 行花样 A，分袖口，第 5 行袖口处减 2 针，第 6 行减 1 针，第 7 行减 1 针，钩到 17 行，第 18 行钩肩部，钩 16 针留出领口，不减针，钩 4cm。后片：钩 4 行花样 A，分袖口，第 5 行袖口处各减 2 针，第 6 行各减 1 针，第 7 行各减 1 针，钩到和左前片长度一样。左前片同右前片，注意的是要留出扣眼，第 3 行门襟处空 3 针不钩，钩 3 针辫子针再短针，钩到 14 行门襟处空 3 针不钩，钩 3 针辫子针再短针（参考图解，如不会留扣眼，可缝上扣子，在左前片上缝上暗扣）。
3. 从反方向开始钩花样 B，前 2 行各加 2 针，后面 2 行加 2 针，加到 10 行，不再加针，钩到 15cm 处（参考图解）。
4. 缝合肩膀，按照圈边花样钩边，包括袖口、领口和门襟。
5. 缝上纽扣。编织完成。

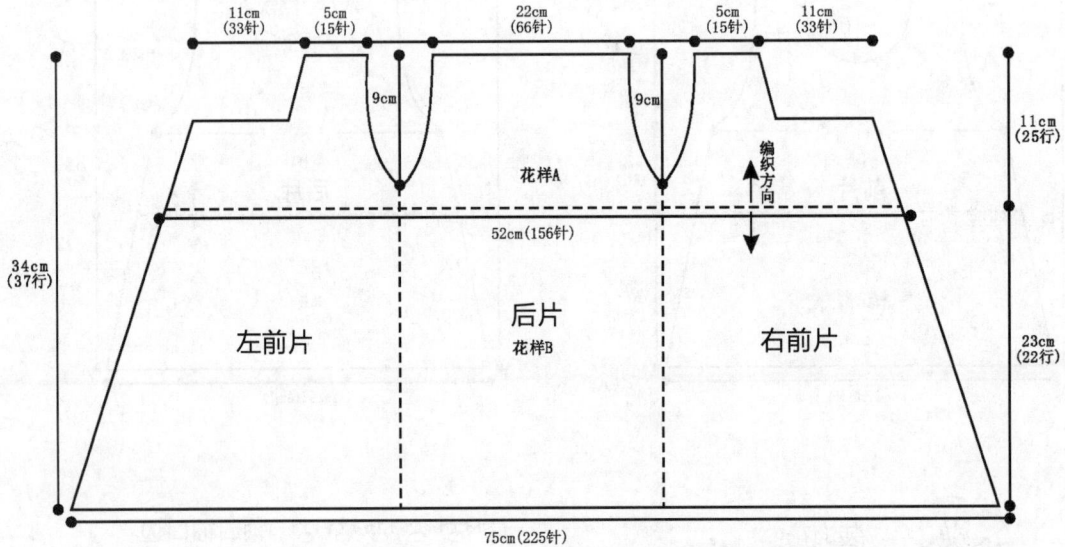

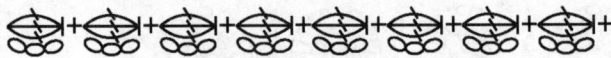

11cm（33针） 5cm（15针） 22cm（66针） 5cm（15针） 11cm（33针）

9cm   花样A   9cm   编织方向

11cm（25行）

52cm（156针）

34cm（37行）

左前片   后片   花样B   右前片

23cm（22行）

75cm（225针）

圈边花样：钩 3 辫子针 1 珠针 1 短针

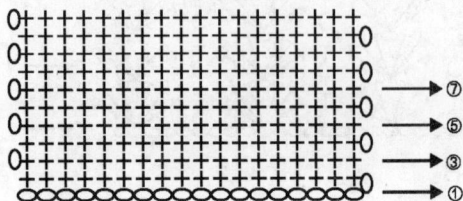

花样 A：
第 1 行钩辫子针
第 2 行钩短针

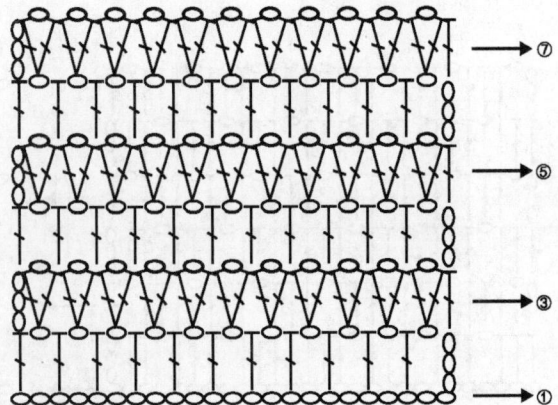

花样 B：
第 1 行钩辫子针
第 2 行 1 长针 1 辫子针 1 长针 1 辫子针
第 3 行 1 长针 1 辫子针 1 长针
第 4 行 1 长针 1 辫子针 1 长针 1 辫子针
第 5 行 1 长针 1 辫子针 1 长针

海军领开衫

【成品尺寸】衣长 37.5cm　胸围 74cm　袖长 29cm
【工　　具】3.5mm 棒针　缝衣针
【材　　料】蓝色棉线若干　白色棉线少许
【密　　度】10cm²：32.5 针 ×44 行
【附　　件】纽扣 6 枚

【制作过程】

1. 后片：蓝色线起 120 针，织全下针，织 3cm，与起针合并成双层衣摆边，继续织全下针，织 20.5cm 的高度，两侧各平收 4 针，然后按每 2 行减 1 针减 6 次的方法减针织成袖窿，织至 25cm 的总高度，将织片分散均匀减掉 22 针，继续织全下针，织 10cm，中间平收 36 针，两侧按每 2 行减 1 针减 2 次的方法后领减针，最后两肩部各收下 19 针，后片共织 37.5cm 长。

2. 右前片：蓝色线起 56 针，织全下针，织 3cm，与起针合并成双层衣摆边，继续织全下针，织 20.5cm 的高度，右侧平收 4 针，然后按每 2 行减 1 针减 6 次的方法减针织成袖窿，织至 25cm 的总高度，将织片分散均匀减掉 11 针，改为 2 行白色 2 行蓝色间隔编织下针，织 5.5cm，左侧平收 4 针，然后按每 2 行减 2 针减 4 次，每 2 行减 1 针减 4 次的方法前领减针，织至 36cm 的总长度，最后肩部余下 19 针，收针。用同样的方法相反方向织织左前片。

3. 袖片：蓝色线起 64 针，织全下针，一边织一边按每 8 行加 1 针加 10 次的方法加针，织至 18cm 的高度，两侧各平收 4 针，然后按每 2 行减 1 针减 21 次的方法减针织成袖山，袖片共织 27.5cm 长，最后余下 34 针，袖底缝合，沿袖口钩织 3 行短针收边。

4. 衣襟：蓝色线沿左右衣襟侧分别钩织 3 行短针。

5. 领片：蓝色线沿左右衣襟侧分别钩织 3 行短针。

6. 海军领：白色线起 78 针织全下针，织 10cm 的长度，中间平收 36 针，两侧按每 2 行减 1 针减 2 次的方法减针，两侧各余下 19 针，分别编织，以左侧为例，左侧按每 4 行减 1 针减 12 次，每 2 行减 1 针减 5 次的方法减针，织 13cm 长，最后余 2 针，收针。沿海军领边蓝色线钩织 3 行短针收边。起 14 针，2 行蓝色 2 行白色间隔编织 6cm，周围钩织花边，缝制领口蝴蝶结。编织完成。

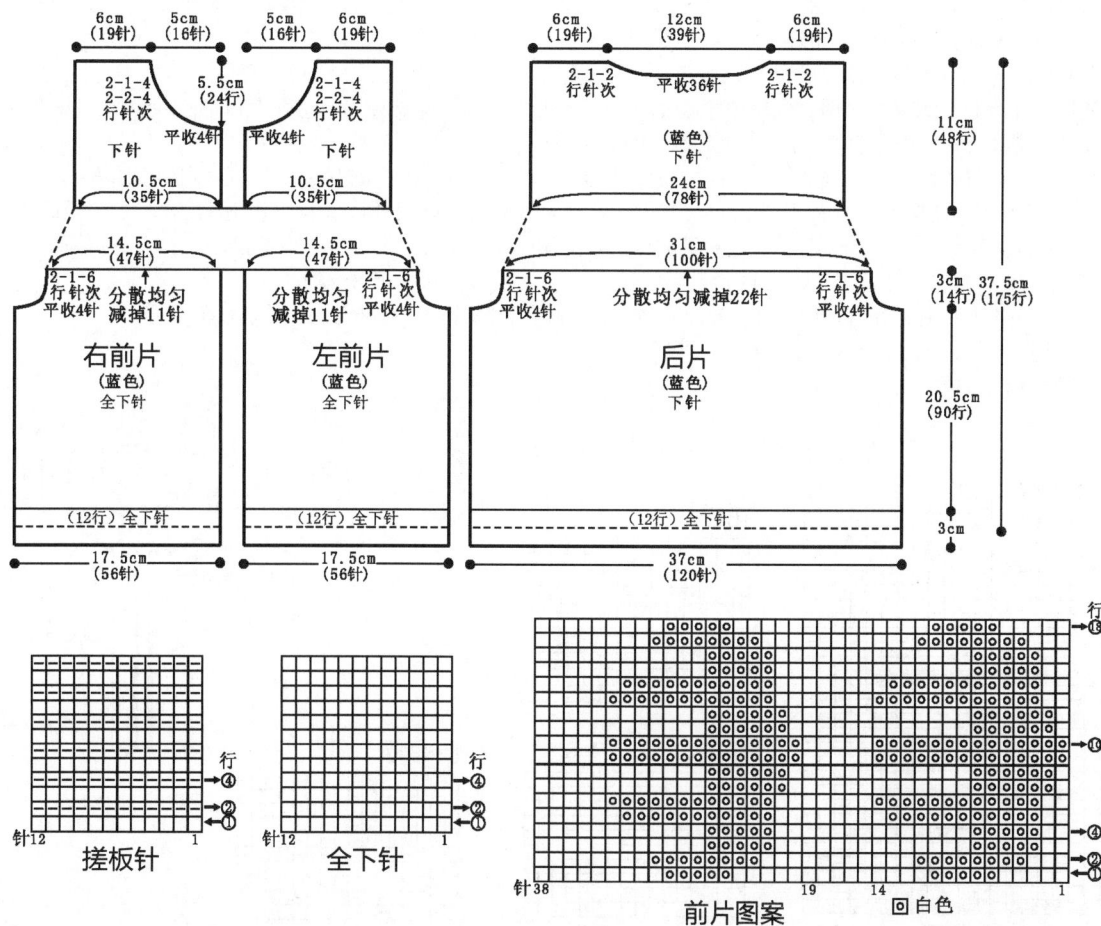

搓板针

全下针

前片图案　回白色

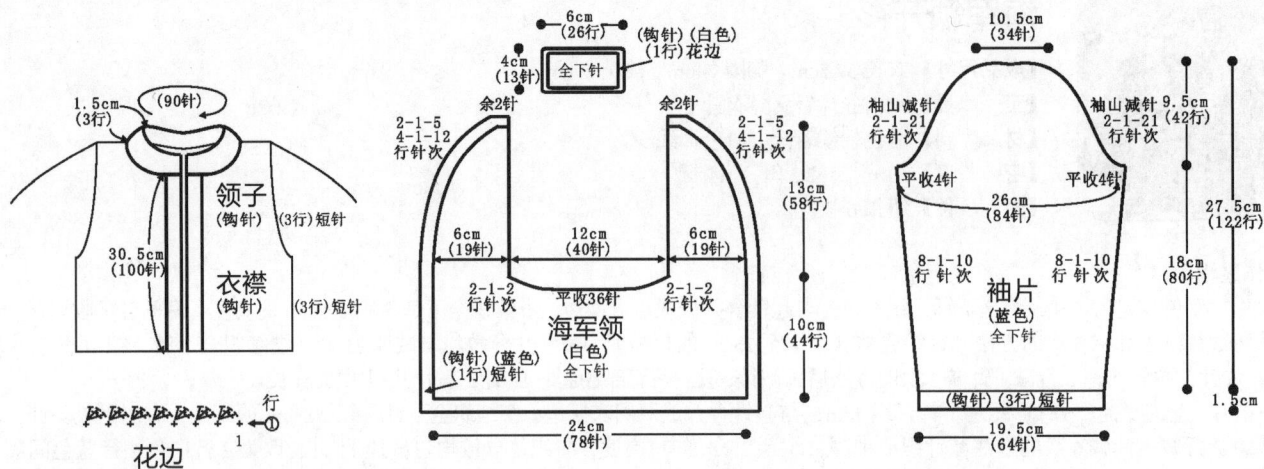

领子
（钩针）（3行）短针

衣襟
（钩针）（3行）短针

1.5cm（3行）（90针）

30.5cm（100针）

行
花边

6cm（26行）
4cm（13针）
（钩针）（白色）（1行）花边
全下针

余2针　余2针

2-1-5
4-1-12
行针次

2-1-5
4-1-12
行针次

6cm（19针）　12cm（40针）　6cm（19针）

13cm（58行）

2-1-2
行针次　　平收36针　　2-1-2
行针次

（钩针）（蓝色）（1行）短针　海军领
（白色）全下针

10cm（44行）

24cm（78针）

10.5cm（34针）

袖山减针
2-1-21
行针次

袖山减针
2-1-21
行针次

9.5cm（42行）

平收4针　　平收4针

26cm（84针）

8-1-10
行针次

8-1-10
行针次

袖片
（蓝色）
全下针

27.5cm（122行）

18cm（80行）

（钩针）（3行）短针

19.5cm（64针）

1.5cm

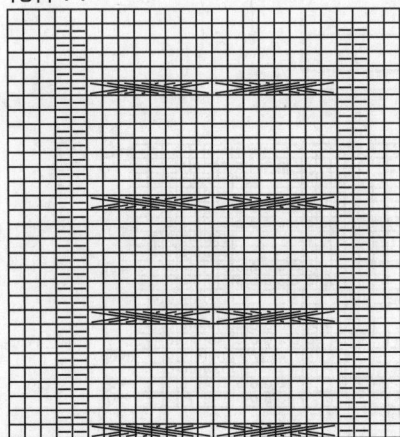

酒红色双排扣外套

【成品尺寸】衣长 39cm　下摆 60cm　连肩袖长 37cm
【工　　具】3.5mm 棒针　缝衣针
【材　　料】酒红色羊毛绒线若干
【密　　度】10cm² = 30 针 ×40 行
【附　　件】纽扣 6 枚

【制作过程】

1. 毛衣用棒针编织，由 2 片前片、1 片后片、2 片袖片组成，从下往上编织。

2. 前片：（1）左前片，用下针起针法起 45 针，先织 3cm 单罗纹后，改织花样 A（其中门襟的 15 针织花样 B），织 26 行时改织 4 行单罗纹，然后平收 30 针为袋口，15 针留着待用，内袋另起 30 针，织 30 行全下针，缝合于织片的内侧，并与门襟的 15 针合并继续编织，侧缝不用加减针，织 23cm 至插肩袖窿。

（2）袖窿以上的编织：袖窿平收 4 针后减 24 针，方法是：每 4 行减 2 针减 12 次，织 12cm 至肩部。

（3）同时从插肩袖窿算起，织至 7cm 时，开始领窝减针，门襟平收 7 针，然后减 10 针，方法是：每 2 行减 1 针减 10 次，织至肩部全部针数收完。同样方法编织右前片，并均匀地开纽扣孔。

3. 后片：（1）用下针起针法起 90 针，先织 3cm 单罗纹后，改织花样 A，侧缝不用加减针，织 24cm 至插肩袖窿。

（2）袖窿以上的编织：两边袖窿平收 4 针后减 24 针，方法是：每 4 行减 2 针减 12 次。 领窝不用减针，织 12cm 至肩部余 34 针。

4. 袖片：用下针起针法起 60 针，织全下针，两边袖下加针，方法是：每 10 行加 1 针加 9 次，织至 25cm 时，开始两边平收 4 针后，进行插肩减 24 针，方法是：每 4 行减 2 针减 12 次，至肩部余 22 针，同样方法编织另一袖。

5. 缝合：将前片的侧缝与后片的侧缝对应缝合，袖片的袖下分别缝合，袖片的插肩部与衣片的插肩部缝合。

6. 领片：领圈边挑 106 针，织 24 行单罗纹，形成开襟翻领。

7. 缝上纽扣。毛衣编织完成。

花样 A

花样 B

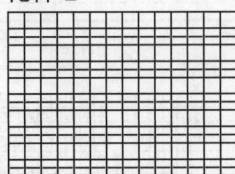

全下针

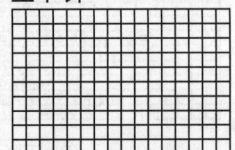

单罗纹

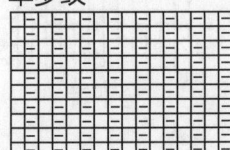

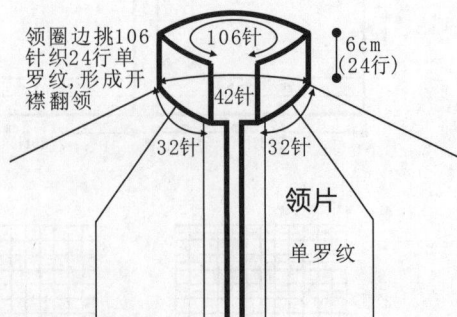

领圈边挑106针织24行单罗纹,形成开襟翻领

106针

6cm（24行）

42针

32针　32针

领片

单罗纹

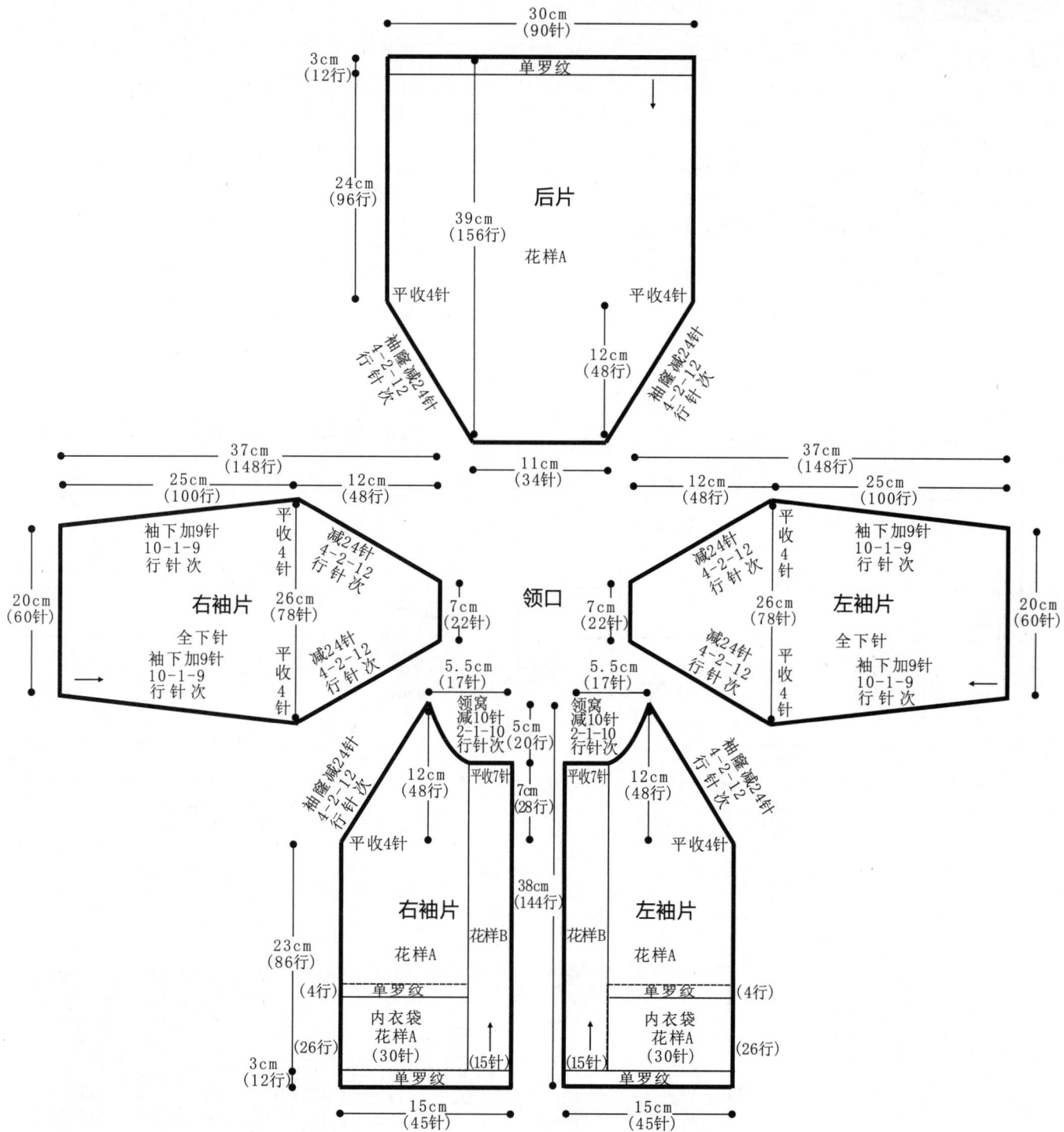

后片

30cm
(90针)

3cm
(12行)

单罗纹

24cm
(96行)

39cm
(156行)

花样A

平收4针　　　　　　平收4针

袖窿减24针
4-2-12
行针次

12cm
(48行)

袖窿减24针
4-2-12
行针次

领口

37cm
(148行)

25cm
(100行)

12cm
(48行)

11cm
(34针)

12cm
(48行)

25cm
(100行)

37cm
(148行)

右袖片

袖下加9针
10-1-9
行针次

平收4针

减24针
4-2-12
行针次

20cm
(60针)

26cm
(78针)

7cm
(22针)

7cm
(22针)

减24针
4-2-12
行针次

26cm
(78针)

20cm
(60针)

左袖片

袖下加9针
10-1-9
行针次

平收4针

全下针
袖下加9针
10-1-9
行针次

平收4针

减24针
4-2-12
行针次

全下针
袖下加9针
10-1-9
行针次

平收4针

袖窿减24针
4-2-12
行针次

袖窿减24针
4-2-12
行针次

领窝
减10针
2-1-10
行针次

5cm
(20行)

领窝
减10针
2-1-10
行针次

5.5cm
(17针)

5.5cm
(17针)

12cm
(48行)

平收7针

7cm
(28行)

平收7针

12cm
(48行)

平收4针

38cm
(144行)

平收4针

右袖片

花样A

花样B

花样B

左袖片

花样A

23cm
(86行)

(4行)

单罗纹

单罗纹

(4行)

内衣袋
花样A
(30针)

(15针)

(15针)

内衣袋
花样A
(30针)

(26行)

3cm
(12行)

单罗纹

单罗纹

(26行)

15cm
(45针)

15cm
(45针)

条纹蝙蝠衫

【成品尺寸】衣长 50cm　胸围 66cm
【工　　具】3.5mm 棒针
【材　　料】缎染羊毛绒线若干
【密　　度】10cm² = 22 针 × 30 行

【制作过程】

1. 前片：按图起 72 针，织 8cm 花样 B 后，改织全下针，侧缝加针，方法是：每 2 行加 1 针加 19 次，织 13cm 后，不加不减织 10cm，再开始织肩部，并减针，方法是：每 2 行减 1 针减 19 次，每 2 行减 2 针减 8 次，织至 19cm 余 40 针，收针断线。

2. 后片：编织方法与前片一样。

3. 编织结束后，将前后片侧缝、肩部对应缝合。

4. 两边袖口按编织方向挑 44 针，织 8cm 花样 B。

5. 领圈挑 80 针，圈织 10cm 花样 A，形成圆领。编织完成。

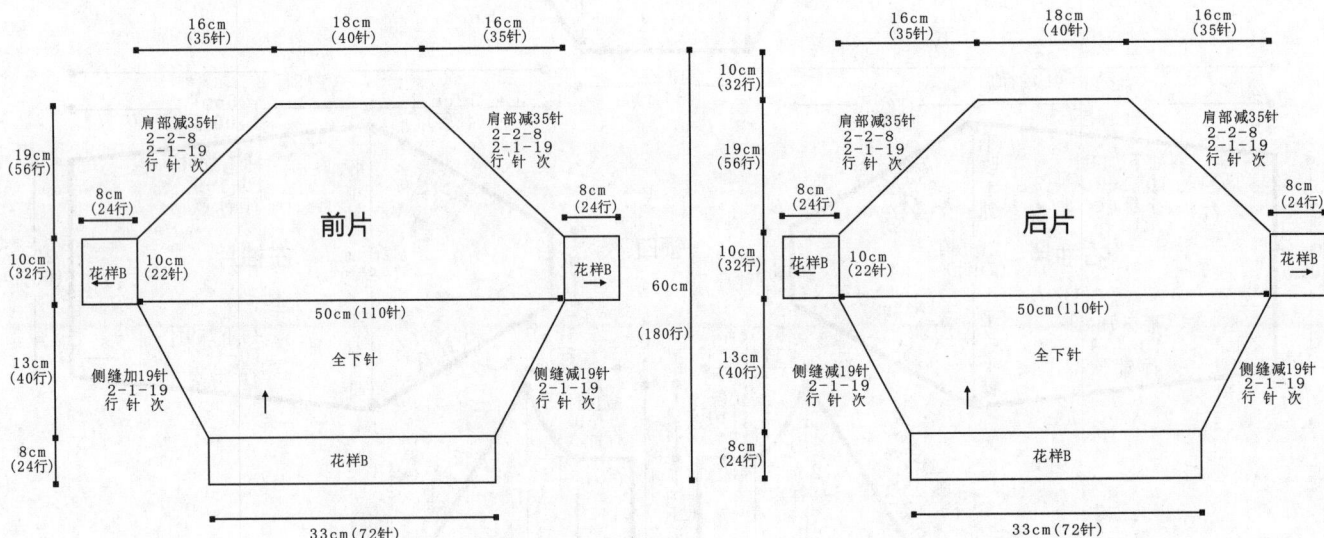

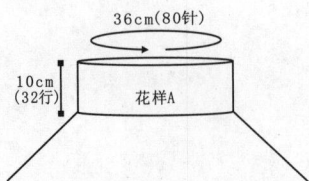

领子结构图

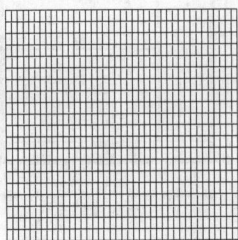

全下针

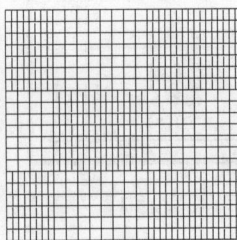

花样 A

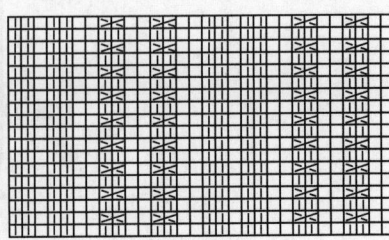

花样 B

花朵背心裙

【成品尺寸】衣长 30cm　胸围 41cm
【工　　具】可乐钩针 5 号　缝衣针
【材　　料】蓝色棉线若干　红色、粉色、白色、绿色线各少许
【密　　度】10cm² =30 针 ×10 行

【制作过程】

1. 分上下两部分开始钩，先织上半部分，网格起针，54 个网格圈钩。
2. 钩 5 圈花样 A，参考前后片图解分袖口和领口。
3. 从反方向开始钩花样 B，每行加 1 个水草，钩 13 行，钩花边（注意花边两水草中间还加了一组水草）。
4. 缝合肩膀。
5. 钩装饰花 3 朵，按图示缝上装饰花。

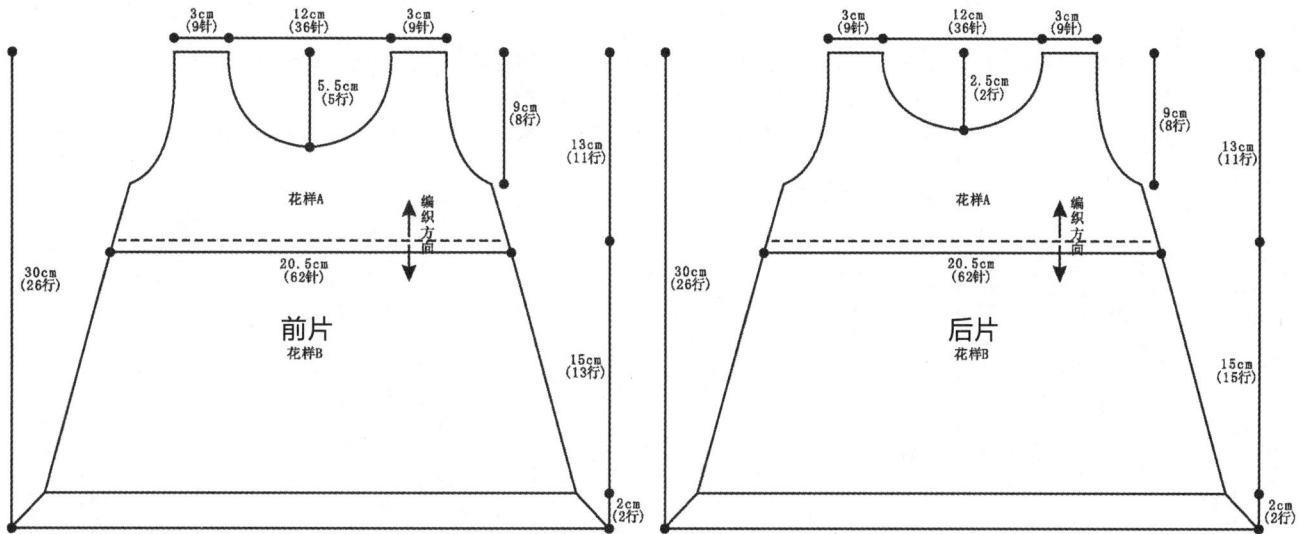

前片
花样A
花样B

后片
花样A
花样B

3cm（9针）　12cm（36针）　3cm（9针）
5.5cm（5行）
9cm（8行）
13cm（11行）
30cm（26行）
20.5cm（62针）
编织方向
15cm（13行）
2cm（2行）

3cm（9针）　12cm（36针）　3cm（9针）
2.5cm（2行）
9cm（8行）
13cm（11行）
30cm（26行）
20.5cm（62针）
编织方向
15cm（15行）
2cm（2行）

腰带：
第 1 圈 5 个辫子针 1 引拔针
第 2 圈 1 短针 2 长针 1 短针
连接钩辫子针（根据自己的需要定长度）

圈边花样：钩 3 辫子针 1 珠针 1 短针

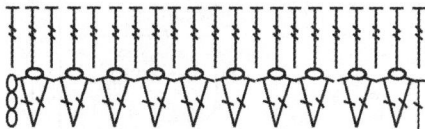

叶子：全是引拔针

装饰花：
第 1 圈 5 个辫子针 1 引拔针
第 2 圈 1 短针 2 长针 1 短针

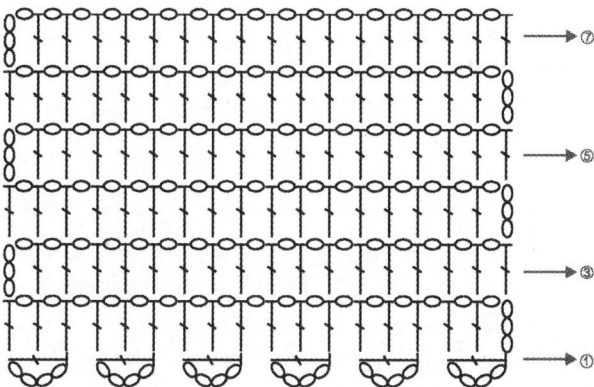

花边：1 排水草加 1 排长针

花样 A：
第 1 行网格起针（4 辫子针 1 长针）
第 2 行 1 长针 1 短针网格

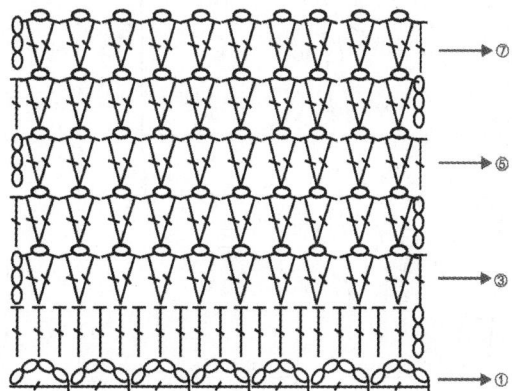

花样 B：
第 1 行网格起针（4 辫子针 1 长针）
第 2 行 1 个网格里钩 3 个长针
第 3 行在第 2 个长针处钩水草（1 长针 +1 辫子针 +1 长针）
第 4 行重复第 3 行

咖啡色连体裤

【成品尺寸】 连护胸裤长 64cm　裤围 54cm
【工　具】 3.5mm 棒针
【材　料】 咖啡色羊毛绒线若干　黄色线少许
【密　度】 10cm² = 26 针 ×34 行
【附　件】 纽扣 2 枚

【制作过程】

1. 毛裤用棒针编织，由 2 个裤腿和 2 片护胸组成，从下往上编织。

2. 裤腿：左裤腿起 36 针，圈织 1 行双罗纹后，分散加 12 针，改织全下针，两边均匀加针，方法是：每 4 行加 1 针加 11 次，织至 16cm 时，开始开裤裆。

3. 裤腿内侧留 5 针织花样 D，此时针数为 70 针，并在 5 针旁边另挑 5 针，形成叠压，来回片织 9cm 后，裤裆织完。用同样方法编织右裤腿。

4. 左右裤腿合并编织，合并后针数为 140 针，中间裤裆的 5 针花样 B 叠压后，圈织全下针，织至 7cm 时，前后片中间打皱褶，余 58 针，并开始织护胸。

5. 分前后片编织护胸，并按花样 A 编织，织 14cm 后余 34 针，并在两边开纽扣孔，收针断线。同样方法编织后片护胸，织 14cm 后余 34 针，中间平收 14 针后，两边各 10 针继续编织裤带，织 14cm，收针断线。

6. 两边口袋另织，起 24 针，先织 4cm 花样 C 后，改织全下针，边角减针，织 6cm 收针，按彩图缝合。缝上纽扣。编织完成。

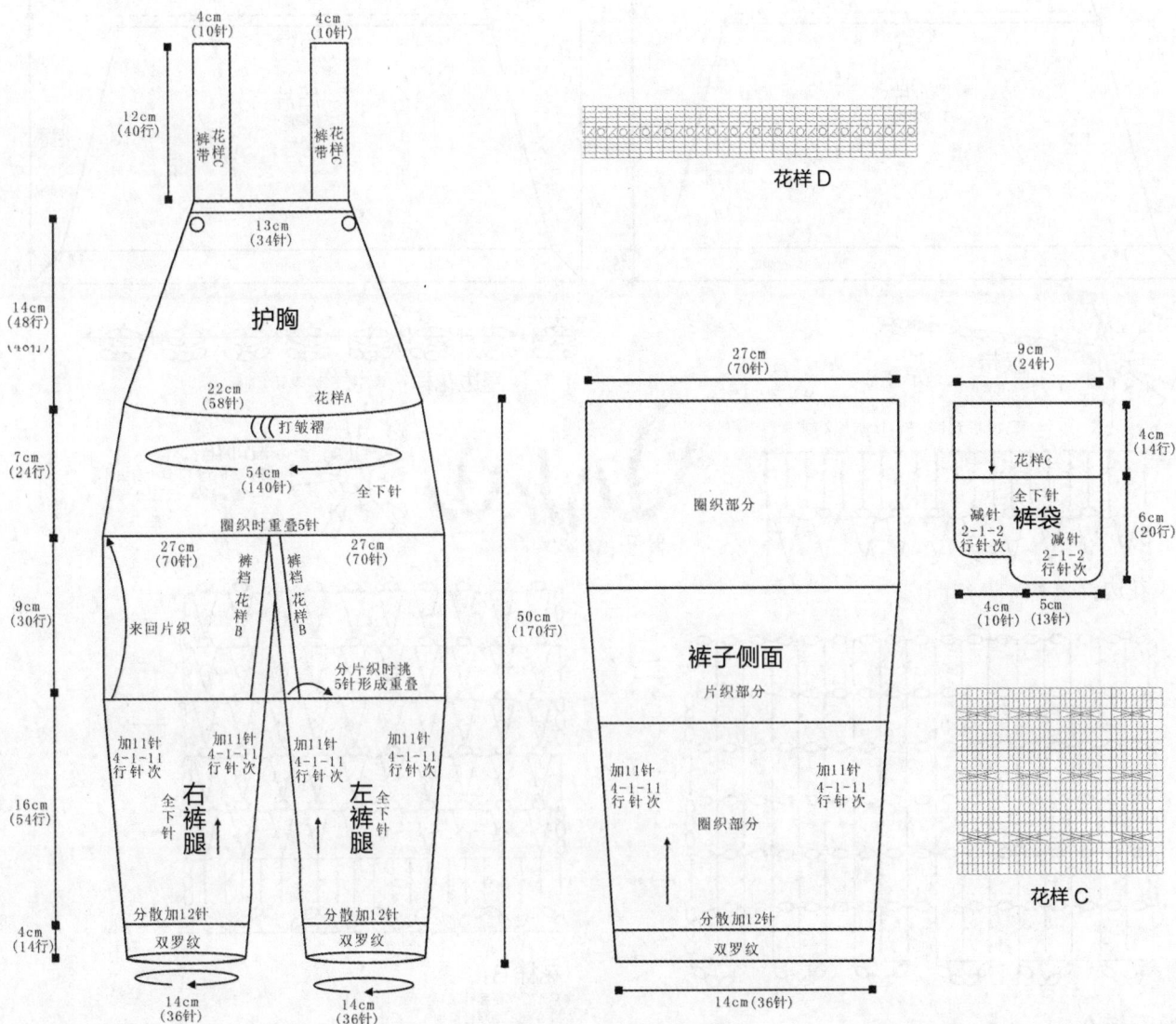

花样 D

4cm
(10针)

12cm
(40行)

裤带　花样 C

13cm
(34针)

护胸

14cm
(48行)

22cm
(58针)　花样 A

打皱褶

54cm
(140针)　全下针

圈织时重叠 5 针

27cm
(70针)　裤裆花样 B

7cm
(24行)

9cm
(30行)

来回片织

分片织时挑 5 针形成重叠

加 11 针
4-1-11
行针次

16cm
(54行)

右裤腿　全下针

左裤腿　全下针

分散加 12 针

双罗纹

4cm
(14行)

14cm
(36针)

14cm
(36针)

27cm
(70针)

50cm
(170行)

裤子侧面

圈织部分

片织部分

加 11 针
4-1-11
行针次

圈织部分

分散加 12 针

双罗纹

14cm(36针)

9cm
(24针)

花样 C

4cm
(14行)

全下针

裤袋

减针
2-1-2
行针次

6cm
(20行)

4cm
(10针)　5cm
(13针)

花样 C

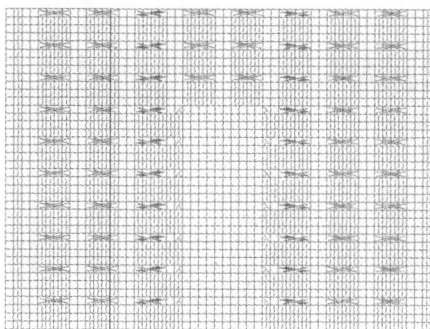

花样 A

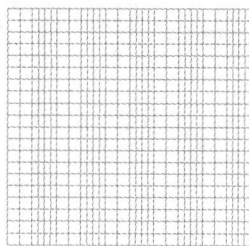

双罗纹

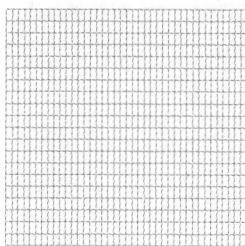

全下针

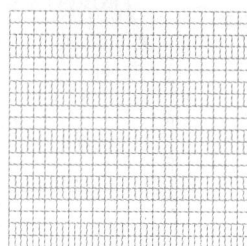

花样 B

小圆球毛线衣

【成品尺寸】 衣长 41cm　胸围 30cm　袖长 33cm

【工　　具】 3.5mm 棒针　缝衣针

【材　　料】 米黄色羊毛绒线若干

【密　　度】 10cm² =24 针 ×30 行

【制作过程】

1. 毛衣用棒针编织，由 1 片前片、1 片后片、2 片袖片组成，从下往上编织。

2. 前片：(1) 用下针起针法起 92 针，先织 17cm 花样 C 后，分散减 20 针，余 72 针分 3 份，两边 26 针织花样 B，中间 20 针织花样 A，侧缝不用加减针，再织 8cm 至袖窿。

(2) 袖窿以上的编织：两边袖窿平收 5 针后减针，方法是：每 2 行减 1 针减 7 次，各减 7 针，不加不减织 34 行至肩部。

(3) 同时从袖窿算起织至 3cm 时，中间平收 20 针，其余两边不加不减织 13cm，至肩部余 14 针。

3. 后片：(1) 用下针起针法起 92 针，先织 17cm 花样 C 后，分散减 20 针，余 72 针分 3 份，两边 26 针织花样 B，中间 20 针织花样 A，侧缝不用加减针，再织 8cm 至袖窿。

(2) 袖窿以上的编织：两边袖窿平收 5 针后减针，方法是：每 2 行减 1 针减 7 次，各减 7 针，不加不减织 34 行至肩部，余 48 针，不用开领窝。

4. 袖片：用下针起针法起 40 针，织 5cm 花样 A 后，改织全下针，袖下加针，方法是：每 4 行加 1 针加 10 次，织至 18cm 时，两边平收 5 针，开始袖山减针，方法是：每 2 行减 2 针减 4 次，每 2 行减 1 针减 10 次，共减 18 针，至顶部余 14 针。

5. 缝合：将前片的侧缝与后片的侧缝对应缝合，前片的肩部与后片的肩部缝合，两边袖片的袖下缝合后，分别与衣片的袖边缝合。

6. 领片：领圈边挑 96 针，织 24 行双罗纹，领边与前片重叠缝合，形成宽 V 形叠领。毛衣编织完成。

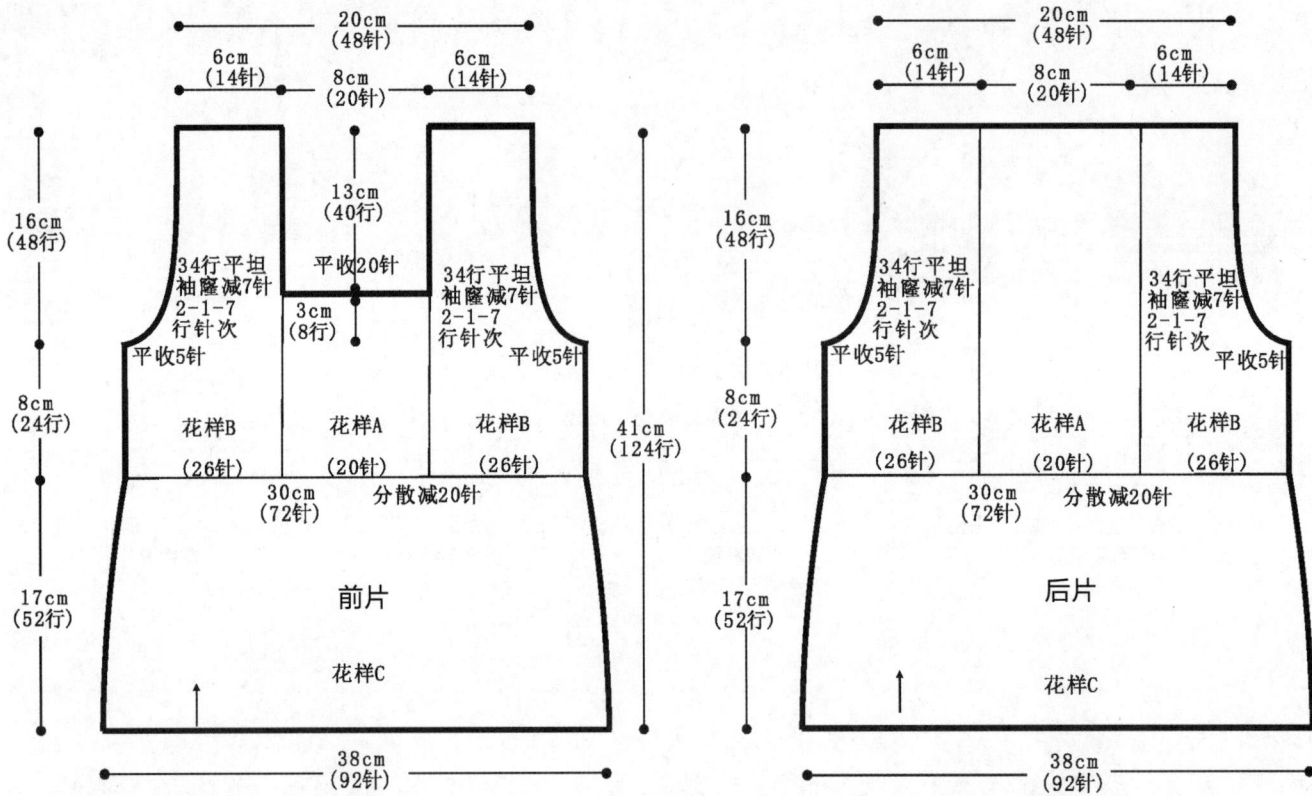

20cm
(48针)
6cm
(14针)
8cm
(20针)
6cm
(14针)
13cm
(40行)
16cm
(48行)
34行平坦
袖窿减7针
2-1-7
行针次
平收5针
平收20针
3cm
(8行)
34行平坦
袖窿减7针
2-1-7
行针次
平收5针
8cm
(24行)
花样B
(26针)
花样A
(20针)
花样B
(26针)
41cm
(124行)
30cm
(72针)
分散减20针
17cm
(52行)
前片
花样C
38cm
(92针)

20cm
(48针)
6cm
(14针)
8cm
(20针)
6cm
(14针)
16cm
(48行)
34行平坦
袖窿减7针
2-1-7
行针次
平收5针
34行平坦
袖窿减7针
2-1-7
行针次
平收5针
8cm
(24行)
花样B
(26针)
花样A
(20针)
花样B
(26针)
30cm
(72针)
分散减20针
17cm
(52行)
后片
花样C
38cm
(92针)

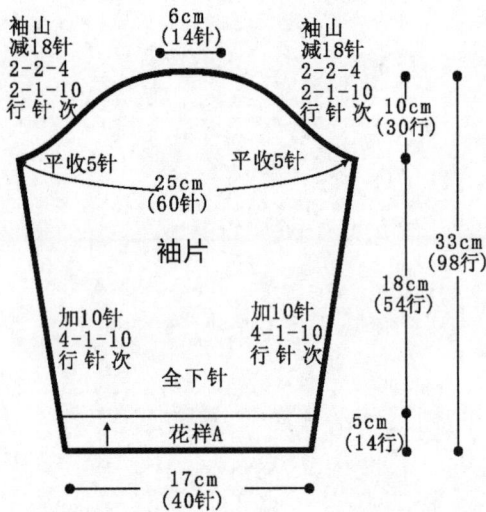

袖山
减18针
2-2-4
2-1-10
行针次
6cm
(14针)
袖山
减18针
2-2-4
2-1-10
行针次
平收5针
25cm
(60针)
平收5针
10cm
(30行)
袖片
33cm
(98行)
加10针
4-1-10
行针次
加10针
4-1-10
行针次
18cm
(54行)
全下针
花样A
5cm
(14行)
17cm
(40针)

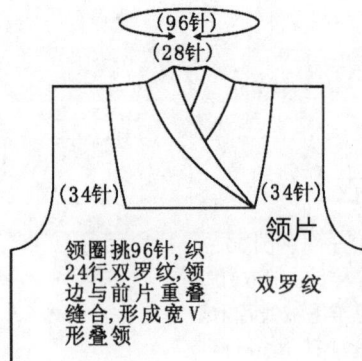

(96针)
(28针)
(34针)
(34针)
领片
双罗纹
领圈挑96针,织
24行双罗纹,领
边与前片重叠
缝合,形成宽V
形叠领

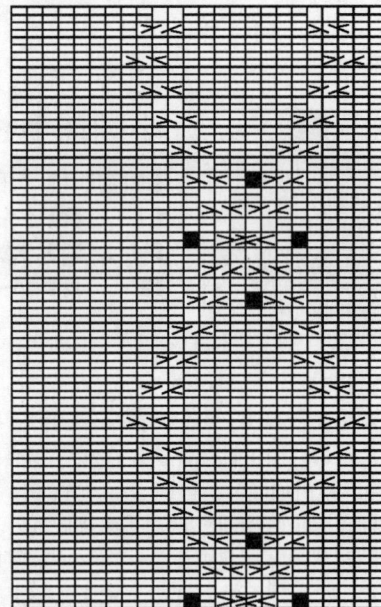

花样 B

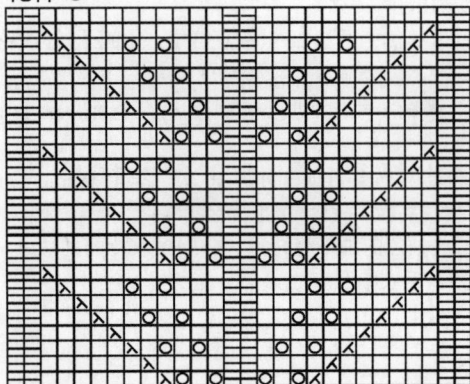

花样 C

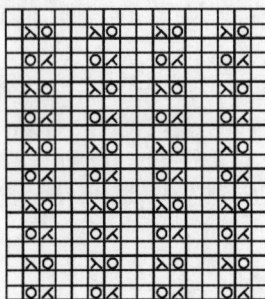

花样 A

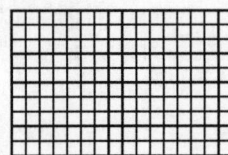

全下针

休闲套头衫

【成品尺寸】 衣长 35cm 下摆 62cm 袖长 27cm
【工   具】 3.5mm 棒针 缝衣针
【材   料】 白色、绿色羊毛绒线各若干 灰色线少许
【密   度】 10cm² = 28 针 ×42 行

【制作过程】

1. 前片：(1) 用下针起针法起 86 针，编织 3cm 双罗纹后，改织全下针，编入前片图案并配色，侧缝不用加减针，织 18cm 至袖窿。

(2) 袖窿以上的编织：两边袖窿平收 4 针后减针，方法是：每 2 行减 1 针减 5 次，各减 5 针，不加不减织 48 行至肩部。

(3) 同时织至袖窿算起 10cm 时，开始开领窝，中间平收 16 针，然后两边减针，方法是：每 2 行减 2 针减 6 次，各减 12 针，至肩部余 14 针。

2. 后片：(1) 用下针起针法起 86 针，编织 3cm 双罗纹后，改织全下针并配色，侧缝不用加减针，织 18cm 至袖窿。

(2) 袖窿以上的编织：两边袖窿平收 4 针后减针，方法是：每 2 行减 1 针减 5 次，各减 5 针，不加不减织 48 行至肩部。

(3) 同时织至从袖窿算起 13cm 时，开始开领窝，中间平收 36 针，然后两边减针，方法是：每 2 行减 1 针减 2 次，至肩部余 14 针。

3. 袖片：用下针起针法起 42 针，织 3cm 双罗纹后，改织全下针并配色，然后分散加 20 针至 62 针，继续编织，同时袖下加针，方法是：每 6 行加 1 针加 10 次，织至 18cm 时，两边平收 4 针，开始袖山减针，方法是：每 2 行减 3 针减 5 次，每 2 行减 2 针减 5 次，每 2 行减 1 针减 3 次，共减 28 针，至顶部余 18 针。

4. 缝合：将前片的侧缝与后片的侧缝对应缝合，前片的肩部与后片的肩部缝合，两边袖片的袖下缝合后，分别与衣片的袖边缝合。

5. 领片：领圈边挑 108 针，圈织 12 行双罗纹，形成圆领。编织完成。

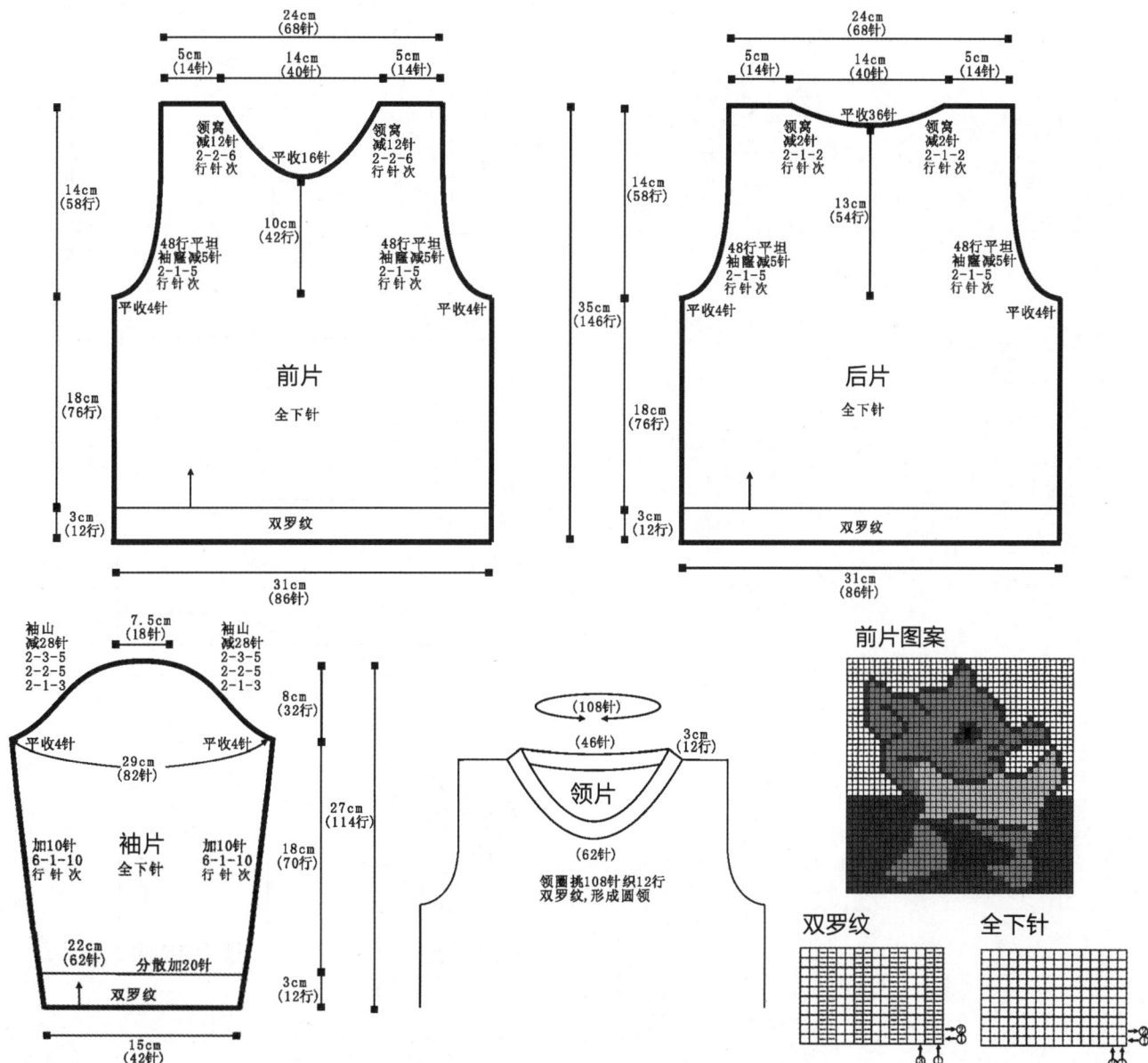

玫红花朵翻领毛衣

【成品尺寸】 衣长 45cm　胸围 60cm　袖长 16cm
【工　　具】 3.5mm 棒针　钩针
【材　　料】 玫瑰红色羊毛绒线若干
【密　　度】 10cm² = 26 针 × 34 行

【制作过程】

1. 毛衣是从领圈往下编织，用下针起针法起 92 针，织花样 A，先片织 7cm 然后圈织，两边门襟留 6 针织单罗纹，同时按花样 A 加针，织至 15cm 时，开始分前后片和袖片。

2. 前片：分出 78 针，织 15cm 全下针后，分散加针（隔 9 针加 1 针），并改织 13cm 花样 B，再织 2cm 单罗纹，收针断线。

3. 后片：织法与前片一样。

4. 袖口：两边袖口各分出 72 针，织 1cm 花样 C。

5. 翻领：领圈挑 92 针，织 20 行单罗纹。

6. 装饰：用钩针钩织小花，缝于胸前。编织完成。

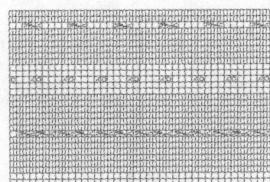

花样 A

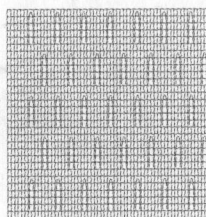

花样 B

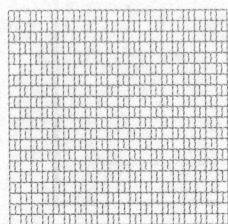

花样 C

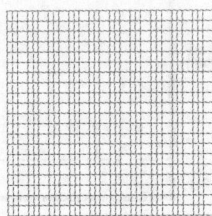

单罗纹

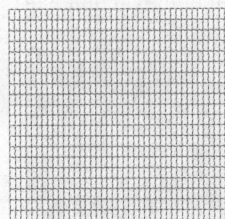

全下针

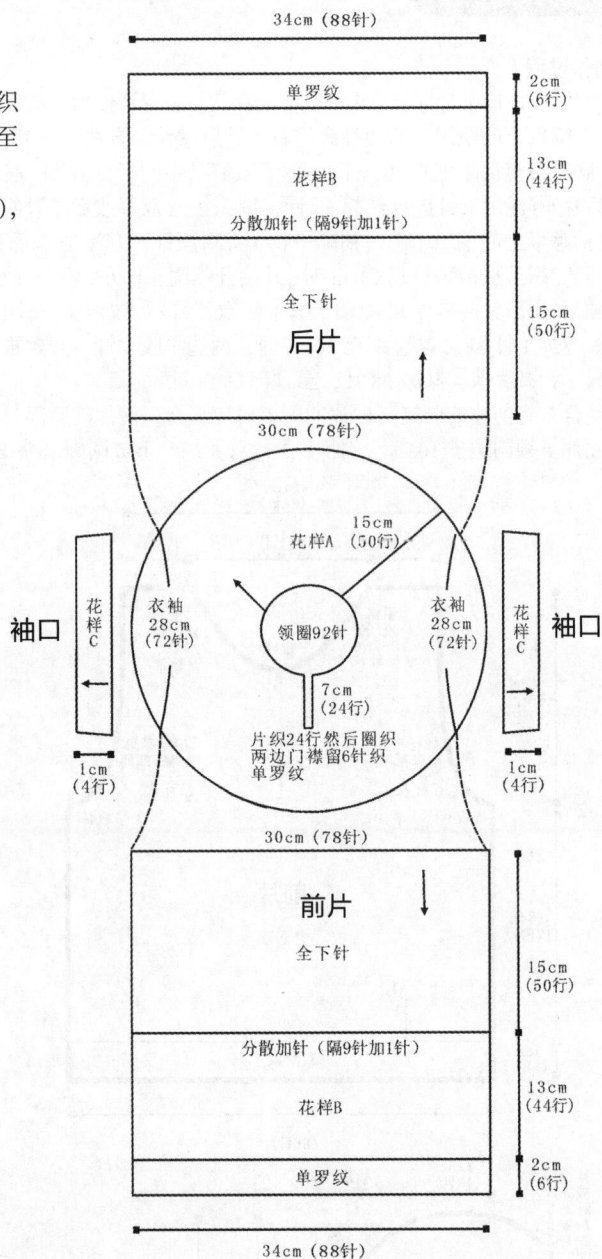

小花

领子结构图

麻花纹套头衫

【成品尺寸】 衣长 43cm　下摆 70cm　袖长 29cm
【工　　具】 3.5mm 棒针　缝衣针
【材　　料】 蓝色羊毛绒线若干
【密　　度】 10cm² = 26 针 ×36 行

【制作过程】

1. 毛衣用棒针编织，袖窿以下一片环形编织而成，袖窿以上分前后片编织，从下往上编织。

2. 前片：下摆分 6 小片编织，分别起 2 针，按花样 B 在 2 针的两边加针，加至 30 针时暂不织，同样方法织 6 小片，然后合并环织，继续编织花样 B，织 6cm 时改织花样 A，侧缝不用加减针，织 16cm 至袖窿，袖窿以下环织部分编织完成。

3. 袖窿以上的编织：将织片分片编织，前后片各取 90 针。(1) 先织前片，两边各平收 4 针后，进行袖窿减针，方法是：每 2 行减 1 针减 4 次，不加不减织 50 行至肩部。

(2) 同时织至从袖窿算起 8cm 时，中间平收 18 针，然后领窝减针，方法是：每 2 行减 1 针减 10 次，织至肩部余 18 针。

4. 后片：袖窿的编织方法与前片一样，同时织至从袖窿算起 13cm 时，中间平收 30 针，然后领窝减针，方法是：每 2 行减 1 针减 4 次，织至肩部余 18 针。完成后将前后片的两边肩部对应缝合。

5. 袖片：用下针起针法起 46 针，先织 2cm 单罗纹后，改织全下针，袖下加针，方法是：每 10 行加 1 针加 6 次，织至 19cm 时，两边平收 4 针，开始袖山减针，方法是：每 2 行减 1 针减 14 次，各减 14 针，至顶部余 22 针。同样方法编织另一袖片。

6. 缝合：两边袖片的袖下缝合后，分别与衣片的袖边缝合。

7. 领片：领圈边挑 120 针，织 2cm 单罗纹，形成圆领。毛衣编织完成。

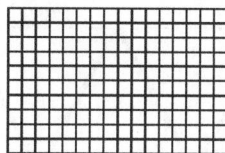
全下针

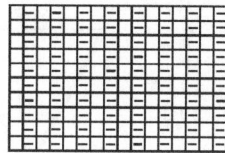
单罗纹

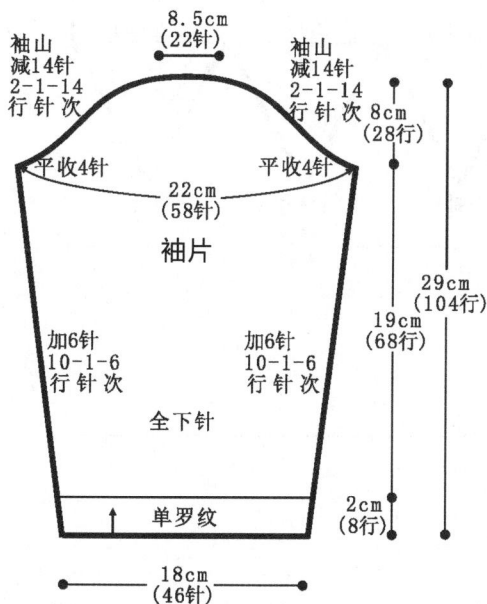

袖山
减14针
2-1-14
行针次

8.5cm
(22针)

袖山
减14针
2-1-14
行针次

平收4针　　平收4针

22cm
(58针)

袖片

加6针
10-1-6
行针次

加6针
10-1-6
行针次

全下针

单罗纹

18cm
(46针)

8cm
(28行)

29cm
(104行)

19cm
(68行)

2cm
(8行)

花样 B

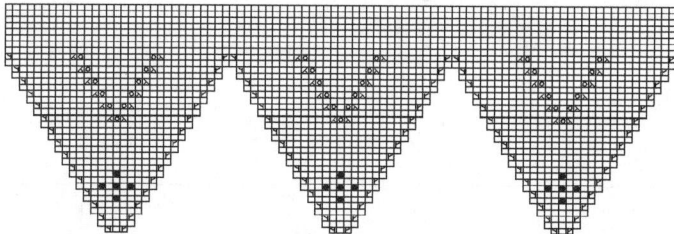

花样 A

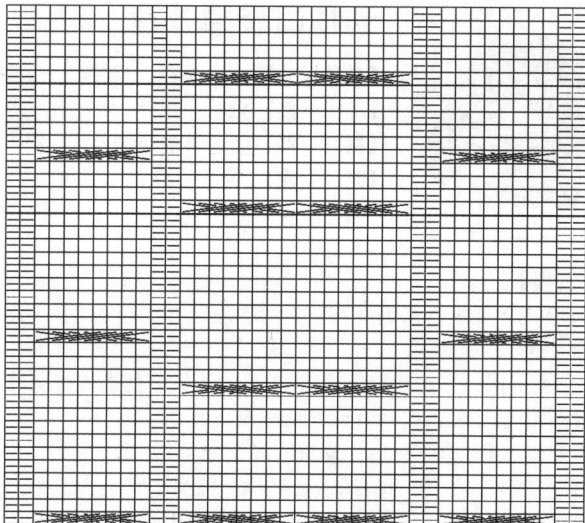

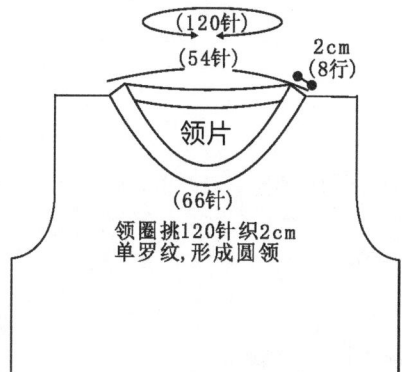

(120针)
(54针)
2cm
(8行)

领片

(66针)

领圈挑120针织2cm
单罗纹，形成圆领

28.5m
(74针)

7cm
(18针)

14.5cm
(38针)

7cm
(18针)

28.5m
(74针)

7cm
(18针)

14.5cm
(38针)

7cm
(18针)

平收30针

领窝
6行平坦
减10针
2-1-10
行针次

7cm
(26行)

领窝
6行平坦
减10针
2-1-10
行针次

领窝
减4针
2-1-4
行针次

领窝
减4针
2-1-4
行针次

13cm
(46行)

平收18针

8cm
(28行)

15cm
(54行)

50行平坦
袖窿减4针
2-1-4
行针次

平收4针

50行平坦
袖窿减4针
2-1-4
行针次

平收4针

平收4针

50行平坦
袖窿减4针
2-1-4
行针次

50行平坦
袖窿减4针
2-1-4
行针次

平收4针

前片

后片

43cm
(154行)

16cm
(58行)

花样A

花样A

6cm
(22行)

花样B

花样B

(30针)

(30针)

(30针)

(30针)

(30针)

(30针)

6cm
(20行)

(2针)

(1针)

(1针)

(1针)

(1针)

(1针)

35cm
(90针)

35cm
(90针)

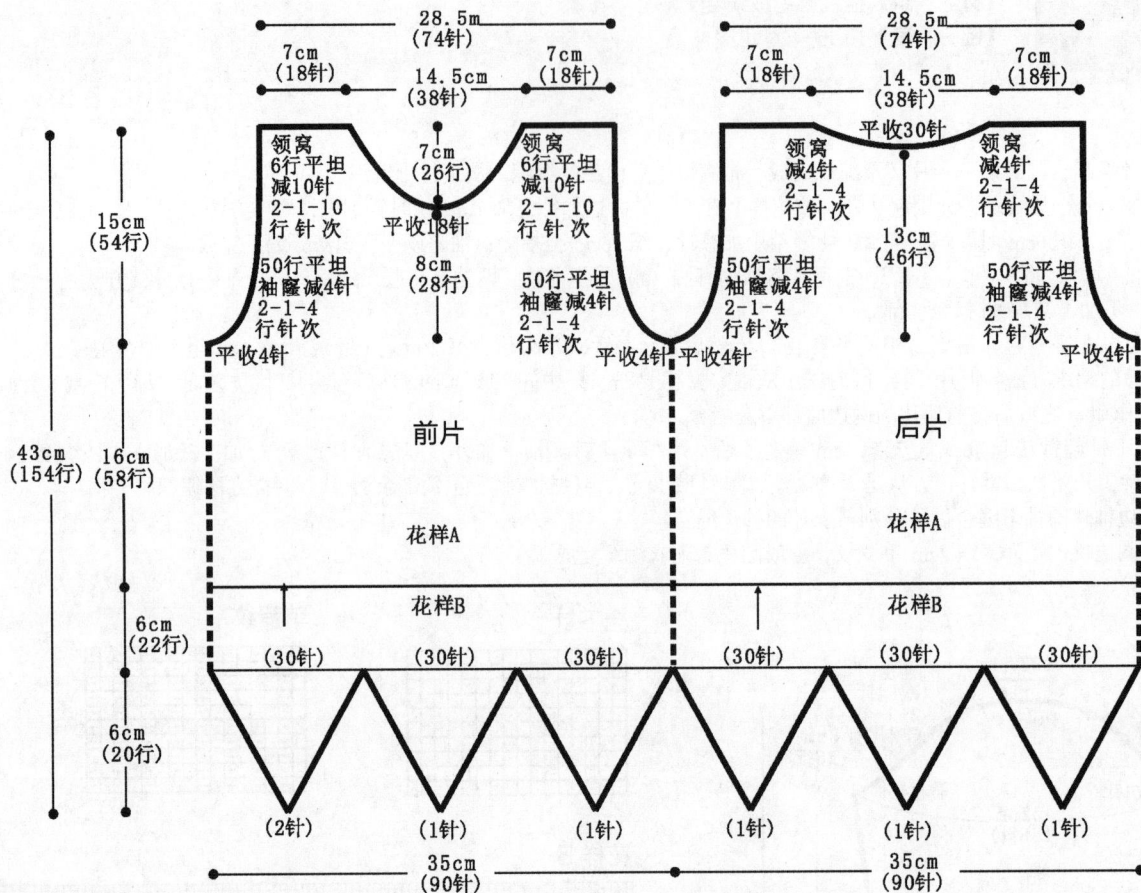

动物口袋厚外套

【成品尺寸】衣长 39cm 胸围 76cm 袖长 38cm
【工　　具】3.5mm 棒针 绣花针 钩针
【材　　料】蓝色羊毛绒线若干 白色线少许
【密　　度】10cm² = 20 针 ×28 行
【附　　件】纽扣 4 枚

【制作过程】
1. 从领圈往下编织，按编织方向，用一般起针法起 92 针，织全下针，然后分前后片和两边衣袖，之间留 2 针，每 2 行在 2 针旁边各加 1 针。
2. 织至 18cm 时，左前片继续编织 19cm 全下针，门襟按图减针。用同样方法继续编织右前片。
3. 后片：织至 18cm 时，继续织 21cm 全下针。
4. 袖片：织 17cm 全下针后，改织 3cm 花样。
5. 门襟至前后片挑 228 针，织 3cm 花样，领圈边挑 92 针，织 8cm 花样，再织 2cm 全下针，形成翻领。
6. 装饰：缝上纽扣，左右前片衣袋用钩针钩织好缝合。编织完成。

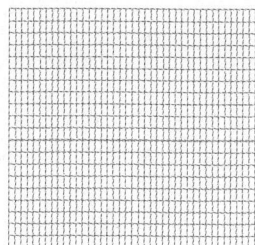

全下针

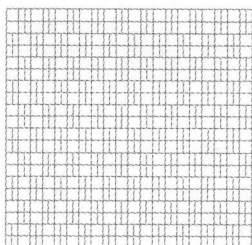

花样

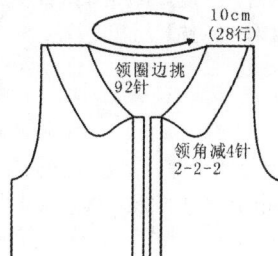

10cm
(28行)

领圈边挑
92针

领角减4针
2-2-2

领子结构图

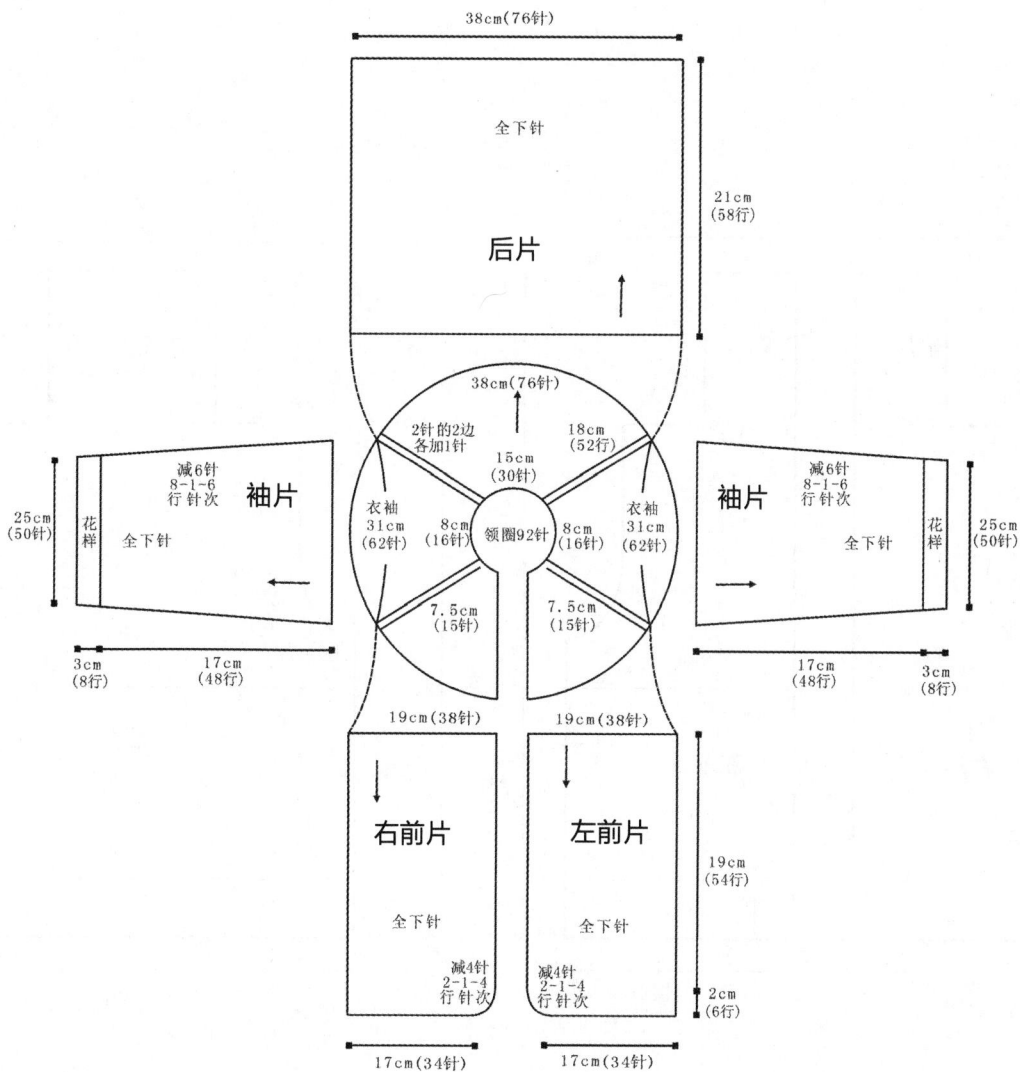

38cm(76针)

全下针

后片

21cm
(58行)

38cm(76针)

2针的2边
各加1针

18cm
(52针)

15cm
(30针)

减6针
8-1-6
行针次

袖片

花样

全下针

25cm
(50针)

衣袖
31cm
(62针)

8cm
(16针)

领圈92针

8cm
(16针)

衣袖
31cm
(62针)

减6针
8-1-6
行针次

袖片

全下针

花样

25cm
(50针)

7.5cm
(15针)

7.5cm
(15针)

3cm
(8行)

17cm
(48行)

17cm
(48行)

3cm
(8行)

19cm(38针)

19cm(38针)

右前片

全下针

左前片

全下针

19cm
(54行)

减4针
2-1-4
行针次

减4针
2-1-4
行针次

2cm
(6行)

17cm(34针)

17cm(34针)

花纹连帽外套

【成品尺寸】 衣长 43cm　胸围 80cm　袖长 42cm

【工　具】 3.5mm 棒针　绣花针

【材　料】 紫色羊毛绒线若干

【密　度】 10cm² = 22 针 × 30 行

【附　件】 纽扣 6 枚

【制作过程】

1. 前片：分左右 2 片编织。左前片：（1）下针起针法起 44 针，先织 6cm 双罗纹后，改织花样 B，侧缝不用加减针，织至 19cm 时，改织 6cm 花样 A，两边袖窿平收 3 针后，进行袖窿减针，方法是：每 2 行减 1 针减 5 次，共减 5 针，不加不减织 26 行至肩部。

（2）肩部平收 20 针，门襟余 16 针继续编织帽片，织至 17cm 收针断线。用同样方法编织右前片。

2. 后片：（1）下针起针法起 88 针，先织 6cm 双罗纹后，改织花样 B，侧缝不用加减针，织至 19cm 时，改织 6cm 花样 A，两边袖窿平收 3 针后，进行袖窿减针，方法与前片袖窿一样，不加不减织 26 行至肩部。

（2）两边肩部平收 12 针，中间 32 针继续编织帽片，织至 17cm 收针断线。

3. 袖片：起 36 针，先织 6cm 双罗纹后，改织花样 B，袖下减针，方法是：每 6 行减 1 针减 12 次，织至 18cm 改织花样 A，织至 6cm 时两边各平收 3 针后，进行袖山减针，方法是：每 2 行减 1 针减 18 次，至顶部与 18 针。

4. 缝合：前后片的侧缝和肩部对应缝合，帽顶对应缝合，袖片的袖下缝合后与身片的袖口缝合。

5. 两边门襟至帽子边挑 384 针，织 14 行双罗纹，左边门襟均匀地开纽扣孔，缝上纽扣。编织完成。

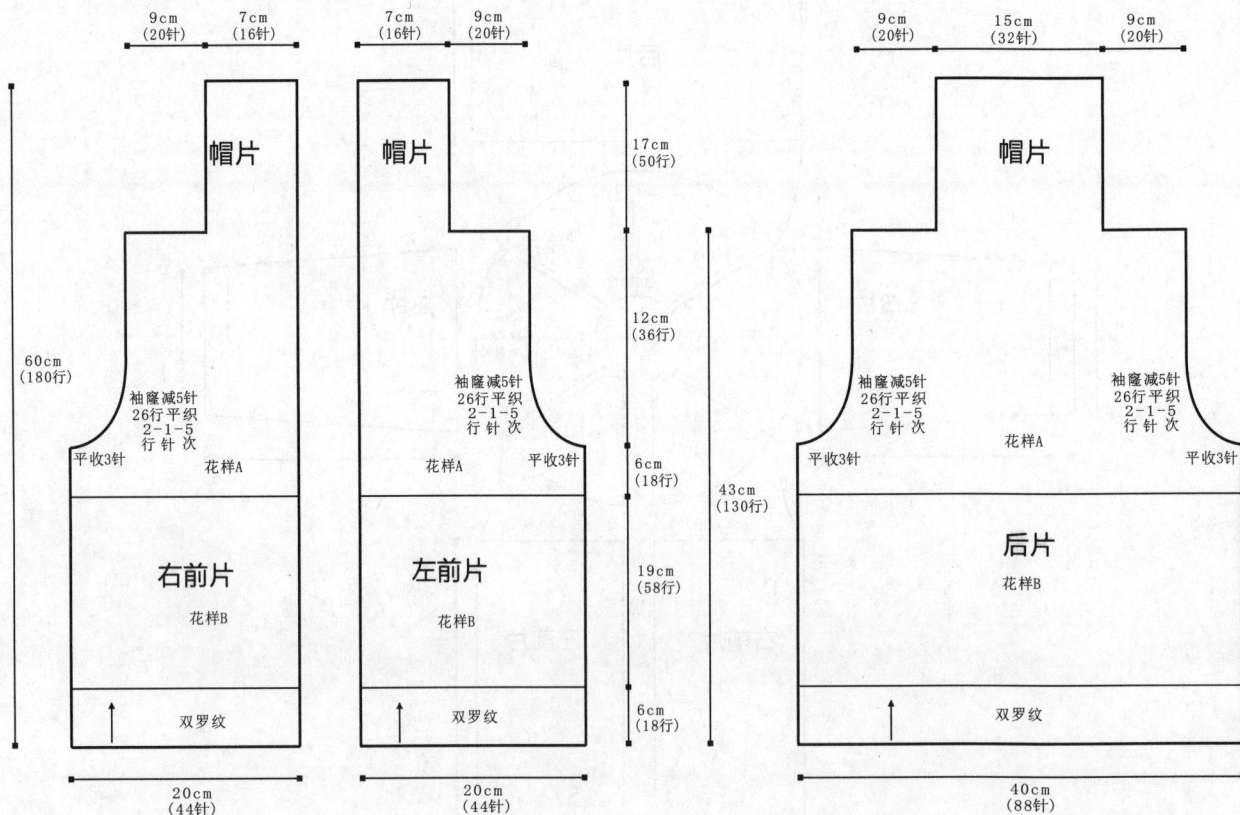

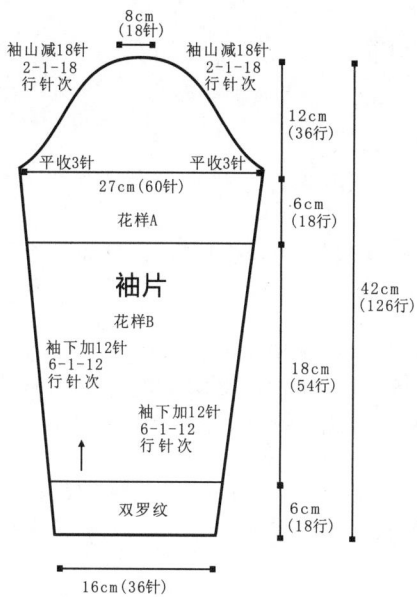

8cm
(18针)

袖山减18针
2-1-18
行针次

袖山减18针
2-1-18
行针次

12cm
(36行)

平收3针   平收3针

27cm(60针)

花样A

6cm
(18行)

袖片

花样B

42cm
(126行)

袖下加12针
6-1-12
行针次

袖下加12针
6-1-12
行针次

18cm
(54行)

双罗纹

6cm
(18行)

16cm(36针)

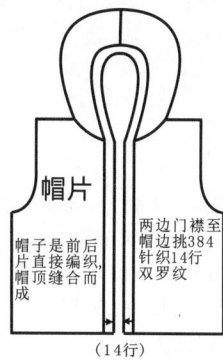

帽片

帽子是前后
片直接编织，
帽顶缝合而
成

两边门襟至
帽边挑384
针织14行
双罗纹

(14行)

帽子结构图

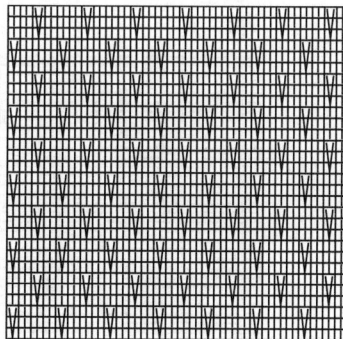

花样 B

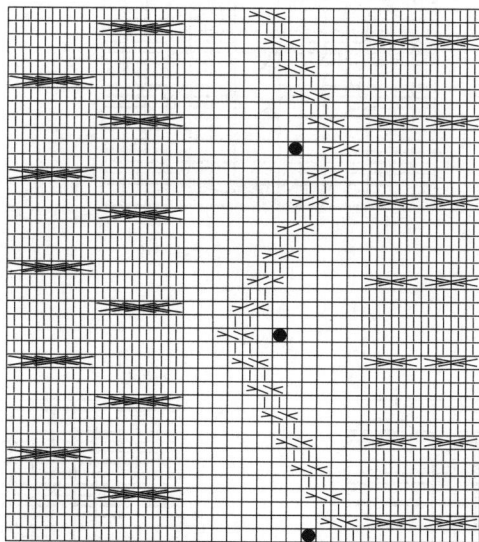

花样 A

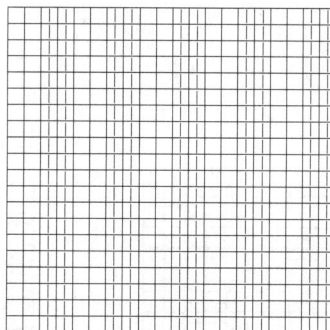

双罗纹

大毛球小披肩

【成品尺寸】 衣长 26cm　下摆 78cm　袖长 26cm
【工　　具】 3.5mm 棒针　缝衣针
【材　　料】 米色羊毛绒线若干
【密　　度】 10cm² = 20 针 × 30 行
【附　　件】 毛线纽扣 1 枚　毛线绒球绳子 1 根

【制作过程】

1. 毛衣用棒针编织，由 2 片前片、1 片后片、2 片袖片组成，从下往上编织。

2. 前片：(1) 左前片：用下针起针法起 36 针，先织 4 行花样 D 后，改织花样 A，门襟的 8 针继续织花样 D，侧缝不用加减针，织 13cm 至插肩袖窿。

(2) 袖窿以上的编织：袖窿平收 6 针后减针，方法是：每 2 行减 1 针减 14 次，共减 14 针，织 13cm 至肩部。

(3) 同时从插肩袖窿算起，织至 10cm 时，门襟留取 8 针不减，开始领窝减针，方法是：每 2 行减 2 针减 4 次，共减 8 针，织至肩部全部针数收完。同样方法编织右前片。

3. 后片：(1) 用下针起针法起 72 针，先织 4 行花样 D 后，改织全上针，侧缝不用加减针，织 13cm 至插肩袖窿。

(2) 袖窿以上的编织：两边袖窿平收 6 针后减针，方法是：每 2 行减 1 针减 14 次。领窝不用减针，织 13cm 至肩部余 32 针。

4. 袖片：用下针起针法起 48 针，先织 4 行花样 D 后，改织花样 B，袖下不用加减针，织 13cm 两边平收 6 针后进行插肩减针，方法是：每 2 行减 1 针减 14 次，至肩部余 8 针。同样方法编织另一袖。

5. 缝合：将前片的侧缝与后片的侧缝对应缝合，袖片的袖下分别缝合，袖片的插肩部与衣片的插肩部缝合。

6. 领片：领圈边挑 78 针（其中包括门襟留下的 8 针），织 30 行花样 C，形成开襟翻领。

7. 装饰：缝上毛线纽扣，穿上毛线绒球绳子。毛衣编织完成。

花样 A

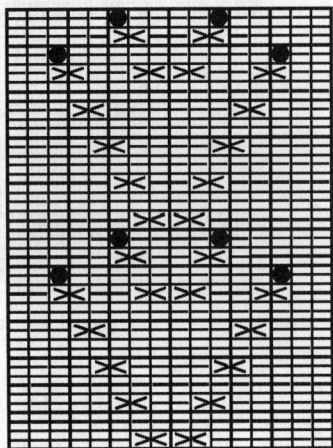

花样 B

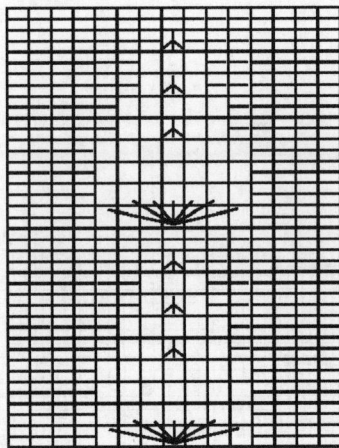

花样 C

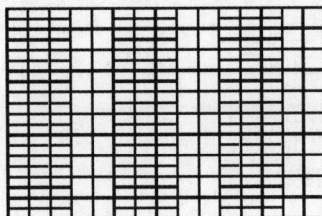

花样 D

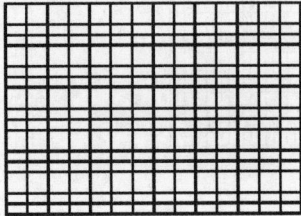

全上针

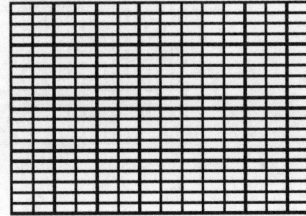

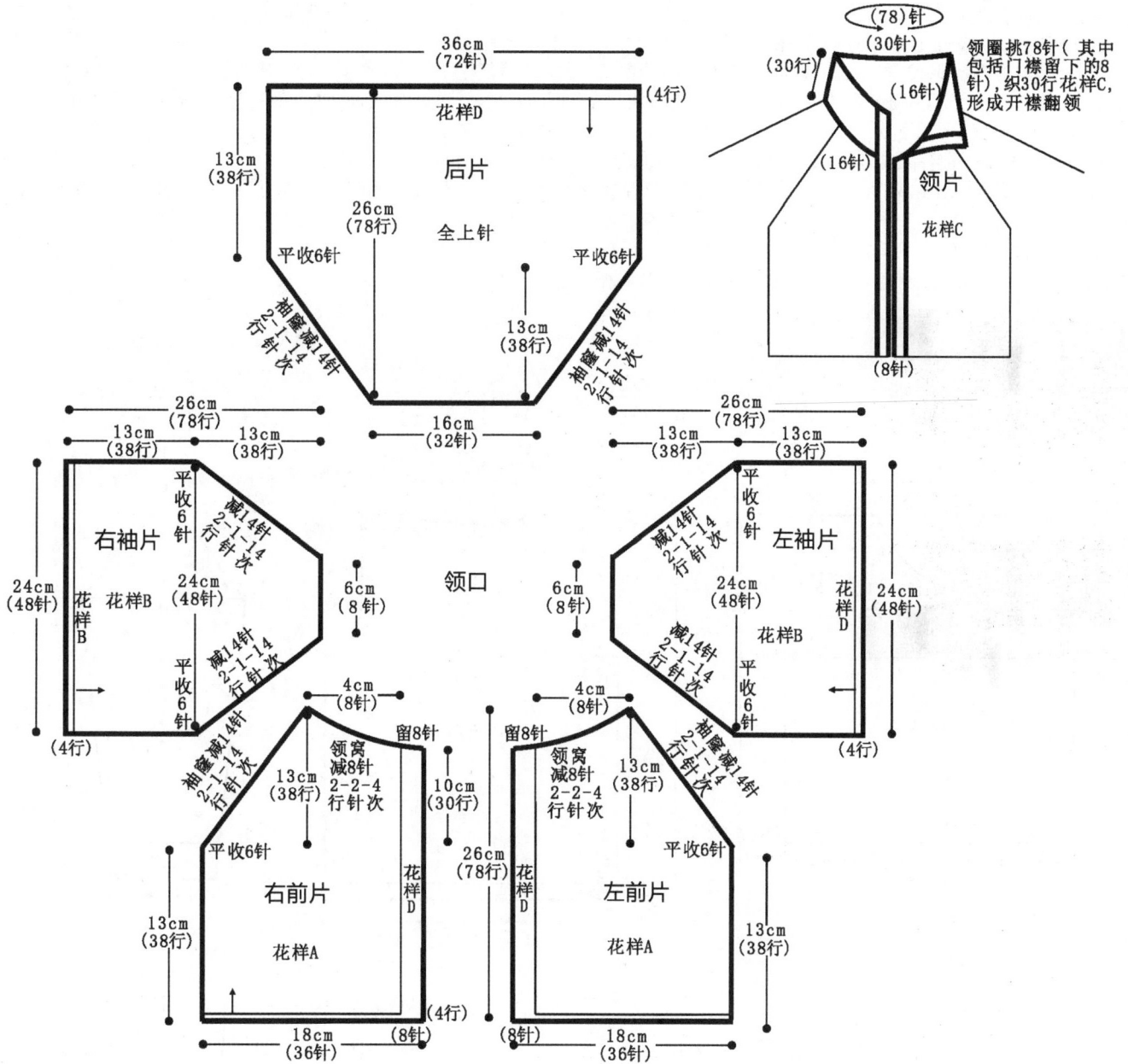

后片

36cm
(72针)

花样D

(4行)

13cm
(38行)

26cm
(78行)

全上针

平收6针

平收6针

13cm
(38行)

袖窿减14针
2-1-14
行针次

袖窿减14针
2-1-14
行针次

16cm
(32针)

(78)针
(30针)

领圈挑78针（其中包括门襟留下的8针），织30行花样C，形成开襟翻领

(30行)

(16针)

(16针)

领片

花样C

(8针)

右袖片

26cm
(78针)

13cm
(38行)

13cm
(38行)

平收6针

减14针
2-1-14
行针次

24cm
(48针)

花样B

花样B

24cm
(48针)

减14针
2-1-14
行针次

平收6针

(4行)

袖窿减14针
2-1-14
行针次

领口

6cm
(8针)

6cm
(8针)

左袖片

26cm
(78针)

13cm
(38行)

13cm
(38行)

减14针
2-1-14
行针次

平收6针

24cm
(48针)

花样B

花样D

24cm
(48针)

减14针
2-1-14
行针次

平收6针

(4行)

袖窿减14针
2-1-14
行针次

4cm
(8针)

留8针

4cm
(8针)

右前片

领窝
减8针
2-2-4
行针次

13cm
(38行)

10cm
(30行)

平收6针

花样D

13cm
(38行)

花样A

(4行)

18cm
(36针)

(8针)

26cm
(78针)

花样D

领窝
减8针
2-2-4
行针次

13cm
(38行)

平收6针

左前片

13cm
(38行)

花样A

(8针)

18cm
(36针)

钩花领蓝色套头衫

【成品尺寸】衣长 48cm　胸围 68cm　袖长 36cm
【工　　具】3.5mm 棒针　钩针　缝衣针
【材　　料】蓝色、白色羊毛绒线各若干　粉红色、黄色线各少许
【密　　度】10cm² = 20 针 ×32 行

【制作过程】

1. 前片：按图用下针起针法起 68 针，织 4cm 花样 A，改织全下针，侧缝不用加减针，并按图配色，织至 21cm 时，开始袖窿以上的编织，两边平收 5 针，然后袖窿减针，方法是：每 2 行减 1 针减 2 次，54 行平织。同时从袖窿算起，织 12cm 时，在中间平收 24 针，两边领窝减针，方法是：每 2 行减 1 针减 3 次，平织 10 行，至肩部余 12 针。

2. 后片：按图用下针起针法起 68 针，织 4cm 花样 A，两边留 5 针继续织 10 行花样，其余织全下针，侧缝不用加减针，并按图配色，织至 26cm 时，开始袖窿以上的编织，与前片袖窿减针方法一样。同时从袖窿算起，织 16cm 时，在中间平收 26 针，两边领窝减针，方法是：每 2 行减 1 针减 2 次，平织 2 行，至肩部余 12 针。

3. 袖片：按图用平针起针法起 40 针，织 4cm 花样 A 后，改织全下针，袖下按图加针，方法是：每 6 行加 1 针加 10 次，织至 24cm 按图示减针，收成袖山，两边平收 5 针，方法是：每 2 行减 1 针减 2 次，每 2 行减 2 针减 2 次，每 2 行减 3 针减 3 次，每 2 行减 4 减 1 次，顶部余 12 针。

4. 编织结束后，将前后片侧缝、肩部、袖片对应缝合。

5. 领边用钩针钩织花边，装饰蝴蝶结另织好，缝合于前片。编织完成。

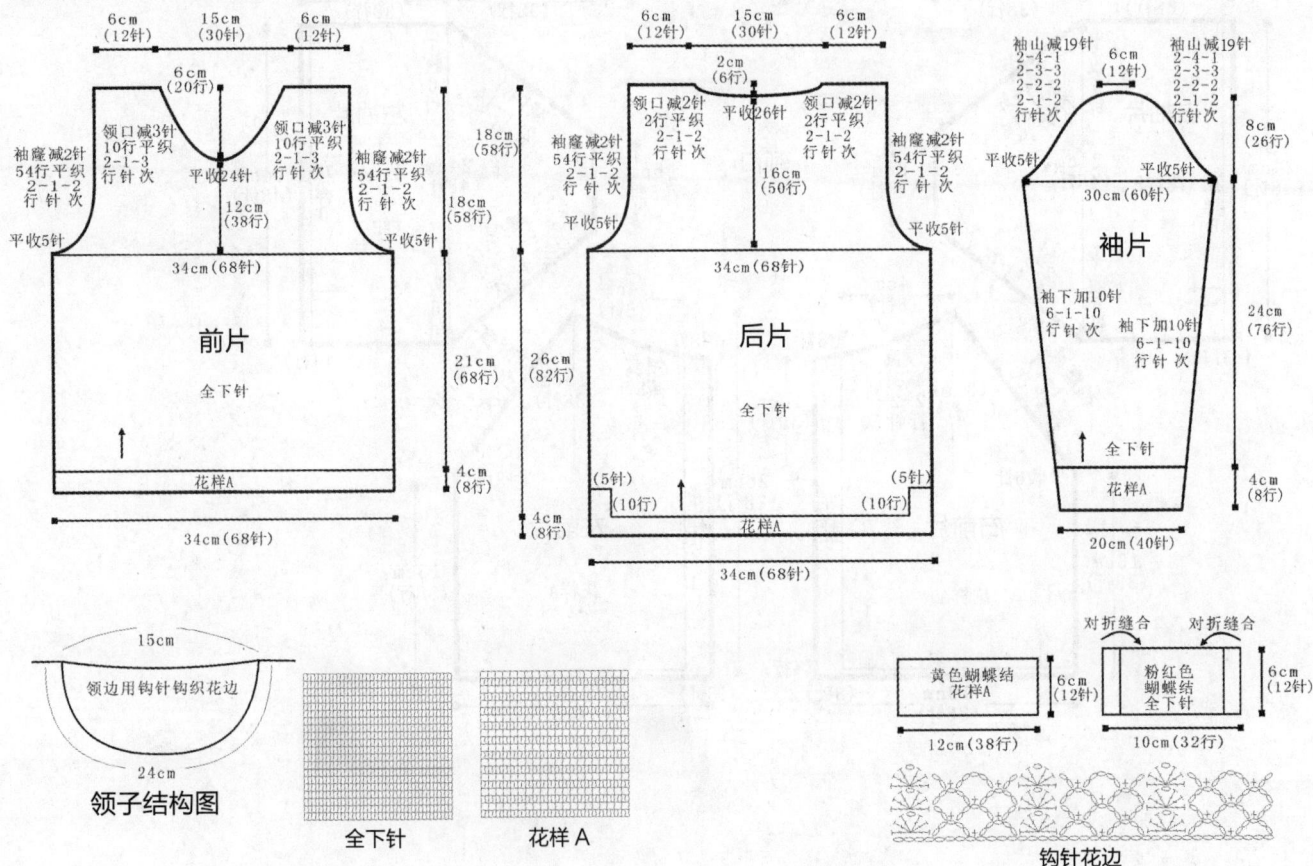